U0186163

RESEARCH ON THE INNOVATION AND DIFFUSION OF
ARTIFICIAL INTELLIGENCE CREATION

人工智能创作的
创新扩散研究

杨慧芸 著

中国社会科学出版社

图书在版编目（CIP）数据

人工智能创作的创新扩散研究/杨慧芸著. —北京：中国社会科学
出版社，2024.4
ISBN 978 - 7 - 5227 - 3077 - 6

Ⅰ.①人…　Ⅱ.①杨…　Ⅲ.①人工智能—研究　Ⅳ.①TP18

中国国家版本馆 CIP 数据核字（2024）第 037581 号

出　版　人	赵剑英	
责任编辑	王小溪　顾世宝	
特约编辑	李　云	
责任校对	师敏革	
责任印制	戴　宽	

出　　版	中国社会科学出版社	
社　　址	北京鼓楼西大街甲 158 号	
邮　　编	100720	
网　　址	http://www.csspw.cn	
发 行 部	010 - 84083685	
门 市 部	010 - 84029450	
经　　销	新华书店及其他书店	

印　　刷	北京君升印刷有限公司	
装　　订	廊坊市广阳区广增装订厂	
版　　次	2024 年 4 月第 1 版	
印　　次	2024 年 4 月第 1 次印刷	

开　　本	710 × 1000　1/16	
印　　张	18.25	
插　　页	2	
字　　数	248 千字	
定　　价	99.00 元	

序

　　慧芸在夏天给我发信息，希望我为她即将出版的新书写序，新书是在她的博士学位论文《人工智能创作的创新扩散研究》的基础上形成的。慧芸成长于洱海之滨的大理，这是"采菊东篱下，悠然见南山"的好地方，雪山之下的这方水土养育了慧芸热情、开朗、真诚的性格。慧芸提出要研究人工智能创作的创新扩散这一问题时，我最初还是有一丝担心的，因为这是一个全新的领域。研究对象新，研究文献少，尤其传播学角度的文献更为缺乏，但这份担心很快就消失了。在北京攻读博士学位的三年时间里，慧芸充分展现了对学术执着认真的一面，参与实验室智能传播相关课题，迅速成长为主力干将，积极走访人工智能相关企业，参加学术会议，访谈人工智能创作研究领域的相关专家学者，很快就把握了人工智能创作的发展全貌，并积累了大量质化资料。

　　人工智能在互联网信息传播领域的应用在短短十来年时间里得到快速发展，大致可以归结为三个阶段。第一阶段主要是基于大数据的程序应用，也就是算法阶段，如推荐算法、对话技术的社交机器人应用等。第二阶段进入渠道阶段，人工智能技术开始和终端设备结合，成为智能渠道，如自然语言技术和音箱结合的智能音箱，还有 VR 终端的多种人工智能技术应用。第三阶段是人工智能创作阶段，各种基于人工智能技术的绘画、音乐、语言艺术乃至文字等创意正在大量涌现，形成新的内容供给形态。这一阶段才刚刚开始，所以学界的关注还比较少。从人工智能在互联网信息传播领域应用的时间逻辑上看，慧芸的研究具有很强的前瞻性。

当前社会科学界在智能传播领域更多关注的是技术形态，如社交机器人、算法、数字虚拟人、VR 等的应用与影响，以及法规伦理角度的研究等，但对内容创作方面的关注还很少，正如慧芸在书中所说："虽然人工智能创作是当下人工智能研究领域的一个新的研究方向，但不可否认的是很多人对它不熟悉、不认可、不看好。"

《人工智能创作的创新扩散研究》有几个特别有价值之处。一是对人工智能创作的前沿动态进行了传播学视角的分析，如对创新中的"臭鼬工厂"、九歌计算机作诗系统等的分析，对大型科技公司成立专门实验室进行人工智能创作研发的具体梳理等，对这些前沿研发对象的研究，能使我们从学术层面了解发展逻辑；二是用实证方法分析了用户的人工智能创作的使用意愿与偏好，既是基础的学术发现，也为人工智能创作实践提供了学术基础，具有开拓性的学术价值；三是从传播学角度分析了媒体的扩散特征，对媒体相关报道进行内容分析，考察了一项前沿技术如何成为社会话语的前期演变过程；四是该研究还通过对研究人员、创作者、用户、媒体人员的访谈，从不同侧面聚焦人工智能创作话题，分析了一项新技术应用扩散中的认知差异问题。

社交媒体出现之前，新闻信息主要是由记者报道，通过报纸、广播、电视等来传播扩散，没有记者关注的地方，信息是很难进入大众视野的，最多只能通过人际传播在有限范围内扩散。但国内外的微博、微信、推特、脸书等社交媒体的普及，使得人人均有发布信息的渠道，乃至有人指出"人人均是麦克风"。进入人工智能创作阶段，会不会是"人人均是艺术家"时代的到来？换句话说，人工智能创作的一个可预期的未来图景是人人都可能是艺术家，人人均可以用绘画、音乐甚至诗歌等艺术形式来表达自己的情感与想法，艺术创作不再有门槛，人工智能技术帮用户规避了因为技巧限制而无法表达的障碍。值得关注的是，越来越多的人工智能创作程序开始出现。

慧芸的研究是拓荒性的，也是一个新兴领域，未来值得期待！

北京师范大学新闻传播学院院长、教授　张洪忠

2022 年 11 月 23 日于北京京师大厦

目　　录

第 1 章　绪论

越往前走，艺术将更为科学，科学将更为艺术，它们在山脚分开，却又在山顶汇聚。或许，两者正在走向融合，只是我们还未察觉。

——法国文学家福楼拜

1.1　研究缘起

人类对于人工智能创作一直充满巨大想象，这种想象可以追溯到 1726 年英国作家斯威夫特的小说《格列佛游记》中，小说里教授组织学生利用随机生成法进行写作，夸耀说利用这种方法也能让最无知的人不借助天才或学力写出关于哲学、诗歌、政治、法律、数学与神学的书来。①

并不止步于想象，当笔者梳理人工智能创作的发展脉络时，可以清晰地看到，人类对人工智能创作能力的探索几乎是与计算机的发展同步的：早在 18 世纪 30 年代，当英国剑桥大学的查尔斯·巴贝奇发明计算机前身——分析机时，他的助手、世界上第一位程序员、著名诗人拜伦的女儿艾达·古斯塔·莱温赖斯就预言："这种机器也许可以作曲，或者解决复杂的问题。"她认为，如果可以表达并且修改

---

① ［英］斯威夫特：《格列佛游记》，张健译，人民文学出版社 1962 年版，第 168—170 页。

"和声"与音乐作曲中所确定的各"音符"之间的基本关系，则机器可以创作出精美、符合科学规律、复杂程度不等的音乐片段。①

20世纪40年代末，美国纽约的哥伦比亚普林斯顿电子音乐中心和德国的中央广播局开始有意识地尝试运用计算机进行音乐创作的时候，美国贝尔电话实验室的研究员杰利斯也开始了关于计算机绘画艺术的研究。② 1948年6月，英国研究人员克里斯托弗·斯特雷奇借助由英国曼彻斯特大学研发的世界上第一台能完全执行存储程序的计算机原型机"婴儿"，编写出自动创作情诗的"情诗生成器"，人们只要在计算机中输入动词和名词，计算机就能自动生成短情诗，这开了计算机创作的先河。③

1949年，为了抨击正在兴起的计算机技术，英国著名脑外科医生杰弗里·杰弗逊（Geoffrey Jefferson）爵士发表了名为"机械人思维"的演说："除非有一天，机器能够有感而发，写出十四行诗，或者谱出协奏曲，而不只是符号的组合，我们才能认可，机器等同于大脑——不光要写出这些，而且还要感受他们。"④

70多年过去了，虽然今天的计算机依然无法具备杰弗逊爵士所说的感受力，但是机器"写出十四行诗""谱出协奏曲"已经成为一部分人的生活日常：人们津津乐道于"爱情就像脂肪，是点点滴滴地积累"这样由微软"少女诗人小冰"创作的诗作，也会在中秋月圆夜把清华"九歌"计算机作诗系统创作的《中秋月》生成明信片在朋友圈分享："明月中秋夜未阑，玉箫声断碧云端。西风吹落梧桐影，疑是嫦娥不耐寒。"轻点几个按键，"美图绘画机器人Andy"就能瞬间把用户上传的人像照片重新生成一幅人像漫画，Alibaba Wood微电影创

---

① 周昌乐：《智能科学技术导论》，机械工业出版社2015年版，第80页。
② 杨守森：《人工智能与文艺创作》，《河南社会科学》2011年第1期。
③ 佚名：《六十年前的情诗生成器》，《羊城晚报》2009年3月28日第B11版。
④ 牟怡：《传播的进化——人工智能将如何重塑人类的交流》，清华大学出版社2017年版，第2页。

作机器人能在更能短时间内如变魔术一般把商品的图片变成视频……世界范围内，越来越多的科技公司和科研机构在人工智能创作领域发力，就我国来说，目前可以供企业用户和普通用户使用的人工智能创作已经囊括了文字、绘画、设计、视频等多个创作领域，而且还不断有新的应用涌现出来。

虽然人工智能创作是当下人工智能研究领域的一个新的研究方向，但不可否认的是，很多人对它并不熟悉、不认可、不看好。腾讯研究院2017年的一次针对2968人的网络调查显示，超过半数的调查者在提到"人工智能"时首先想到"阿尔法狗"（AlphaGo）和"机器人"，在人工智能已经具备的能力中，评分最高的是"语音、图像等认知能力"（98.5%），评分最低的是"情感、同理心"（6.7%）和"创造力"（7.3%）以及"想象及思维能力"（8.2%）。[1] 而该调查中评分最低的三项能力，都与人工智能创作密切相关，甚至是很多人质疑人工智能创作的根本原因。以微软小冰出版诗集为例，微软旗下的人工智能"微软小冰"2017年出版了由人工智能创作的诗集《阳光失了玻璃窗》，收录了139首由微软小冰独立完成的诗歌，诗集出版后在社会上引起了广泛讨论，《中国文化报》旗帜鲜明地刊登了一篇文章《小冰写诗，诗歌创作的反面教材》，称小冰的诗"猛一看有些朦胧的意味，仔细一读却生涩拗口，语病连篇，句子之间难以找到内在联系，意象的拼贴也毫无章法"[2]，而澎湃新闻也针对这本诗集的出版刊登了《微软小冰写诗：人工智能对这个世界"漠不关心"》的文章，文章认为微软小冰没有表现出任何创造力，"当计算机成为大地的栖居者，它就真的可以写诗了"[3]。有学者发文指出，文学家在面对人工智能创

---

① 腾讯研究院等：《人工智能——国家人工智能战略行动抓手》，中国人民大学出版社2017年版，第6—8页。

② 谢君兰：《小冰写诗，诗歌创作的反面教材》，《中国文化报》2017年6月30日第3版。

③ 夏永红：《微软小冰写诗：人工智能对这个世界"漠不关心"》，澎湃新闻，2017年5月24日，https：//m. thepaper. cn/newsDetail_ forward_ 1692579？from＝qrcode，2020年2月15日。

作时会有一种"尊严被冒犯所产生的抵触情绪"①。与 1811 年在英国爆发的人类历史上的一次"捣毁机器,抵制新技术"的著名的"卢德运动"相似,面对不断发展的人工智能技术展现出的强大的"非对称优势",特别是在彰显人类智慧的"围棋"领域人工智能战胜了人类,而表征人类精神追求的文化艺术创作领域也被人工智能实现"量产"的时候,有专家认为,人类由于对于自身命运的担忧或将引发新一轮"卢德运动"②。而计算机专家多纳德·A.诺曼指出,计算机是离散的,遵循布尔逻辑,并且按照预定程序得出精确的、重复性的结果。人类是非离散的,遵循复杂的、依赖于历史的运作模式,得出近似的、不确定的结果;计算机是根据既定目标精心设计的,遵循系统化原则,而人类是在众多因素的影响下演化而来的,基本上没有规律,难以预测、难以效仿。由于计算机和人类的工作原理完全不同,所以计算机的能力接近甚至超过人类是不可能的。③

　　本书的研究在这样的背景下展开。本书认为,人工智能创作作为科技跨界探索的一种方式,冲破了传统的对创作的认知,拓展了创作空间,赋予了创作领域新的观念,增加了受众的审美维度,促进创作研究的深化,是创作领域的一种"人机协同"的全新尝试。因此,本书将计算机作为具有一定自主性的能动体(Intelligent Agent),借助创新扩散理论来审视人工智能创作技术在特定的时间内、在特定的社会群体中传播的过程。本项研究的对象是人工智能创作,但是本研究不是从技术层面对人工智能创作技术进行深层次剖析,也不是从文艺创作领域出发来对人工智能创作的作品质量进行评价,而是从社会科学

---

① 刘方喜:《从"机械复制"到"机械原创":人工智能引发文化生产革命》,《中国社会科学报》2019 年 4 月 25 日第 4 版。

② 姚威、潘恩荣、李恒、林佳佳:《从人机互补防范"卢德运动"重演》,《中国科学报》2019 年 10 月 10 日第 7 版。

③ 〔美〕邓宁、麦特卡非:《超越计算:未来五十年的电脑》,冯艺东译,河北大学出版社1998 年版,第 166—183 页。

领域出发，借助传播学、计算机科学、文艺学、心理学、社会学等多学科的内容，对人工智能创作作为一种新的人工智能技术在现实社会中是如何实现创新以及如何进行扩散进行深入分析。

1.2　研究问题与研究意义

1.2.1　研究问题

本书在创新扩散理论的框架下，具体探讨人工智能创作技术如何实现创新以及这项创新如何在社会上传播。在具体研究中，本书提出如下研究方向的问题。

1.2.1.1　研究问题一：人工智能创作的含义

什么是人工智能创作？人工智能通过哪些路径进行创作？人工智能创作体现出哪些特点？人工智能创作与人类创作相比，在哪些方面体现出差异性？

1.2.1.2　研究问题二：人工智能创作的创新发展

人工智能创作如何实现创新发展？哪些需求促成了人工智能创作的研发？领先用户如何创新？科技巨头如何孵化创新？人工智能创作如何实现产品的转化进而惠及普通民众？

1.2.1.3　研究问题三：人工智能创作在系统层面的扩散

从开始有零星报道至今，我国的新闻媒体对人工智能创作的报道总体情况如何？媒体报道人工智能创作呈现出什么特点？从具体的人工智能创作程序——清华"九歌"计算机智能创作系统的使用情况来看，人工智能创作程序的使用呈现什么特点？从媒体报道情况和程序使用的角度来看，人工智能创作在我国处于创新扩散的什么阶段？

1.2.1.4　研究问题四：人工智能创作在个体层面的扩散

哪些人使用过人工智能创作程序？使用群体呈现出什么样的人口特点？人工智能创作程序的使用情况如何？人们使用人工智能创作程

序会受到哪些因素的影响？人工智能创作程序的分享情况如何？人们分享人工智能创作程序会受到哪些因素的影响？

1.2.2　研究意义

1.2.2.1　理论意义

1.2.2.1.1　将创新扩散的研究从"采纳"延伸至下一层级"分享"的传播研究

本书对创新扩散理论的另一个重要补充在于对采纳后的分享行为研究。本书研究的人工智能创作，是一种互联网时代人工智能技术支持下的应用，这种应用的特殊性体现在应用的生产、传播和消费环节都必须借助计算机技术，统合在人人互联的网络平台之上。因此，网络平台上的分享就成为采纳者使用前获得信息和使用后的下一层级的重要传播过程，成为人工智能创新扩散过程中的一个重要变量。传统的创新扩散理论中，个人用户以"采纳"为终点，而本书把"分享"这一重要的网络社交行为作为采纳后的下一层级的传播纳入创新扩散的模型进行分析，是对社交媒体环境下的创新扩散理论的一个有力补充。

1.2.2.1.2　力求探索创新扩散过程中影响"创新认知"的新变量

本书采用创新扩散理论作为分析框架，从人工智能创作程序的创新和扩散两个方面展开研究。在使用者对人工智能创作程序的采纳研究中，本书将创新扩散理论的所有变量纳入结构方程模型进行了验证。此外，本书并未止步于验证理论中的涉及变量，而是针对人工智能创作的特点，增加了对人工智能创作的"感知价值"、"作品艺术价值评价"、使用者的"科幻文艺爱好"、"对人工智能创作的态度"4个新的变量，验证了它们对于创新扩散理论中"创新认知"的5个变量存在显著影响，也验证了它们对于人工智能创作程序的使用和分享存在部分影响。创新扩散理论是学界一个使用非常成熟的理论，本书的研究在原有的基础上提出了新的变量，验证了变量之间存在新的影响关系。新变量的增加不仅使创新扩散理论在人工智能创作的研究中具有更强的针对性，也对该理论分析具体创新技术、创新物提出具有适恰性的解释维度提供了启发。

1.2.2.2　实践意义

1.2.2.2.1　统合不同的创作门类，将人工智能创作作为一种新的创作类型进行剖析，利于从更高维的视角全面地认识和把握人工智能创作问题

针对目前文化艺术领域对人工智能技术关注度不足，并且大多从各自的专业视角切入来对人工智能写诗、绘画等进行专业质量层面分析的实际，本书力求探寻人工智能创作背后共同的研发逻辑、技术支持和受众的接受情况。本书集纳了人工智能写对联、写诗、绘画、设计、制作视频等文学艺术领域的相关产品和相关研究，结合对学界和业界 20 余位专家的专访，创新性地提出"人工智能创作"的概念，对概念的内涵、外延进行了界定。对其创作路径、创作特点以及与人类创作的差异性进行了分析。把"人工智能创作"作为人工智能技术中的一种类型进行剖析，从更高维的视角进行认识和把握。

1.2.2.2.2　对人工智能创作的创新阶段的分析，厘清了人工智能创作的创新脉络，为深化人工智能创作的研究和推广提供了借鉴

本书对人工智能创作的创新进行了四个阶段的剖析，借助专家访谈比较全面地呈现出人工智能创作的创新需求，对领先用户的案例收集以及实验室研究情况的梳理也让这一技术的发展脉络更为清晰，而对其从技术到产品转化中相关应用的收集和分析，相对全面地呈现出目前我国人工智能创作的主流应用的样态。这部分研究属于人工智能创作的首次系统化梳理，为进一步深化对人工智能创作的研究和推广提供了借鉴。

1.2.2.2.3　对人工智能创作在系统层面上的扩散阶段的研判以及个体层面的采纳和分享的影响因素模型的提出，对人工智能创作技术的研发和推广都具有指导价值

本书对人工智能创作的扩散从系统层面和个体层面进行了创新性的剖析。从系统层面上，本书统计了我国的纸质媒体对于研究对象相关的报道数量，并对报道特点进行了分析，从侧面剖析人工智能创作所处的传播阶段。此外，采用了清华"九歌"作诗系统的扩散数据并对其进行分析，分析程序使用的特点。通过这两个部分的分析，本书认为人工智能创作目前处于创新扩散的增长期。从个体层面上，本书对人工智能创作程序的使用者进行了问卷调查，获得了使用者对这类程序的具体使用情况和分享情况的第一手数据，通过对使用者对于人工智能创作的态度、人工智能创作作品的艺术价值评价、感知价值评价、科幻文艺爱好以及创新扩散相关变量的测量，对前期提出的结构方程模型进行了验证，分析哪些因素影响了人工智能创作程序的使用，哪些因素影响了人工智能创作程序的分享，以及程序的使用在哪些方面影响了程序的分享。这些研究结论都能对人工智能创作的采纳和分享进行预测，具有较强的实践指导价值。

1.2.2.2.4　对人工智能创作的创新扩散研究，是人工智能技术与社会科学研究相结合的全新的研究尝试

计算机早已渗透到国民经济和社会生活的各个行业中，对于计算机的理解不能囿于技术层面和科学层面。在人工智能技术迅猛发展的当下，人工智能与社会科学研究的结合日益紧密。人工智能的发展产生了很多新的社会问题，而人工智能技术的发展也为社会科学研究提供了很多新的研究手段。本书从社会科学的视角分析人工智能创作作为一种人工智能的技术应用，怎样在社会上进行传播，这对于人工智能创作技术的研究能够提供新的思考问题的角度，也是人工智能与社会科学研究相结合的一种全新的研究尝试。

1.3 研究方法

本书采用量化和质化相结合的方法进行研究。量化方法，是对事物进行量化的测量和分析，以检验研究假设的研究方法。[1] 本书的量化研究主要采用了问卷调查法（Questionnaire survey）。质化方法，是以研究者本人为研究工具，在自然情境下采用多种资料收集方法对社会现象进行整体性探究，使用归纳法分析资料和形成理论，通过与研究对象互动对其行为和意义建构获得解释性理解的方法。[2] 本书的质化研究主要采用了深度访谈（In-depth interview）和个案研究（Case study）的方法。

1.3.1 问卷调查法

问卷调查法是最重要的量化研究方法之一，它的特点在于能够对大规模人群进行研究，能够提供准确且可以比较的描述数据，并能呈现出变量之间的关系。在本书的研究中，用户的人工智能创作程序采纳情况研究采用了网络问卷调查的方式进行。主要通过对我国用户的具体使用情况来考察人工智能创作在个体层面的扩散规律。本书主要通过网络问卷调查的方式进行研究。在创新扩散理论的基础上，本书增加了新的变量构建研究模型，描述人工智能创作程序的使用和分享的具体情况，分析对人工智能创作程序的使用和分享产生影响的因素。调查由极术云调研平台随机向目标样本发送问卷链接，进行在线填写，共邀请 1494 位受访者进行了答题，最终获得了 519 个有效样本。调查数据使用 SPSS20 进行分析，采用了描述性统计分析、信度

---

[1] 陈阳：《大众传播学研究方法导论》，中国人民大学出版社 2015 年版，第 50 页。
[2] 陈向明：《质的研究方法与社会科学研究》，教育科学出版社 2000 年版，第 12 页。

分析、效度分析、多元回归分析、结构方程模型等方式对人工智能创作程序的个人使用和分享情况以及影响使用和分享的因素进行了系统化的分析。

1.3.2 深度访谈法

深度访谈法是质化研究中经常使用的资料收集手段，它的特点在于研究者和受访者之间围绕特定主题展开对话，访谈的目的在于获得受访者对于特定研究问题的深入理解。本书的研究围绕"人工智能创作"的主题，对人工智能领域最高荣誉——"吴文俊人工智能最高成就奖"获得者张钹院士等学界专家以及微软小冰首席科学家宋睿华等21位学界和业界专家进行了面对面的访谈。访谈采用半结构化的方式（semi-structural）进行，访谈结束后，访谈内容全部人工听写记录为文字材料。通过对专家们的访谈，本书获得了丰富的专家观点和一手资料。专家们从各自的专业背景出发，对人工智能创作的产生需求、现状以及今后的发展等多个方面的内容进行了解答，为本书提供了视角迥异的一手研究资料。

1.3.3 个案研究法

个案研究法是质化研究中从单一的个案中发现问题的研究方法。"个案都是有机的特定个体，个案是一个有界的系统，它的行为是模式化的，具有显著的一致性和连续性。一个个案研究既是调查的过程，也是调查的结果。"[①] 美国伊利诺伊大学罗伯特·E. 斯泰克（Robert E. Stake）教授提出，个案研究分为"本质性个案研究"（intrinsic case study）、"工具性个案研究"（instrumental case study）和"集合性个案

① ［美］诺曼·K. 邓津、伊冯娜·S. 林肯主编：《定性研究：策略与艺术》（第2卷），风笑天等译，重庆大学出版社2007年版，第465—470页。

研究"（collective case study）。本书在个案研究中采用的是"工具性个案研究"和"集合性个案研究"的方法。[①]"工具性个案研究"是为了给人们提供对一个问题的认识或者重新得出一个推论。本书采用工具性个案研究的方法对清华九歌计算机作诗系统的社会扩散数据进行个案分析，以此分析人工智能创作技术在社会层面进行扩散时的具体情况和特点。"集合性个案研究"是指通过观察大量个案研究一个现象、一群人或者总的状况，将工具性研究由一个个案延伸到几个个案的研究方法。本书针对创新的第四个阶段——把研究转化为产品的研究内容，收集到目前中国市场上可供用户使用的主流人工智能创作应用：9 个文字领域应用、2 个绘画领域应用、2 个设计领域应用、1 个视频制作应用，并进行了产品定位、界面设计、结构设计、交互设计、程序接触渠道等多个方面的分析，还对市面上的人工智能创作程序的产品特点进行了归纳。

1.4 研究思路和研究框架

1.4.1 研究思路

本书的研究遵循以下的研究思路。

第 1 章，绪论部分主要对研究缘起进行介绍，对研究问题与研究意义、创新之处、研究方法、研究思路和内容框架等进行具体分析。

第 2 章，对创新扩散理论进行文献综述。梳理罗杰斯创新扩散理论的主要内容，在此基础上，对中国知网数据库中的"创新扩散"主题词的计量进行可视化分析，呈现创新扩散理论的中外文发文量的总体趋势，文献所属学科、文献关键词等该理论运用的研究情况。紧接

---

① ［美］诺曼·K. 邓津、伊冯娜·S. 林肯主编：《定性研究：策略与艺术》（第 2 卷），风笑天等译，重庆大学出版社 2007 年版，第 467—469 页。

着，本书对创新扩散理论在系统层面的扩散研究和个体层面的创新采纳研究的相关文献进行了分类梳理，并在此基础上提出了研究问题和研究假设。

第3章，对人工智能创作进行分析。在对人工智能、创造力、计算创造力等相关概念进行文献梳理之后，本书分析了关于计算创造力是否存在的观点争论。在相关分析的基础上，本书对人工智能创作进行了界定，分析了人工智能创作定义的内涵和外延，并对人工智能创作程序和人工智能创作作品进行了界定。本书对人工智能创作的路径、人工智能创作的特点以及人工智能创作与人类创作的差异进行了分析。

第4章，对人工智能创作的创新发展分四个步骤进行分析。采用专家访谈的方式对人工智能创作的研发需求问题进行剖析。意识到需要之后，创新是由"领先用户"领衔开发的，本书对人工智能创作领域的领先用户进行了以时间为线索的分析。创新的第三个阶段为"臭鼬工厂"研发阶段，即企业中特殊的研发机构介入创新的研发工作，推动创新进一步向前发展。本书对人工智能创作研发领域的大型公司的研发情况进行了梳理。创新的第四个阶段为创新产品的商业化过程。本书对文字、绘画、设计和视频制作领域的14个人工智能创作产品进行了个案分析并总结出这类产品的共同特点。

第5章，对人工智能创作在系统层面的扩散情况进行分析。主要通过对时间维度下我国的报纸媒体对人工智能创作的报道量的梳理，反映出新闻媒体对人工智能创作的总体关注量的变化和关注侧重点的变化。通过媒体报道间接反映出人工智能创作在社会中传播的扩散情况。此外，通过对清华九歌计算机作诗系统的完整扩散数据的分析，分析其扩散的阶段和特点。通过两个方面的综合分析，本书认为人工智能创作目前处于扩散增长期的发展阶段。

第6章，对人工智能创作在个体层面的扩散情况进行分析。本书遵循罗杰斯创新扩散理论的研究提出了人工智能创作程序的使用和分享的研究变量和研究假设，在此基础上，综合考虑到人工智能创作作为一种新的人工智能技术的特殊性，提出了与其密切相关的4个新变量：使用者对人工智能创作的"感知价值"、"作品艺术价值评价"、使用者的"科幻文艺爱好"、"对人工智能创作的态度"，将其纳入结构方程模型并进行人工智能创作的使用和分享影响因素分析。最终的分析数据显示，本书提出的4个模型均得到不同程度的数据支持和验证。

第7章，对本研究结论进行了总结，对人工智能创作发展的专家观点进行了分类梳理，并对人工智能创作环境下的研发者、创作者和受众进行了进一步讨论，还对本书的学理贡献进行了分析。

1.4.2 研究框架

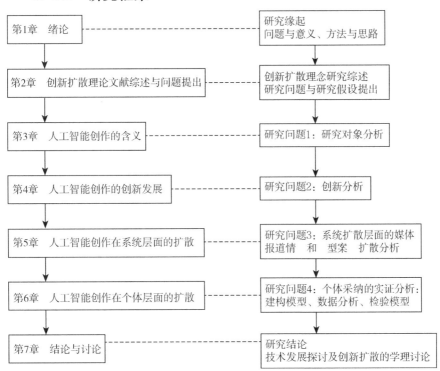

图1 论文研究框架

第 2 章　创新扩散理论文献综述与问题提出

2.1　罗杰斯的创新扩散理论

1943 年，爱荷华州立大学的布莱斯·莱恩（Bryce Ryan）和研究助理尼尔·C. 格罗斯（Neal C. Gross）在《农业社会》杂志上发表了一项杂交玉米种子的扩散研究成果，被认为是创新扩散研究的奠基之作。

美国学者罗杰斯（Everett M. Rogers）被誉为"创新扩散理论之父"，在对创新扩散的研究中，罗杰斯认为，创新扩散的学说解释了人类最为重要的发展历史——社会变迁，扩散模型属于实用型框架，在很多领域都具有解释力。1962 年，罗杰斯出版专著《创新的扩散》（*Diffusion of Innovations*），构建了普遍的扩散模型。该书的前四个版本基本以 10 年为单位，"每版都标志扩散学说的新里程碑"①。

罗杰斯认为，创新的扩散是"创新在特定的时间段内，通过特定的渠道，在特定的社会团体成员里传播的过程"②。创新扩散研究包含两个相对独立的研究环节：扩散发生前的创新以及创新的扩散。罗杰

---

① ［美］E. M. 罗杰斯：《创新的扩散》（第五版），唐兴通、郑常青、张延臣译，电子工业出版社 2016 年版，第 7 页。

② ［美］E. M. 罗杰斯：《创新的扩散》（第五版），唐兴通、郑常青、张延臣译，电子工业出版社 2016 年版，第 37 页。

斯认为创新扩散的第一个重要因素是创新。事物是否具有创新性，取决于个体的反应而不在于事物本身的新颖性——"当一个观点、方法或者物体被某个人或团体认为是'新的'的时候，它就是一项创新。"①

在创新扩散的过程中，罗杰斯认为受众对于创新的认知非常重要，创新的认知属性决定了创新被采用的速度。认知属性包括相对优势、兼容性、复杂度、可试性、可见性五个方面。

罗杰斯认为创新扩散的第二个重要因素是时间。罗杰斯认为扩散研究与很多的行为科学研究相比，引入了时间维度来衡量扩散效果。时间维度包括：创新—决策过程、创新精神及受众分类以及采用率。创新—决策过程是一种信息搜集处理的行为过程，指"个人或决策单位从认知创新到对此创新形成态度的过程"②，包括了认知、说服、决策、执行、确认五个阶段。而创新—决策过程会产生两种结果：采用创新和拒绝创新。罗杰斯认为"创新精神是指在特定的体系内，某些个体或团体比其他成员具有更早采用创新的能力"③。他以相对体系内是否具有创新精神来分类，共分为五类：创新先驱者、早期采用者、早期大众、后期大众和落伍者。在时间维度中，创新扩散理论提出了一个重要观点：如果将体系内的创新成员数量按时间维度分布，他们将呈现出"S"形分布。如果创新扩散快，则曲线陡峭，反之则曲线平稳。

罗杰斯认为创新扩散的第三个重要因素是沟通渠道。"扩散的关键是一个用户会把信息和其他用户分享"④，沟通渠道是"信息从一方

① ［美］E. M. 罗杰斯：《创新的扩散》（第五版），唐兴通、郑常青、张延臣译，电子工业出版社 2016 年版，第 14 页。

② ［美］E. M. 罗杰斯：《创新的扩散》（第五版），唐兴通、郑常青、张延臣译，电子工业出版社 2016 年版，第 22 页。

③ ［美］E. M. 罗杰斯：《创新的扩散》（第五版），唐兴通、郑常青、张延臣译，电子工业出版社 2016 年版，第 24 页。

④ ［美］E. M. 罗杰斯：《创新的扩散》（第五版），唐兴通、郑常青、张延臣译，电子工业出版社 2016 年版，第 20 页。

传递到另外一方的手段和方法"①。罗杰斯强调不同的传播渠道在创新—决策过程的各个阶段扮演不同角色：大众传播渠道在认知阶段比较重要，而人际沟通渠道在说服阶段发挥了更大作用。如果"在创新决策过程的不同阶段使用了不合适的沟通渠道（如在认知阶段使用人际沟通渠道），会延长个人接受创新的时间"②。从采用者类型来分析沟通渠道，大众媒体渠道对早期采用者的影响作用更大，而人际关系网络渠道则对后期采用者影响作用更大。罗杰斯认为互联网能够解决空间的沟通问题，"对于某些创新来说，通过互联网来推广，可以使创新采用率大幅度提高"③。

　　罗杰斯认为创新扩散的第四个重要因素是社会体系。"社会体系是指一组需要面对同样问题，有着同样目标的团体的集合。一个社会体系的成员或单位可以是个体、非正式的小组、组织或者子体系。"④包括社会结果、社会结构、体系规则、意见领袖、创新决策的类型和创新结果等。罗杰斯认为一个体系里最具备创新精神的人由于信用值低于其他成员的平均值，所以在创新扩散方面作用非常有限，而体系中的意见领袖可以影响其他人的态度和行为。与普通成员相比，意见领袖与外界接触更多，拥有较高的社会、经济定位，更具有创新精神，处于人际关系网的中心点。与在体系外发挥影响力的技术人员相比，意见领袖属于在体系内部发挥影响力的人。所以在创新推广中发挥着重要作用。而创新的结果能对整个社会体系造成影响。⑤

---

　　① ［美］E. M. 罗杰斯：《创新的扩散》（第五版），唐兴通、郑常青、张延臣译，电子工业出版社 2016 年版，第 20 页。
　　② ［美］E. M. 罗杰斯：《创新的扩散》（第五版），唐兴通、郑常青、张延臣译，电子工业出版社 2016 年版，第 214 页。
　　③ ［美］E. M. 罗杰斯：《创新的扩散》（第五版），唐兴通、郑常青、张延臣译，电子工业出版社 2016 年版，第 223 页。
　　④ ［美］E. M. 罗杰斯：《创新的扩散》（第五版），唐兴通、郑常青、张延臣译，电子工业出版社 2016 年版，第 25 页。
　　⑤ ［美］E. M. 罗杰斯：《创新的扩散》（第五版），唐兴通、郑常青、张延臣译，电子工业出版社 2016 年版，第 28 页。

2.2　中外学者对创新扩散的研究

在中国知网数据库中，将主题词设置为"创新扩散"，进行期刊文献检索，共检索到 1446 篇中文期刊文献，882 篇外文期刊文献（笔者将 diffusion of innovation 输入 web of science 中进行主题词搜索，共检索到 31300 篇文献，从文献体量上比知网搜索到的外文文献数量大得多。但是考虑到知网平台的外文文献也有代表性，而知网的计量可视化分析可以直观呈现中外文文献的研究差异，故采用知网外文文献数据来进行中外研究趋势上的比较说明）。分别对中外文文献进行全部检索，并对其结果进行了计量可视化分析。

2.2.1　中外文文献发文量总体趋势分析

2.2.1.1　中文论文发文量总体趋势

从图 2 可以看出，从 1989 年开始发文以来，十多年间，发文量都相对较少。从 2004 年开始，对"创新扩散"的研究总体上呈现持续走高的趋势，2018 年中国知网收录论文数达到最高峰，为 129 篇。从发文量的变化趋势看，创新扩散的研究越来越受到中国学界关注。

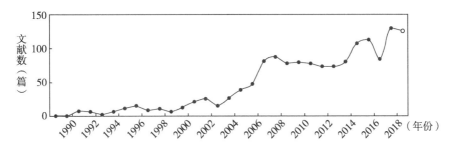

图 2　中国知网以"创新扩散"为主题或题名的中文期刊论文发文量趋势①

---

① 计量可视化分析—检索结果 – 中国知网，https：//kns. cnki. net/kns/Visualization/Visual-Center. aspx，2019 年 12 月 4 日。

2.2.1.2 外文论文发文量总体趋势

从图3的论文发文量趋势可以看出，知网收录的外文期刊文献自
1966年就已经开始出现，1966—2001年发文量都相对较低，但是，从
2001年开始，国外对"创新扩散"的研究呈现波浪形走高的趋势，
在2016年达到了近年来的最高峰78篇。从发文量趋势看，创新扩
散的研究受到学界研究时间较长，并持续受到关注。

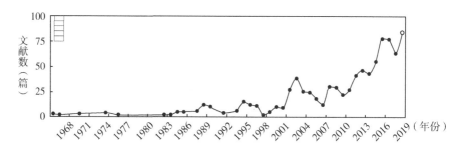

图3 中国知网以"创新扩散"为主题或题名的外文期刊论文发文量趋势①

2.2.2 中外文文献所属学科

2.2.2.1 中文文献所属学科分类

从图4可以看出，管理学、新闻传播学、经济学和教育学等学科
是研究创新扩散问题较为集中的学科领域。

2.2.2.2 外文文献所属学科分类

从图5可以看出，经济学、数学、医疗卫生、计算机、环境科学、
医学等学科领域研究创新扩散问题相对集中。

2.2.3 创新扩散研究中的高频关键词

2.2.3.1 中文文献高频关键词

从图6的中文期刊论文关键词分布可以看出，"创新扩散""技术

---

① 计量可视化分析—检索结果 – 中国知网，https：//kns. cnki. net/kns/Visualization/Visual-
Center. aspx，2019年12月4日。

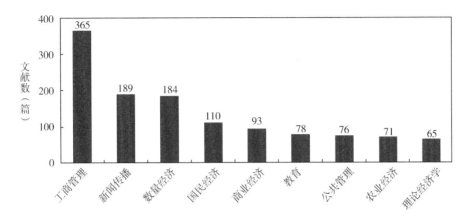

图 4　中国知网以"创新扩散"为主题或题名的中文期刊论文

所属学科分类分布（前九位）①

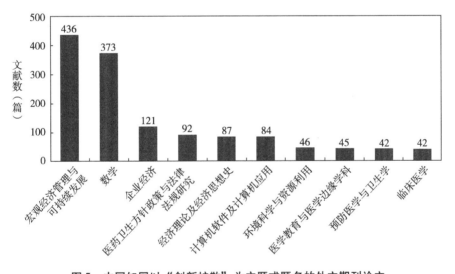

图 5　中国知网以"创新扩散"为主题或题名的外文期刊论文

所属学科分类分布（前十位）②

创新""技术创新扩散""创新扩散理论""扩散""技术扩散""创

---

　　① 计量可视化分析—检索结果 – 中国知网，https：//kns. cnki. net/kns/Visualization/Visual-Center. aspx，2019 年 12 月 4 日。

　　② 计量可视化分析—检索结果 – 中国知网，https：//kns. cnki. net/kns/Visualization/Visual-Center. aspx，2019 年 12 月 4 日。

新""产业集群""影响因素""Bass 模型"是排名前十位的中文期刊论文关键词，从中文文献的高频关键词可以看出，国内创新扩散研究聚焦于使用创新扩散理论解决技术创新扩散中的创新问题和扩散问题，包括创新扩散的影响因素以及采用 Bass 模型对创新扩散趋势进行预测等。

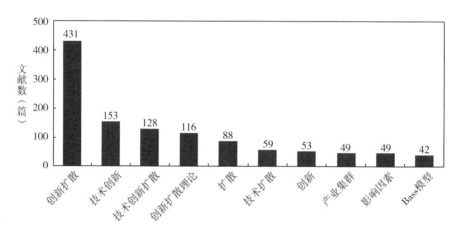

图 6　中国知网以"创新扩散"为主题或题名的中文期刊论文

关键词分布（前十位）①

2.2.3.2　外文文献高频关键词

从图 7 的外文期刊论文关键词分布可以看出，"创新"（innovation）、"创新扩散"（diffusion of innovation）、"产生替代"（generation substitution）、"创新扩散"（diffusion of innovations）、"采用"（adoption）、"黏土"（adobe）、"信息技术"（information technology）、"环境创新"（environmental innovation）、"实施"（implementation）、"能力积累"（capability accumulation）排名前十位。从外文文献的高频关键词看，国外创新扩散研究聚焦用创新扩散理论研究创新、采用、实

---

① 计量可视化分析—检索结果 – 中国知网，https：//kns. cnki. net/kns/Visualization/Visual-Center. aspx，2019 年 12 月 4 日。

施信息技术等多个技术领域的问题。

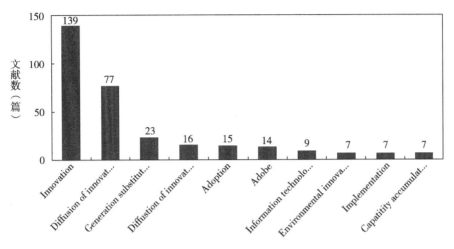

图 7 中国知网以"创新扩散"为主题或题名的外文期刊论文

关键词分布（前十位）①

2.3 创新扩散理论的相关研究综述与问题提出

罗杰斯的创新扩散理论中，创新扩散研究包含了两个部分的内容：创新发展和创新扩散。遵循这样的研究思路，本书将人工智能创作的创新扩散分为两个大的部分：人工智能创作的创新研究和人工智能创作的扩散研究。

2.3.1 创新发展研究与人工智能创作的创新发展问题

罗杰斯的创新扩散理论重视对于创新的发展进行研究，他批评过去的创新扩散研究倾向于"从某项创新的第一个采用者开始"②，而实际的

---

① 计量可视化分析—检索结果 – 中国知网，https：//kns. cnki. net/kns/Visualization/Visual-Center. aspx，2019 年 12 月 4 日。

② ［美］E. M. 罗杰斯：《创新的扩散》（第五版），唐兴通、郑常青、张延臣译，电子工业出版社 2016 年版，第 139 页。

情况是"在此前发生的事情和决策对后来的进程也有着重大影响"①，"以往的扩散研究忽视了一个事实——相关的活动及决策实际上在扩散之前就存在了"②。罗杰斯认为创新的发展大致会经历四个步骤：意识到问题或需要、基础和应用研究、发展、商业化。罗杰斯认为创新—发展过程始于意识到某种问题或需要的存在，这种意识刺激人们去开展研究和开发活动，从而创造一种解决问题或需求的创新措施。意识到有某种需要后，相关人员会进入基础和应用研究的阶段。在这个过程中，美国麻省理工学院的埃里克·希佩尔教授（1988）的研究发现，在生产商制造和销售某种创新产品前，是"领先用户"首先开发了创新并提供了模型，在此之后生产商才被说服进行生产和销售。创新的第三个阶段——发展阶段，是一个把新理念包装成可以满足潜在需求的过程。在这个过程中，罗杰斯强调了"臭鼬工厂"的重要作用。"臭鼬工厂"特指企业中特殊的研发机构，比如一些公司的实验室，它们较为灵活，利于创新孵化。创新的第四个阶段是商业化，把一项研究转化为市场上的一项产品或者服务就是一种商业化的过程。③张磊等的研究认为，现有的创新扩散研究局限于从起飞点前到减速点的研究，产品从刚上市到孵化期的扩散模式研究较少，限制了研究成果的应用价值。④

　　基于以上对于创新的研究，本书针对人工智能创作的创新扩散的创新发展提出如下问题，并在第 4 章进行具体分析。

　　人工智能创作如何实现创新发展？哪些需求促成了人工智能创作

---

① ［美］E. M. 罗杰斯：《创新的扩散》（第五版），唐兴通、郑常青、张延臣译，电子工业出版社 2016 年版，第 139 页。

② ［美］E. M. 罗杰斯：《创新的扩散》（第五版），唐兴通、郑常青、张延臣译，电子工业出版社 2016 年版，第 139 页。

③ ［美］埃弗雷特·M. 罗杰斯：《创新的扩散》，辛欣译，中央编译出版社 2002 年版，第 118—128 页。

④ 张磊、李一军、闫相斌：《创新产品扩散的理论模式及其应用研究述评》，《研究与发展管理》2008 年第 6 期。

的研发？领先用户如何创新？科技巨头如何孵化创新？人工智能创作如何实现产品的转化进而惠及普通民众？

2.3.2　系统层面的扩散研究与人工智能创作在系统层面的扩散问题

在对创新进行扩散研究的过程中，赵新刚、金兼斌、周葆华、祝建华、何舟等学者的研究均认同创新扩散理论的"两层次说"，即聚焦于社会系统层面上的创新扩散及个体层面的创新采纳。

系统层面的扩散研究中，创新扩散理论强调随着时间的推进，创新物的扩散按照"S"形曲线展开。罗杰斯提出，考虑到扩散过程中的时间因素，可以对创新采用者进行分类，并由此画出相应的创新扩散曲线。按照时间描绘出的创新采用者曲线通常呈现钟形，如果将使用人数加以累计，就会呈现"S"形曲线。按照创新接受个体的优先接受创新的程度，采用者被分为 5 类：创新先驱者、早期采用者、早期大众、后期大众和落后者。[①] 按照创新采用的情况，创新扩散可以分为 4 个阶段（见图 8）：引入期、增长期、成熟期和衰退期。在最初的"引入期"，社会中富有探险精神的"创新先驱者"接受了这个新事物。当这群人逐渐增多（一般为人口的 10%—15%），达到扩散临界点，该创新的扩散就跨过"起飞点"进入高速增长期，社会上越来越多人会感受到有形或者无形的压力，从而追逐这个时髦浪潮。当"潜在接受者"也接受这项创新后，扩散就达到"饱和点"进入"成熟期"。这个创新在随后的若干年后会进入"衰退期"而逐渐走向消亡。[②] 但是，罗杰斯也提出，"S"形扩散曲线因不同的创新内容和不

---

① ［美］E. M. 罗杰斯：《创新的扩散》（第五版），唐兴通、郑常青、张延臣译，电子工业出版社 2016 年版，第 287—297 页。

② 祝建华、何舟：《互联网在中国的扩散现状与前景：2000 京、穗、港比较研究》，《新闻大学》2002 年第 2 期。

同的体系，它描述的是一个特定的创新在一个特定社会体系中的扩散情况。而且只适用于社会体系中几乎每个成员都接受了创新的成功推广的案例中。在一些失败的扩散案例中，少数社会体系中的成员接受了这些创新，但是最终还是可能被拒绝，这种扩散曲线因为采用者持续出现而走势平缓，最后则会急速下降。[①]

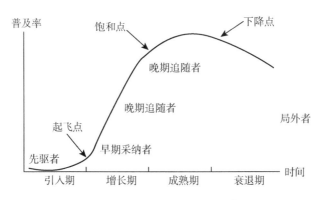

图8　创新扩散"S"形曲线[②]

　　金兼斌认为，创新扩散是一种系统层面的分析，是创新在一个社会系统中的总体扩散情况，可以采用采用率、扩散曲线等来具体描述其扩散的情形。系统层面的扩散是以大量个体层面的采用为基础形成的总体表现。[③] 周葆华指出，创新扩散在整体层面上发现了创新事物扩散的"S"形曲线规律。[④] 而祝建华、何舟曾经采用2000年北京、广州和香港的互联网普及数据，进行了创新扩散理论两个层面的研究，在系统层面上，描述了互联网在中国的扩散现状并对扩散前景进行了预测，根据网民开始上网年份推断出的三地互联网扩散历程与经典的"S"

　　① ［美］E. M. 罗杰斯：《创新的扩散》（第五版），唐兴通、郑常青、张延臣译，电子工业出版社2016年版，第290—291页。
　　② 祝建华、何舟：《互联网在中国的扩散现状与前景：2000年京、穗、港比较研究》，《新闻大学》2002年第2期。
　　③ 金兼斌：《技术传播——创新扩散的观点》，黑龙江人民出版社2000年版，第124页。
　　④ 周葆华：《Web2.0知情与表达：以上海网民为例的研究》，《新闻与传播研究》2008年第4期。

形曲线完全相符，按研究得出的"S"形曲线图，互联网在三地都已经超越起飞点而分别进入增长期。① 金兼斌、祝建华通过对美国、中国不同创新物在各自特定时空中的扩散轨迹的总结和分析发现，社会因素中的创新出现的时间对于创新扩散的形态具有显著影响；扩散所在地区和创新特性对创新扩散的形态没有显著影响。②

　　本书对于人工智能创作的创新扩散研究，从系统层面来看，属于针对特定的创新扩散对象进行的研究。本研究对象的特殊性在于，人工智能创作作为一种人工智能技术的应用，虽然研发时间可以追溯到20世纪40年代，但是具有很强的非主流、实验性的特点。与互联网这样比较明确的扩散对象不同，人工智能创作是以一种技术群的方式呈现的，所以很难在研究中直接对其系统扩散情况进行精准分析。在1934年瑞恩和格罗斯在艾奥瓦州农村做玉米种子扩散研究时，口头传播渠道更为重要，所以他们的研究并没有关注大众传播在使公众知晓并说服受众接受新事物时的重要作用。而随着社会进步和媒体发展，"大众传媒无疑是人们第一次听说几乎所有新思想、新产品和新服务的最重要的来源"③。鉴于此，本书采用对时间维度下新闻媒介"再现"的人工智能创作扩散情况来反映人工智能创作在系统层面的扩散情况。此外，本书以清华"九歌"计算机作诗系统的具体扩散情况作为个案，分析它从开始投入市场至2019年12月的具体的扩散情况。通过媒体层面的扩散情况与具体案例的扩散情况相结合的方式，对人工智能创作在系统层面的总体扩散情况做出分析和研判。本书针对人工智能创作在系统层面的扩散提出如下的研究问题并在第5章进行具体分析。

---

　　① 祝建华、何舟：《互联网在中国的扩散现状与前景：2000年京、穗、港比较研究》，《新闻大学》2002年第2期。

　　② 金兼斌、祝建华：《影响创新扩散速度的社会和技术因素之研究》，《南京邮电大学学报》（社会科学版）2007年第3期。

　　③ ［美］希伦·A. 洛厄里、梅尔文·L. 德弗勒：《大众传播效果研究的里程碑》，刘海龙等译，中国人民大学出版社2009年版，第82—83页。

从开始有零星报道至今，新闻媒体对人工智能创作的报道总体情况如何？媒体报道人工智能创作呈现出什么特点？以具体的人工智能创作程序——清华"九歌"计算机智能创作系统的使用情况来看，人工智能创作程序的使用呈现什么特点？从媒体报道情况和程序使用的角度来看，人工智能创作在我国处于创新扩散的什么阶段？

2.3.3　个体层面的采纳研究与人工智能创作的个体层面采纳问题

本书将在第 6 章中，采用问卷调查的方法，通过调查数据对个体层面的创新采纳进行问题研究和假设检验。因为人工智能创作作为一种人工智能技术应用，在对其进行采纳研究时必须要将其实体化，所以本调查针对人工智能创作程序的用户展开。

在文献研究的基础上，本书将研究的因变量设定为人工智能创作程序使用和人工智能创作程序分享。遵循罗杰斯创新扩散理论的内容，设定了下列自变量：人工智能创作的创新认知、流行程度感知、个人创新性、技术群采纳、媒介使用。此外，考虑到人工智能创作自身的特质，增加了 4 个外部自变量：作品艺术价值评价、科幻文艺爱好程度、感知价值和对人工智能创作的态度。将两组自变量结合，验证人工智能创作程序的使用和分享的影响因素。

2.3.3.1　个体层面的创新采纳的因变量

2.3.3.1.1　人工智能创作程序使用的研究与问题提出

在早期的创新扩散理论中，均把对创新的采纳作为分析的唯一因变量。罗杰斯在其专著中对采纳进行了界定："采纳就是决定把某项创新作为有可能实行的最好的行动方针，来充分利用。"[①] 该定义对于

---

① ［美］埃弗雷特·M. 罗杰斯：《创新的扩散》，辛欣译，中央编译出版社 2002 年版，第 154 页。

传统的创新扩散研究中偏重于技术的扩散研究而言具有很强的适应性。金兼斌认为创新采用是一种个体层面的分析，是指系统中的个人和团体围绕创新采用的一系列精神和实际的活动，可以用创新采用时间、创新采用决策时间等来描述采用的情况。① 赵新刚认为，个体层面的创新扩散研究是针对个体是否采纳创新的影响因素进行分析，典型的研究模式是罗杰斯提出的创新决策模型。② 祝建华、何舟曾经采用 2000 年北京、广州和香港的互联网普及数据展开研究，从个体采纳方面发现互联网采纳受到个人特征、家庭特征、对互联网的看法的影响，均与创新扩散理论相一致。③ 本书研究的人工智能创作，创新采纳的因变量特指受众对于现在可以提供使用的人工智能创组程序的使用。凡是使用过的受众，就是采纳用户。

　　针对人工智能创作程序的第一次使用时间、使用过的数量、使用频次和继续使用意愿，本书提出如下研究问题。

　　RQ1. 受访者是在哪一年第一次使用人工智能创作程序的？人口变量在第一次使用中体现出什么差异？

　　RQ2. 受访者使用过多少个人工智能创作程序？人口变量在使用个数中体现出什么差异？

　　RQ3. 受访者使用人工智能创作程序的平均频次如何？人口变量在使用频次中体现出什么差异？

　　RQ4. 受访者继续使用人工智能创作程序的意愿如何？

　　2.3.3.1.2　人工智能创作程序分享的研究与问题及假设提出

　　传统的创新扩散理论强调不同的传播渠道在创新—决策过程的各个阶段扮演不同角色，认为大众传播渠道在认知阶段比较重要，而人

---

　　① 金兼斌：《技术传播——创新扩散的观点》，黑龙江人民出版社 2000 年版，第 124 页。

　　② 赵新刚、闫耀民、郭树东：《企业产品创新的扩散与采纳者的行为决策模式研究》，《中国管理科学》2006 年第 5 期。

　　③ 祝建华、何舟：《互联网在中国的扩散现状与前景：2000 年京、穗、港比较研究》，《新闻大学》2002 年第 2 期。

际沟通渠道在说服阶段发挥了更大作用。① 有研究推断，创新扩散理论的沟通渠道的相关研究受到了当时的大众传播理论的影响。"1960年代初，当扩散研究达到它的第一个高峰时，哥伦比亚大学的传播学者提出了二级传播理论（two-step flow of communicatioan）。二级传播理论是早期创新扩散研究中的一个重要传播理论基础。"② 在二级传播理论视域下，信息呈现单向流动的特点，从传统媒体，经过意见领袖，向受众流动，没有考虑反向的信息流动问题。正如罗杰斯在《主导范式的消逝》中所言，对于传播技术来说，真正的"新"的东西本质上不是"技术"本身，而是新传播设施如何被组织和使用的"社会技术"（social technology）③。当前的互联网环境下，社交媒体的使用使得信息传播环境异常复杂，多种信息流动已经大大减弱了二级传播理论的解释力。罗杰斯也认为互联网可以大大消除沟通的空间问题，缩短人与人之间的距离。对于某些创新来说，通过互联网来推广，可以使创新采用率大幅度提高。他列举了 Hotmail 邮箱和网络病毒的扩散，互联网使扩散过程加快，④ 但是未就互联网环境下的创新扩散理论展开具体研究，使得这个理论在当下使用过程中沟通渠道的解释力不足，"在社交媒体时代，我们需要一种更具参与性与互动性的创新扩散理论"⑤。

有研究认为，这个模式在"创新扩散"方面更加适合自上而下、从外向内的推动性传播；如果是自下而上，采纳是应用者的主动行为，

① ［美］E. M. 罗杰斯：《创新的扩散》（第五版），唐兴通、郑常青、张延臣译，电子工业出版社 2016 年版，第 214 页。
② 张竞文：《从接纳到再传播：网络社交媒体下创新扩散理论的继承与发展》，《新闻春秋》2013 年第 2 期。
③ Rogers, E. M., "Communication and Development: The Passing of the Dominant Paradigm", *Communication Research*, 1976, 3 (2), pp. 213 – 240.
④ ［美］E. M. 罗杰斯：《创新的扩散》（第五版），唐兴通、郑常青、张延臣译，电子工业出版社 2016 年版，第 223—224 页。
⑤ ［美］E. M. 罗杰斯：《创新的扩散》（第五版），唐兴通、郑常青、张延臣译，电子工业出版社 2016 年版，第 505 页。

扩散是自然传播的结果，此时该模式的适用性较差。① 刘荃对于互联网环境下传统文化类节目的创新扩散进行了研究，认为互联网统合了文化艺术的生产、传播和消费等各个环节，网络平台上的文化信息突破了时空限制和文化圈层限制，具备了更强的自由流动性。②

本书认为，互联网环境下的创新扩散研究，应该对采纳后的行为给予更多关注。张明新等的研究认为，关注采纳后的行为是当今扩散研究领域的一种明显的思路转向。研究聚焦于个体在决定采纳并开始使用一种创新后有决定拒绝的"中辍"（discontiniue）行为，通过分析 2012—2013 年在中美两国实施的针对传播新技术使用的全国性调查数据得出，在当今多种传播新技术的扩散中，间歇性中辍是一种普遍现象的研究结论。③ 而张竞文的研究认为，创新扩散过程中的再传播行为是与接纳行为同等重要的另一个因变量，再传播行为是个体将一个新事物分享给另一个个体的行为。特别是在互联网和社交媒体环境下，各种方式的再传播对大规模扩散的影响很大。在网络媒介中，个体通过转发信息或者直接推荐信息实现再传播。④

基于以上分析，本书不仅关注创新的采纳，也关注采纳后的再传播行为——分享，本书认为分享作为一种重要的网络渠道的信息传播方式，对人工智能创作程序的加速扩散影响巨大。本书针对人工智能创作程序分享与否和分享频次，提出如下研究问题和研究假设。

RQ5. 受访者使用人工智能创作程序后的分享情况如何？人口变量在分享中是否体现出差异？

---

① 段鹏：《传播效果研究——起源、发展与应用》，中国传媒大学出版社 2008 年版，第 92—93 页。

② 刘荃：《互联网条件下传统文化类节目的创新扩散研究——以〈经典咏流传〉为例》，《中国电视》2019 年第 1 期。

③ 张明新、叶银娇：《传播新技术采纳的"间歇性中辍"现象研究：来自东西方社会的经验证据》，《新闻与传播研究》2014 年第 6 期。

④ 张竞文：《从接纳到再传播：网络社交媒体下创新扩散理论的继承与发展》，《新闻春秋》2013 年第 2 期。

RQ6. 受访者分享人工智能创作程序的平均频次如何？人口变量在分享的平均频次中是否体现出差异？

H1a—H1b. 人工智能创作程序的使用对分享过人工智能创作程序和分享人工智能创作程序的频次具有正向影响。

2.3.3.2　创新扩散理论框架下的个体层面创新采纳和分享的自变量

罗杰斯的创新扩散理论针对因变量"创新采用率"提出了明确的自变量：创新的认知属性（相对优势、相容性、复杂性、可试验性和可观察性）、创新决策类型、沟通传播渠道、社会体系特征、推广人员的努力程度。[①] 周葆华认为，在个体层面上将创新物被使用者采纳的影响因素聚焦于"主观心理认知"，包括感知特征、感知流行、感知需求等。[②] 本书从创新扩散理论出发，综合该理论提出的其他影响采用的因素：技术群采纳、个人创新性，结合人工智能创作程序属于个人抉择式的创新决策类型，将人工智能创作程序采纳和分享的影响因素设置为：创新认知属性、流行程度感知（社会体系）、个人创新性、技术群采纳和媒介使用频率（传播渠道）5个自变量，求证它们对于人工智能创作的使用和分享所产生的影响。

2.3.3.2.1　人工智能创作创新认知的研究回顾和研究假设提出

创新扩散的实证研究反复证明，一个创新物被社会接受的程度与速度并不是由创新的技术性能等客观特征决定的，而是由受众对其特征的主观认识决定的。[③] 罗杰斯认为受众对创新的认知包括五个方面：相对优势、兼容性、复杂度、可试性和可观察性。相对优势由经济、社会声望、方便性、满意度等来衡量。相对优势与客观优势关系不大，

---

① ［美］E. M. 罗杰斯：《创新的扩散》（第五版），唐兴通、郑常青、张延臣译，电子工业出版社2016年版，第232页。

② 周葆华：《Web2.0 知情与表达：以上海网民为例的研究》，《新闻与传播研究》2008年第4期。

③ 祝建华、何舟：《互联网在中国的扩散现状与前景：2000年京、穗、港比较研究》，《新闻大学》2002年第2期。

是采用者认为的优势。人们认为它的优势越大，它扩散得越快。兼容性指"一项创新和潜在用户的价值观、过往经验、需求的一致程度"①。由于采用不兼容社会价值的创新意味着要经历一个缓慢的过程来建立起新的社会价值体系，所以兼容社会价值的创新的扩散速度要快。复杂度指"一项创新被使用或理解的难度"②。简单的创新的扩散速度比起需要重新学习技能才能使用的创新要快。可试性"指一项创新在某些程度上可以被试用的可能性。可以被实验的新理念比那些看不见的理念要更容易被采用"③。提供可试性的创新能够减少潜在用户的不确定性，扩散速度更快。可观察性指"一项创新是否具备可观察性。越容易看到效果的创新，人们越容易采用"④。罗杰斯认为朋友、同伴之间经常需要交换信息，可观察性能够促使同伴讨论这项创新，具备可观察性的创新扩散得更快。

　　叶明睿使用创新扩散理论提供的测量指标来审视互联网在中国农村地区的发展过程后发现，较低的可试性和可观察性以及落后的 IT 素养已成为互联网在农村地区扩散的主要阻碍。⑤ 朱雅智将创新扩散理论用于研究喜马拉雅 FM 在我国的扩散过程。通过对调研数据的相关分析发现，喜马拉雅 FM 的相对优越性、相容性、易用性、可试性及可观察性与用户的使用行为之间均呈现显著正相关。⑥ 祝建华、何舟

①　[美] E. M. 罗杰斯：《创新的扩散》（第五版），唐兴通、郑常青、张延臣译，电子工业出版社 2016 年版，第 18 页。
②　[美] E. M. 罗杰斯：《创新的扩散》（第五版），唐兴通、郑常青、张延臣译，电子工业出版社 2016 年版，第 18 页。
③　[美] E. M. 罗杰斯：《创新的扩散》（第五版），唐兴通、郑常青、张延臣译，电子工业出版社 2016 年版，第 18 页。
④　[美] E. M. 罗杰斯：《创新的扩散》（第五版），唐兴通、郑常青、张延臣译，电子工业出版社 2016 年版，第 18 页。
⑤　叶明睿：《用户主观感知视点下的农村地区互联网创新扩散研究》，《现代传播（中国传媒大学学报）》2013 年第 4 期。
⑥　朱雅智：《创新扩散视阈下移动电台的用户采纳行为研究——以喜马拉雅 FM 为例》，硕士学位论文，江西财经大学，2019 年。

对 2000 年京、穗、港三地互联网的扩散现状进行研究，发现用户对于互联网的采纳受到互联网的兼容性和可观察性认知的影响。① 张明新、韦路对移动电话在我国农村的扩散和使用进行研究发现，移动电话创新特征主观认知（相对优越性、易用性和可察性等）是农村居民移动电话采纳时间早晚的强有力的预测变量。② 刘宣波对网易"槽值"微信公众号的创新扩散进行研究，发现公众号的可观察性正向影响用户采用速度，兼容性正向影响使用频率，可观察性和兼容性正向影响分享频率。③ 唐青秋对抖音短视频的创新扩散影响因子与用户使用意愿的关系进行研究，发现抖音短视频的相对优越性、兼容性、易用性、可试性、可观察性均对用户使用意愿具有显著影响。④

具体到人工智能创作研究，Yuheng Wu、Yi Mou 等在 2019 年进行的一项关于美国和中国被试者对人工智能生成的诗歌和绘画作品的显性和隐性认知的实验研究表明，美国被试者对人类创作的诗歌和绘画的评价比人工智能创作的诗歌和绘画要高。他们对人工智能的作者身份有着复杂的感情，并对人类创作的诗歌产生了更多的同理心。当涉及绘画时，美国参与者给予了更高的评价，美国参与者仍然认为人类作者在写诗方面比人工智能更有能力和技巧。与美国被试者相比，中国被试者对人工智能生成的艺术作品表现出明显的积极态度。他们认为人工智能生成的诗歌具有更高的质量和想象力，但是人类诗歌作品比人工智能生成的诗歌更有意象。对于没有太多艺术欣赏经验的人来说，他们对实验中采用的人类和人工智能抽象画的评价

---

① 祝建华、何舟：《互联网在中国的扩散现状与前景：2000 年京、穗、港比较研究》，《新闻大学》2002 年第 2 期。

② 张明新、韦路：《移动电话在我国农村地区的扩散与使用》，《新闻与传播研究》2006 年第 1 期。

③ 刘宣波：《网易"槽值"微信公众号的创新扩散研究》，硕士学位论文，江西财经大学，2019 年。

④ 唐青秋：《抖音短视频的创新扩散影响因子与用户使用意愿关系研究》，硕士学位论文，四川师范大学，2019 年。

相差不大。①

基于以上研究，本书提出如下的研究假设：

H2a—H2b. 用户对于人工智能创作程序的相对优势认知对人工智能创作程序使用和分享具有正向影响；

H3a—H3b. 用户对于人工智能创作程序的兼容性认知对人工智能创作程序使用和分享具有正向影响；

H4a—H4b. 用户对于人工智能创作程序的易用性认知对人工智能创作程序使用和分享具有正向影响；

H5a—H5b. 用户对于人工智能创作程序的可试性认知对人工智能创作程序使用和分享具有正向影响；

H6a—H6b. 用户对于人工智能创作程序的可观察性认知对人工智能创作程序使用和分享具有正向影响。

2.3.3.2.2　人工智能创作程序的流行程度感知的研究回顾和研究假设提出

罗杰斯认为社会体系是一组需要面对同样问题、有着同样目标的团体的结合。② 祝建华等认为，在创新扩散模型中将"感知社会规范"（Perceived Social Norms，PSN）确定为社会系统的一种可操作性的度量。其他传播学者在研究中采用了"社会氛围""社会压力""文化时尚""从众效应"以及其他一些相关的研究概念来描述 PSN 在扩散过程中的中心作用。PSN 重要性的一个基本假设是，采用或使用新媒体技术可能不是由实际需要引起的，而是由感受到的压力引起的。③ 他

---

① Wu, Y., Mou, Y., Li, Z. & Xu, K., "Investigating American and Chinese Subjects' Explicit and Implicit Perceptions of AI-Generated Artistic Work", *Computers in Human Behavior*, 2020, 104：106186.

② ［美］E. M. 罗杰斯：《创新的扩散》（第五版），唐兴通、郑常青、张延臣译，电子工业出版社 2016 年版，第 39 页。

③ J. H. Zhu, Zhou He, "Perceived Characteristics, Perceived Needs, and Perceived Popularity", *Jonathan Communication Research*, 2002, 29 (4), pp. 466 - 495.

们对互联网采纳和使用的量化研究表明，感知到的社会规范或感知到的利益可能会为受众提供足够的激励，使其进行一次性投资，但足以使受众持续使用。周裕琼对老年人微信使用与使用影响因素的量化研究表明，深圳老年人微信采纳的主观因素为：对微信特征和风行程度的感知对老年人微信采纳与使用的影响大于人口变量和健康水平等。①

基于以上研究，本书提出如下研究假设：

H7a—H7b. 用户对于人工智能创作程序的流行性认知对人工智能创作程序使用和分享具有正向影响。

2.3.3.2.3   个人创新性的研究回顾和研究假设提出

罗杰斯将"创新性"定义为"个人或其他采用单位比社会系统的其他成员较早采用某项创新的程度"②。Moore 将创新精神定义为"一个采纳者比系统中其他成员更加有创造性地使用产品或应用创新思想的程度"③。而 Ettlie 和 O'Keefe 把创新精神定义为人们对革新的态度。④笔者认为，创新精神是人们本身具有的一种稳定的品质，不会受到具体的创新变化的影响，"意味着创新精神被作为一个自变项而非因变项"⑤。Lin 的研究也指出，从对采纳者本身的研究而言，人们的性格特征中的创新精神状况被证实是一个有效而可靠的重要研究变量。⑥张明新、韦路对移动电话在我国农村的扩散和使用进行研究后发现，用户具有个人创新精神对移动电话采纳时间有显著预测力。⑦唐青秋对抖音短视频的创新扩散影响因子与用户使用意愿的关系进行了研究，

---

① 周裕琼：《数字弱势群体的崛起：老年人微信采纳与使用影响因素研究》，《新闻与传播研究》2018 年第 7 期。

② Rogers, E. M., *Diffusion of Innovations* (4th ed.), New York：Free Press, 1995.

③ 金兼斌：《我国城市家庭的上网意象研究》，浙江大学出版社 2002 年版，第 102—103 页。

④ 金兼斌：《我国城市家庭的上网意象研究》，浙江大学出版社 2002 年版，第 102—103 页。

⑤ 金兼斌：《我国城市家庭的上网意象研究》，浙江大学出版社 2002 年版，第 102—103 页。

⑥ Lin, C. A., "Exploring Personal Computer Adoption Dynamics", *Journal of Broadcasting & Electronic Media*, 1998, 42 (1), p.95.

⑦ 张明新、韦路：《移动电话在我国农村地区的扩散与使用》，《新闻与传播研究》2006 年第 1 期。

发现个人创新性对用户的抖音短视频使用意愿具有显著影响。[①] 但是 Lin 通过对个人电脑的使用进行的研究发现，个人创新程度对个人电脑采用没有影响。[②]

基于以上研究，笔者提出如下假设：

H8a—H8b. 用户的个人创新性对人工智能创作程序使用和分享具有正向影响。

2.3.3.2.4　技术群采纳的研究回顾和研究假设提出

罗杰斯认为创新扩散的过程中应该更加关注技术集群。技术集群是指包含一个或者多个可辨识并且密切相关的技术的组合。现实中，创新在同一时间、同一体系的扩散是相互依赖的，一个创新采用者的体验会影响他对下一个创新的接受度。[③] 罗杰斯所强调的技术集群的实质是相似的技术在采纳的过程中可能会产生协同效应。Lin 的研究证明，计算机的采用率首先和最重要的预测是其他通信技术设备的所有权。[④] Lin 的另一项研究表明，潜在的个人电脑用户也更有可能采用视频文本服务。[⑤] 张明新、韦路对移动电话在我国农村的扩散和使用进行研究后发现，创新传播科技采纳是影响农村居民移动电话每日拨打次数的强有力的预测变量，拥有越多的创新传播科技，每天的移动电话拨打数量越多。[⑥]

[①]　唐青秋：《抖音短视频的创新扩散影响因子与用户使用意愿关系研究》，硕士学位论文，四川师范大学，2019 年。

[②]　Lin, C. A., "Exploring Personal Computer Adoption Dynamics", *Journal of Broadcasting & Electronic Media*, 1998, 42 (1), p. 95.

[③]　[美] E. M. 罗杰斯：《创新的扩散》（第五版），唐兴通、郑常青、张延臣译，电子工业出版社 2016 年版，第 17 页。

[④]　Lin, C. A., "Exploring Personal Computer Adoption Dynamics", *Journal of Broadcasting & Electronic Media*, 1998, 42 (1), p. 95.

[⑤]　Lin, C. A., "Exploring Potential Factors for Home Videotext Adoption", *Advances in Telematics*, Vol. 2, 1994, pp. 111 – 121.

[⑥]　张明新、韦路：《移动电话在我国农村地区的扩散与使用》，《新闻与传播研究》2006 年第 1 期。

基于以上研究，笔者认为，人们主动使用的人工智能技术作为支撑的相关产品的应用会影响人工智能创作程序的使用和分享。所以本书提出如下研究假设：

H9a—H9b. 用户对于人工智能技术群的采纳个数对人工智能创作程序使用和分享具有正向影响。

2.3.3.2.5　媒介使用频率的研究回顾和研究假设提出

罗杰斯的创新扩散理论中，充分肯定了传播渠道的重要作用。他认为在创新决策的认知、说服、决策、执行和确认阶段，不同的传播渠道发挥的作用不同，比如在认知阶段，大众传播渠道比较重要，但是在说服阶段，人际沟通渠道更为有用。此外，他还认为不同的传播渠道会对不同阶段的采用者产生迥异的影响，大众媒体会对早期采用者产生更大影响，而后期采用者更依赖人际沟通渠道相对被动地获取创新信息①。张明新、韦路对移动电话在我国农村的扩散和使用进行研究发现，不同的媒介使用时间对移动电话使用的影响方向不同，不同的媒介接收内容也会对移动电话的使用产生影响。② 但 Jeffres 和 Atkin 对互联网使用的研究发现，媒体使用和互联网使用之间没有一致的关系。③

本书将对媒介渠道的关注聚焦于媒介的使用频率。本书从对报纸、广播、电视、杂志、手机的使用频率测量"媒介获取信息频率"，从对微信、微博、QQ、知乎和国外社交软件的使用频率测量"社交媒体获取信息频率"，提出如下研究假设：

H10a—H10b. 用户的媒介获取信息频率对人工智能创作程序使用

---

① ［美］E. M. 罗杰斯：《创新的扩散》（第五版），唐兴通、郑常青、张延臣译，电子工业出版社 2016 年版，第 213—221 页。

② 张明新、韦路：《移动电话在我国农村地区的扩散与使用》，《新闻与传播研究》2006 年第 1 期。

③ Jeffres, L. & Atkin, D. , "Predicting Use of Technologies for Consumer and Communication Needs", *Journal of Broadcasting & Electronic Media*, 1996, 40, p.318.

和分享具有正向影响；

H11a—H11b. 用户的社交媒体获取信息频率对人工智能创作程序使用和分享具有正向影响。

2.3.3.3　个体层面的创新采纳和分享的新增自变量

现有的创新扩散研究中，在个体层面的创新采纳研究中关注了影响创新扩散的新变量并不鲜见。陈锟认为，地域文化会对消费者行为产生影响，不同地域文化的消费者的购买倾向和人际传播方式都不同，这些差异性会最终影响消费品扩散的结果。[①] 而 Desmarchelier，B. 等在研究民族文化在不同市场中塑造创新扩散模式的作用时，基于文化动因和创新扩散原理，将 Hofstede 的两个文化维度（"个人主义/集体主义"和"不确定性规避"）与罗杰斯创新扩散行为研究相结合进行研究。结果表明，"不确定性规避"对扩散过程有负面影响，而"个人主义"对扩散过程有正面影响。[②] 周葆华的实证研究对"创新扩散"和"使用与满足"（"新媒体权衡需求"）在互联网使用中的有效性和解释力进行了检验。证实了以往的研究者从其他新媒体扩散和使用研究中总结出的一些关键因素——感知流行和新媒体权衡需求在 Web2.0 知情与表达领域的解释力。[③] 而 Clausen，J. 等基于 130 个扩散案例的大样本，研究推动或阻碍环境产品和服务创新扩散的关键因素。确定了三个因素集群："市场推动""有利的成本效益比""对创新的高度兼容性和信心"，用来解释为什么某些环境创新传播良好。该研究认为，解释环境创新扩散需要对来自不同影响领域的因素进行全面和系统的概念化。

---

① 陈锟：《消费者文化差异对创新扩散的影响机制研究》，《科研管理》2011 年第 32 卷第 7 期。

② Desmarchelier, B. and E. S. Fang, "National Culture and Innovation Diffusion. Exploratory Insights from Agent-based Modeling", *Technological Forecasting and Social Change*, 2016, 105, pp. 121–128.

③ 周葆华：《Web2.0 知情与表达：以上海网民为例的研究》，《新闻与传播研究》2008 年第 4 期。

　　金兼斌认为，罗杰斯的创新扩散模型没有提供有关社会因素、个人因素和技术特性等之间的关系，以及它们对采纳决策的影响方式。[①]通过相关的文献分析，结合人工智能创作程序研究对象的特质，本书尝试构建基于创新扩散理论、适用于人工智能创作扩散的更具针对性和解释力的影响体系。具体来说，本书引入了 4 个新变量来对人工智能创作程序的使用和分享进行影响分析：作品艺术价值评价、使用者的科幻文艺爱好程度、使用者的感知价值和使用者对于人工智能创作所持的态度。

　　虽然人工智能创作问题现在并没有引起学界足够的关注，但是作者在文献梳理的过程中发现，人工智能创作作品的艺术价值评价研究是国外学者较为关注的问题。而笔者认为，当谈及人工智能创作问题时，创作的作品就是一个必然涉及的问题，而对作品艺术价值的评价，将直接影响这种技术的扩散。所以本书将其纳入模型进行考量。

　　科幻文艺一直被认为是人们认识人工智能的重要途径。艾媒咨询 2017 年的调研数据显示，29.3% 的受访手机用户通过文化产品（影视、小说、游漫等）了解人工智能。[②] 所以，用户的科幻文艺爱好是否会对人工智能创作程序的使用和分享产生影响也是本书所关注的。

　　在罗杰斯的创新扩散理论中，对于采纳的研究未能很好地解决一项创新的有用性的认知，所以金兼斌、张明新和韦路、zhu 和 he 等的相关研究都曾引入"使用与满足"理论来弥补这个方面的不足。本书引入"感知价值"这个变量，对人工智能创作程序使用者的用后感受进行实用价值和享乐价值两方面的测量，对创新的有用性进

---

① 金兼斌：《我国城市家庭的上网意向研究》，浙江大学出版社 2002 年版，第 64 页。

② 《2017 年中国人工智能产业专题研究报告》，《数据观》2017 年 11 月 6 日，https：//blog.csdn.net/cf2SudS8x8F0v/article/details/78463771，2020 年 4 月 18 日。

行评估。

此外，鉴于笔者在研究过程中深感人工智能创作在人们的认知过程中存在巨大的分歧，无论计算创造力到底是否存在，还是人工智能到底能否创作，人工智能创作出的能否算作作品，甚至人工智能创作到底有没有前景等问题，都在各个领域广泛存在巨大的争议。鉴于此，本书将使用者对人工智能创作的态度纳入影响人工智能创作使用和分享的模型，期望在这个方面做出探索。

2.3.3.3.1　作品艺术价值评价的研究回顾和研究问题、研究假设提出

在对艺术价值进行研究的文献中，Hawley-Dolan 和 Winner 测量了参与者对艺术家群体（专业/儿童—动物）艺术作品的评价和偏好。研究结果表明，参与者始终喜欢和重视专业制作的艺术品。该研究认为，参与者的偏好和判断是基于他们感知到的意向性，即艺术背后的"思想"。[1] Jucker 等证明了那些看起来需要花费更多时间和精力去创作的作品在质量、价值等方面都得到了很高的评价。[2]

人工智能创作的艺术价值评价近年来也受到了很多国外学者的关注。他们的研究方法都有类似之处，将人创作的作品和电脑生成的作品进行对比，采用类似艺术作品的图灵实验的方式来对参与者的判断进行分析研究。而大部分的研究表明，参与者对人类创作的作品在艺术价值方面给予了更高的评价：Isenberg 等对计算机生成和手绘点画效果进行了研究。他们发现，参与者可以区分电脑渲染和手绘点画效果，尽管这并没有导致一种形式比另一种形式更有价

---

① Hawley-Dolan, A. & Winner, E., "Seeing the Mind behind the Art People can Distinguish Abstract Expressionist Paintings from Highly Similar Paintings by Children, Chimps, Monkeys, and Elephants", *Psychological Science*, 2011, 22, pp. 435 – 441.

② Jucker, J. L., Barrett, J. L. & Wlodarski, R., "I Just Don't Get it: Perceived Artists' Intentions Affect Art Evaluations", *Empirical Studies of the Arts*, 2013, 32, pp. 149 – 182.

值。① Moffat 和 Kelly 的研究为参与者提供了人类或电脑创作的音乐片段。他们发现，在没有被告知由人类还是电脑创作的情况下，参与者可以区分电脑创作的音乐和人类创作的音乐，而且参与者更喜欢由人类创作的音乐。② Kirk 等向参与研究的人员展示了一些图片，这些图片被标记为来自艺术画廊或由实验者在 Photoshop 中生成。被标记为PS 过的图片被认为不那么美观，尽管它们在视觉上与那些被标记为来自艺术画廊的图片是一样的。③ 韩国研究人员采用了韩国艺术家的一幅绘画和"梦幻梦想生成器"创作的一幅绘画作为研究样本，请 30位视觉艺术专家和 340 位普通受众对绘画作品进行辨识，结果显示，30 位艺术家中有 27 位能正确区分 AI 和艺术家的作品，准确率为90%，专家组可以辨识绘画。而在 340 名非专业人士的回答中，175人区分正确，准确率为 51.47%，非专业组无法识别绘画的真实性。经过专家访谈和对非专业组的美学元素量表（SEAE）测试显示，艺术家作品美学元素中的简单、和谐、平衡、活力、统一、年龄和新颖性的得分明显高于人工智能作品，但是美学元素中的格式塔元素（视觉艺术的感知对象形式、颜色和材料等被视为一个系统的整体）艺术家和人工智能创作的评分没有体现区别。④ Hong, J. 的调查结果表明，人工创作的艺术品与人工智能创作的艺术品在评价上存在明显差异，人类创作的艺术品在"构图""表现程度""审美价值"等方面的评

① Isenberg, T., Neumann, P., Carpendale, S., Costa Sousa, M. & Jorge, J. A., "Non-photorealistic Rendering in Context: An Observational Study", *Proceedings of the 4th International Symposium on Non-photorealistic Animation and Rendering*, 2006, pp. 115 – 126.

② Moffat, D. & Kelly, M., "An Investigation into People's Bias Against Computational Creativity in Music Composition", *The Third Joint Workshop on Computational Creativity (ECAI' 06)*, Italy, 2006.

③ Kirk, U., Skov, M., Hulme, O., Christensen, M. S. & Zeki, S., "Modulation of Aesthetic Value by Semantic Context: An FMRI Study", *NeuroImage*, 2009, 44, pp. 1125 – 1132.

④ Kim, Soul: 인공지능(AI)의창작물과미술가의창작물에서나타나는심미적요소에관한식별연구, "A Discrimination Study on Aesthetic Element of AI Creation and Artist Creation", *Journal of Basic Design & Art* 기초조형학연구, 2018, 19 (4), pp. 41 – 53.

价明显高于人工智能创作的艺术品。人工智能创造的艺术品和人类创造的艺术品之间的区别可能不是一眼就能看出来的，但是通过艺术领域评判标准可以区分出这两种类型的艺术品的差异。人工智能创造的艺术需要改进的方面更明确，人工智能艺术家将更容易达到人类的艺术创造水平，但目前人工智能和人类创造的艺术依然存在着客观的差异。[①] Chamberlain 等的研究测试了观察者区分计算机生成艺术和人工艺术的能力，然后研究了艺术作品的分类如何影响审美价值，研究表明观察者对计算机生成艺术存在偏见。[②]

但是，中国学者牟怡等的实验研究给出了不同的研究结论：他们的实验结果表明，受试者认为人工智能写的诗在质量、想象力、临场感和情感共鸣方面均比人类写的诗歌更胜一筹。该研究对此的解释是，人工智能在内容生产方面的表现超出了人们的期待，就能赢得人们的更多好评。[③]

基于以上研究，本书提出如下研究问题和研究假设。

RQ7：用户对人工智能创作程序的艺术价值评价如何？

H12a—H12c. 用户对于人工智能创作作品的艺术价值评价对人工智能创作程序使用、人工智能创作程序分享和人工智能创作程序创新认知具有正向影响。

2.3.3.3.2 用户科幻文艺爱好程度的研究回顾、研究问题和研究假设

文艺界普遍认同英国作家玛丽·雪莱的小说《弗兰肯斯坦》（1818）

---

① Hong, J. & Curran, N. M., "Artificial Intelligence, Artists, and Art", *ACM Transactions on Multimedia Computing, Communications, and Applications*, 2019, 15 (2), pp. 1 – 16.

② Chamberlain, R., Mullin, C., Scheerlinck, B. & Wagemans, J., "Putting the Art in Artificial: Aesthetic Responses to Computer-generated Art", *Psychology of Aesthetics, Creativity, and the Arts*, 2018, 12 (2), pp. 177 – 192.

③ 牟怡、夏凯、Ekaterina Novozhilova：《人工智能创作内容的信息加工与态度认知——基于信息双重加工理论的实验研究》，《新闻大学》2019 年第 8 期。

是世界科幻小说鼻祖的说法。科幻文艺从诞生以来，就受到了普遍的关注。刘慈欣认为，科幻小说关注人和科技的关系以及人和宇宙的关系，是在对科学的想象中进行创作。作家通过想象力营造出一个与现实世界完全不同的科幻世界，这个世界是超现实的，但不是超自然的。①厦门大学黄鸣奋教授认为，他者被用于解释自我意识的形成条件。"超他者"是科幻领域具备自我意识的超常智能生物，包括外星人、类智人、机器人等。科幻语境就是以黑科技为参考系、以被排斥的超他者为契机构建的。科幻电影在屏幕上展示超他者，在衍生品中传播超他者。他们是人类想象的产物，又对人类理解自身的定位具备重要作用。②

英国著名诗人和评论家塞缪尔·泰勒·柯勒律治指出，人们在阅读科幻类或含有超现实元素的其他虚构作品时，只有自愿地放弃对作品中超现实内容的怀疑（suspension of disbelief——将怀疑悬置起来），才可能理解与享受作品。这类作品读得多了，"悬置怀疑"就慢慢成了习惯。③当科幻文艺爱好者大量接触这类作品，对待作品中的各种超现实内容的"悬置怀疑"必然让其科幻认知和期待的胃口被调高，而导致对现实科技水平所能达到的程度表示出不屑与不满。

华东师范大学王峰教授的研究也呈现出这样的结论：科幻作品中的人工智能叙事与当代人工智能的社会叙事有着很大差别，但在当代社会叙事中又往往不经意地将二者混为一谈。④目前的社会叙事将应用型的人工智能机器作为通用型的人工智能对待，造成叙事和技术之间的张力，并将"技术幻化为某种奇异化的未来文化形态的基础"，

---

① 刘慈欣：《科幻小说创作随笔》，《中国文学批评》2019 年第 3 期。
② 黄鸣奋：《超身份：中国科幻电影的信息科技想象》，《中国文学批评》2019 年第 4 期。
③ 武夷山：《科幻让想象力插上翅膀》，《世界科学》2019 年第 5 期。
④ 王峰：《人工智能科幻叙事的三种时间想象与当代社会焦虑》，《社会科学战线》2019 年第 3 期。

"通过科幻作品和电影不断刺激我们对未来的感知，并在这种想象形式中将技术发展与无限遥远的未来相对接"①，一旦人工智能在具体应用中无法像科幻作品那样满足受众被拔高的社会兴趣，就可能导致人工智能寒冬的来临。他认为在现实生活中，对阿尔法狗、微软小冰等都存在某种不恰当的吹嘘。②

创新工场 CEO 李开复曾在一次公开访谈中指出，科幻小说和电影对 AI 的推动非常巨大，所以科幻电影可以用想象力来帮助科技人找到方向。但是其中的想象力太过丰富，尤其是 AGI（Artificial General Intelligence，通用人工智能），人能爱上机器、机器想要控制人类……AGI 目前来说遥不可及，但是通过科幻小说和电影对 AGI 的大量渲染，导致整个社会对 AI 有负面的印象。之前的调查显示，超过 50% 的美国人听到 AI 觉得是负面的事情。

在 2019 年北京智源大会的 Pannel 环节中，在观看了《超能陆战队》（智能诊断系统）、《复仇者联盟》（手势交互系统）、《流浪地球》（同声传译）、《速度与激情》（无人驾驶）和《Her》（人工智能情感伴侣）的片段后进行的网络投票中，超过 50% 的观众认为同声传译是最容易实现的技术，但是现场的人工智能专家均表示实现手势交互相对容易，而同声传译由于机器缺乏知识和常识，真正实现这个技术还有很长的路要走。

遵循前面的分析思路，笔者认为，基于现在人工智能创作的初级水平的实际，与人工智能在影视和小说中的未来想象相差甚远，所以可能会引起科幻文艺爱好者理想和现实距离的巨大落差。基于此，本书提出如下研究问题和研究假设。

---

① 王峰：《人工智能：技术、文化与叙事》，《上海师范大学学报》（哲学社会科学版）2019年第 4 期。

② 王峰：《人工智能：技术、文化与叙事》，《上海师范大学学报》（哲学社会科学版）2019年第 4 期。

RQ8：用户的科幻文艺爱好程度如何？

H13a—H13c. 用户的科幻文艺爱好对人工智能创作程序使用、人工智能创作程序分享和人工智能创作程序的创新认知具有负向影响。

2.3.3.3.3　感知价值的研究回顾和研究问题、研究假设提出

感知价值理论源于消费行为学，早期应用于企业管理实践。随着互联网发展，感知价值理论被广泛应用于对消费者网络行为开展的研究。① 学界广泛接受的是 Zeithaml 对感知价值下的定义：消费者对所接受和所给予的东西的感知决定了消费者对产品效用的整体评估。② 感知价值的其他定义有：感知价值是指顾客所能感知到的获利与其在获取产品或服务中所付出的成本进行权衡后对产品或服务效用的整体评价③，是指行为主体在社会活动过程中对于目标产品利得和利失对比所形成的主观感受④，本身可以通过感知收益和感知成本来衡量⑤，从功利主义的角度来看，顾客价值感知是产品的获取价值和交易价值的结合⑥。Sweeney 和 Soutar 的研究分析了感知价值和满意度的区别：感知价值发生在购买过程的各个阶段，满意度普遍被认为是购买后和使用后的评估。所以，价值感知可以在没有购买或使用产品、服务的情况下产生，而满意度取决于使用产品或服务的体验。此外，满意度已经概念化为一个一维的指标，而价值概念化

① 张新、马良、王高山：《基于感知价值理论的微信用户浏览行为研究》，《情报科学》2017年第12期。

② V. A. Zeithaml, "Consumer Perceptions of Price, Quality and Value: A Means-end Model and Synthesis of Evidence", *Journal of Marketing*, 1988, 52 (3).

③ 张新、马良、王高山：《基于感知价值理论的微信用户浏览行为研究》，《情报科学》2017年第12期。

④ 王拓：《基于感知价值理论的虚拟社区成员持续知识共享意愿研究》，硕士学位论文，吉林大学，2019年。

⑤ 董庆兴、周欣、毛凤华、张斌：《在线健康社区用户持续使用意愿研究——基于感知价值理论》，《现代情报》2019年第3期。

⑥ Kim, H., Chan, H. C. & Gupta, S., "Value-based Adoption of Mobile Internet: An Empirical Investigation", *Decision Support Systems*, 2007, 43 (1), pp. 111–126.

为多维的结构。[①]

本书认为，感知价值是用户通过对产品或者服务的收益与成本的比较进而产生的主观认识和主观感受，感知价值在购买过程的各个阶段均可发生。

目前对于感知价值的研究均将感知价值视为一个复合概念。

感知价值的二维划分：赵文军等认为感知价值包括理性成分和感性成分[②]，Holbrook 等认为消费过程的认知评估存在两种视角——信息处理视角和体验视角[③]，Babin 等研究认为，消费活动既产生享乐结果，也产生功利结果[④][⑤]，Lin 认为感知价值包括实用价值和娱乐价值[⑥]，董庆兴等通过感知收益和感知成本来衡量感知价值[⑦]，张新等也从实用价值和享乐价值两个方面来探究感知价值对微信用户浏览意愿的影响[⑧]。

感知价值的多维划分：Sheth、Newman 和 Gross 提出的感知价值理论框架分析了五个维度：社会价值、情感价值、功能价值、认知价值和条件价值。[⑨] Sweeney 和 Soutar 的研究发现了情感、社交、质

---

① Sweeney, J. C. & Soutar, G. N., "Consumer Perceived Value: The Development of a Multiple Item Scale", *Journal of Retailing*, 2001, 77 (2), pp. 203 – 220.

② 赵文军、易明、王学东：《社交问答平台用户持续参与意愿的实证研究——感知价值的视角》，《情报科学》2017 年第 2 期。

③ Holbrook, Morris B. and Elizabeth C. Hirschman, "The Experiential Aspects of Consumption: Consumption Fantasies, Feelings and Fun", *Journal of Consumer Research*, 1982 (9), pp. 132 – 140.

④ Babin, B., Darden, W. & Griffin, M., "Work and/or Fun: Measuring Hedonic and Utilitarian Shopping Value", *Journal of Consumer Research*, 1994, 20 (4), pp. 644 – 656.

⑤ Babin, B., Darden, W. & Griffin, M., "Work and/or Fun: Measuring Hedonic and Utilitarian Shopping Value", *Journal of Consumer Research*, 1994, 20 (4), pp. 644 – 656.

⑥ Lin, K. Y., Lu, H. P., "Predicting Mobile Social Network Acceptance Based on Mobile Value and Social Influence", *Internet Research*, 2015, 25 (1), pp. 107 – 130.

⑦ 董庆兴、周欣、毛凤华、张斌：《在线健康社区用户持续使用意愿研究——基于感知价值理论》，《现代情报》2019 年第 3 期。

⑧ 张新、马良、王高山：《基于感知价值理论的微信用户浏览行为研究》，《情报科学》2017 年第 12 期。

⑨ Sheth, Jagdish N., Bruce I. Newman and Barbara L. Gross, "Why We Buy What We Buy: A Theory of Consumption Values", *Journal of Business Research*, 1991, 22 (3), pp. 159 – 170.

量/性能和价格/物有所值四个价值维度。① Kantamneni 和 Coulson 认为感知价值有社会价值、主观验证价值、使用功能价值和交易价值四个维度。② 王拓将感知价值分为实用价值、情感价值和社会价值三个维度。③ 董大海等将网络环境下消费者感知价值划分为结果性感知价值、程序性感知价值和情感性感知价值三个维度。④ 赵文军等的研究将感知价值分为信息价值、社会价值和情感价值，关注感知价值对用户行为的影响。⑤ 王永贵等对顾客价值的关键维度进行了研究，在探索性因子分析和确认性因子分析的基础上，识别出社会价值、情感价值、功能价值和感知失利四个关键维度。⑥ Holbrook 提出了感知价值的类型，包括八种：便利、质量、成功、声誉、乐趣、美丽、美德和信仰。⑦ 从多维度的感知价值研究中可以看到，社会价值、情感价值、实用价值是研究最多的感知价值的具体维度。

　　鉴于本书的研究对象为人工智能创作程序，从性质上看，属于工具类程序，从使用形式来看，属于游戏类程序，所以本书采用了赵文军、Holbrook、Babin、Lin、张新等对感知价值的二维划分方法，从实用价值和享乐价值维度来对人工智能创作的感知价值进行分析研究，对创新扩散理论模型进行补充，以期补足该模型未能说明用户为什么要采纳创新的短板。

---

① Sweeney, J. C. & Soutar, G. N., "Consumer Perceived Value: The Development of a Multiple Item Scale", *Journal of Retailing*, 2001, 77 (2), pp. 203 – 220.

② Kantamneni, S. P., Coulson, K. R., "Multicultural Value Perceptions: Comparing Evidence from Egypt and France", *Proceedings of the 1998 Multicultural Marketing Conference*, 2015.

③ 王拓：《基于感知价值理论的虚拟社区成员持续知识共享意愿研究》，硕士学位论文，吉林大学，2019 年。

④ 董大海、杨毅：《网络环境下消费者感知价值的理论剖析》，《管理学报》2008 年第 6 期。

⑤ 赵文军、易明、王学东：《社交问答平台用户持续参与意愿的实证研究——感知价值的视角》，《情报科学》2017 年第 2 期。

⑥ 王永贵、韩顺平、邢金刚、于斌：《基于顾客权益的价值导向型顾客关系管理——理论框架与实证分析》，《管理科学学报》2005 年第 6 期。

⑦ M. B. Holbrook, *Introduction to Consumer Value*, New York: M. B. Holbrook (Ed.), 1999.

实用价值是用户对功能效益和成本的总体评估，与现实中特定的目的相关。[①] 人工智能创作程序的实用价值是指用户在人工智能创作程序的帮助下完成特定的创作任务。根据《2019 年微信小程序用户行为调查》，"2019 年微信小程序分享人数行业分布"排名最靠前的是工具类小程序，[②] 即工具类小程序得到了最多的分享，用户的分享意愿一定程度上体现出人们使用小程序的原因之一——出于实用的需求。《2019 年小程序互联网发展白皮书》显示，在 2019 年微信小程序打开次数的行业分布中，生活服务、网络购物和工具类小程序占比最高，[③] 这在一定程度上说明人们使用小程序更多是出于应用需要。

享乐价值被定义为消费者对体验效益和成本的整体评估，是指个人在使用产品或服务时感受到的享受、快乐和愿望等情绪。[④] 享乐价值研究方面，张新等基于顾客感知价值理论对微信用户浏览行为的研究表明，享乐价值积极正向影响用户对公众号的信任，进而正向影响用户浏览意愿。[⑤]《2019 年小程序互联网发展白皮书》中，阿拉丁小程序指数 TOP100 的小程序中，游戏类程序占比达到了 19.8%，游戏领域成为小程序应用中占比最大的领域，与 2018 年相比，上榜游戏种类呈现更加多样化的发展趋势[⑥]，这在一定程度上说明人们使用小程序

①　Kuan-Yu, L. & Hsi-Peng. L., "Predicting Mobile Social Network Acceptance Based on Mobile Value and Social Influence", *Internet Research*, 2015, 25 (1), pp. 107 – 130.

②　阿拉丁研究院：《2019 年微信小程序用户行为调查》，2019 年 1 月 18 日，http：//www. aldzs. com/bg，2019 年 12 月 1 日。

③　阿拉丁研究院：《2019 年小程序互联网发展白皮书》，2019 年 12 月 31 日，http：//aldzs. com/viewpointarticle/? id = 9278，2020 年 1 月 2 日。

④　Kuan-Yu, L. & Hsi-Peng. L., "Predicting Mobile Social Network Acceptance Based on Mobile Value and Social Influence", *Internet Research*, 2015, 25 (1), pp. 107 – 130.

⑤　张新、马良、王高山：《基于感知价值理论的微信用户浏览行为研究》，《情报科学》2017 年第 12 期。

⑥　阿拉丁研究院：《2019 年小程序互联网发展白皮书》，2019 年 12 月 31 日，http：//aldzs. com/viewpointarticle/? id = 9278，2020 年 1 月 2 日。

的一个重要原因是娱乐的需求。

人工智能创作程序的享乐价值是指个人在使用人工智能创作程序时感受到的享受和快乐。在本书前期的用户个人访谈中，很多用户表示人工智能创作"好玩""有意思"。因此，本研究考虑到用户在使用人工智能创作过程中如果感受到快乐、兴奋，引起积极的情绪反应，则意味着享乐价值的实现。

基于以上的研究，本书提出如下研究问题和假设。

RQ9：用户对人工智能创作程序的实用价值和享乐价值的评价是否存在差异？

H14a—H14c. 用户的感知价值评价对人工智能创作程序使用、人工智能创作程序分享和人工智能创作程序的创新认知具有正向影响。

2.3.3.3.4　对人工智能创作态度的研究回顾和研究问题、研究假设提出

态度是人们对于特定的社会事物所持有的心理倾向，作为一种内隐变量，态度具有非直观性，只能通过它的表征进行间接测量。在测量过程中，一般通过人们对于某事或某物所持有的意见来获知人们的态度。① 本书所研究的对人工智能创作的态度，是指个人对人工智能创作所持有的心理倾向。

对人工智能创作的研究和报道的梳理过程中，笔者发现，关于人工智能创作的态度存在两极化倾向。

微软（亚洲）互联网工程院副院长李笛认为，人工智能的艺术创作中，通过建模的方式，人类艺术家的创作时期可以延长，数百年前的艺术家可以被"复活"创作当代命题，甚至可以达成融合不同艺术家的技法创造全新的艺术创作能力。②

---

① 蔡芸：《态度量表量态度》，《中国科技月报》1999 年第 2 期。
② 李笛：《人工智能：新创作主体带来新艺术可能》，《人民日报》2019 年 9 月 17 日，http://media.people.com.cn/n1/2019/0917/c40606-31356237.html，2020 年 1 月 20 日。

与此同时，不少文艺界人士对人工智能创作持负面态度：在电脑尚难以具备人脑功能的情况下，所谓人工智能性的文艺创作，也还只能是一种奇异的梦想；① 由于属于机器的电脑与自具生命灵性的人脑之间的本质差异，人工智能尚未创作出、实际上亦不可能创作出真正具有人性境界的作品。② 目前文艺创作中的人工智能仅仅是一种工具性应用。③ 人工智能"拟主体"在创作动机的情感限度、艺术表达的想象力限度和作品效果的价值限度三个方面与传统意义上的艺术创作均存在距离。④ 面对人工智能创作的作品，一切由阅读延伸出的心灵活动都将被中断，作品不过就是一种表达，它可能会吻合我们的审美观念，可能会恰当地体现出艺术技巧，可是，作者精神世界的那一环将无从开启。⑤ 将文学看成机器可以操纵的文字游戏，降低了文学的审美维度，消解了文学创作特别是诗歌创作的诗性和经典性，进而对作品的典律性甚至是学科的边界提出了挑战的观点。⑥ 也有研究表明，音乐家比非音乐家对电脑生成的音乐作品有更大的偏见。⑦

牟怡等的研究表明，对 AI 的态度会左右对 AI 创作能力与创作质量的评价，对 AI 的态度越正面，对 AI 创作能力与质量的评价也越高。⑧ 而 Hong, J. 等的研究认为，持"人工智能不能创造艺术"观点的

---

① 杨守森：《人工智能与文艺创作》，《河南社会科学》2011 年第 1 期。

② 杨守森：《人工智能：人类文艺创作终结者?》，《学习时报》2017 年 4 月 28 日，http：//www. jsllzg. cn/zuiqianyan/201704/t20170428_ 4012450. shtml，2019 年 11 月 10 日。

③ 杜彬彬：《想象、现实、工具：基于人工智能文艺创作的多重思考》，《科教导刊》（中旬刊）2019 年第 2 期。

④ 欧阳友权：《人工智能之于文艺创作的适恰性问题》，《社会科学战线》2018 年第 11 期。

⑤ 张荣翼：《"狗"来了吗——关于人工智能与文艺创作》，《长江文艺评论》2017 年第 10 期。

⑥ 王青：《人工智能文学创作现象反思》，硕士学位论文，河北师范大学，2019 年。

⑦ Moffat, D. & Kelly, M., "An Investigation into People's Bias Against Computational Creativity in Music Composition", *The Third Joint Workshop on Computational Creativity*（*ECAI' 06*），Italy, 2006.

⑧ 牟怡、夏凯、Ekaterina Novozhilova 等：《人工智能创作内容的信息加工与态度认知——基于信息双重加工理论的实验研究》，《新闻大学》2019 年第 8 期。

人给出的艺术作品评价要比不带有此观点的人低。拥有特定的人工智能认知模式会影响人们对于艺术品的评价，对"AI 发展自己的风格"的消极态度是 AI 作为社会行动者被接受的一个障碍。"人工智能创造艺术"的负面感知对艺术价值的整体评价和评价结果存在显著差异。[①]

基于人工智能创作的认知存在分歧，也有研究表明对待人工智能创作的态度会影响艺术作品的评价。所以，本书提出如下研究问题和研究假设。

RQ10：用户对人工智能创作的态度如何？

H15a—H15c. 用户对于人工智能创作的态度对人工智能创作程序使用、分享和程序的创新认知具有正向影响。

2.3.3.5 人口变量

此外，本书将对人口变量对于人工智能创作程序的使用和分享的影响进行分析。人口变量包括了程序使用者的性别、年龄、收入、教育程度等，根据罗杰斯的创新扩散理论，人口变量在创新的早期扩散阶段是强有力的预测变量：早期采用者往往比后期采用者接受过更多的正规教育，有更高的文化修养；早期采用者一般比后期采用者的社会地位要高；早期采用者拥有更强的向上的社会流动性……大多数人口变量与创新性呈正相关关系。[②] 对于人口变量，本书从性别、年龄、学历、收入四个方面提出如下研究假设：

H16a—H16c. 不同性别用户对人工智能创作程序使用、分享和对程序的创新认知存在显著差异；

H17a—H17c. 不同年龄用户对人工智能创作程序使用、分享和对程序的创新认知存在显著差异；

① Hong, J. & Curran, N. M. , "Artificial Intelligence, Artists, and Art ACM Transactions on Multimedia Computing", *Communications and Applications*, 2019, 15 (2s), pp. 1 – 16.

② ［美］E. M. 罗杰斯：《创新的扩散》（第五版），唐兴通、郑常青、张延臣译，电子工业出版社 2016 年版，第 305—331 页。

H18a—H18c. 不同学历用户对人工智能创作程序使用、分享和对程序的创新认知存在显著差异；

H19a—H19c. 不同收入用户对人工智能创作程序使用、分享和对程序的创新认知存在显著差异。

2.3.3.6 人工智能创作程序的研究问题、研究假设汇总及影响因素总模型

2.3.3.6.1 人工智能创作程序的研究问题及研究假设汇总

表 1　　　　人工智能创作程序使用和分享的研究问题与研究假设汇总

变量名称	假设/问题编号	假设/问题描述
人工智能创作程序使用	RQ1	受访者是在哪一年第一次使用人工智能创作程序的？人口变量在第一次使用中体现出什么差异？
	RQ2	受访者使用过多少个人工智能创作程序？人口变量在使用个数中体现出什么差异？
	RQ3	受访者使用人工智能创作程序的平均频次如何？人口变量在使用频次中体现出什么差异？
	RQ4	受访者继续使用人工智能创作程序的意愿如何？
	H1a	人工智能创作程序使用对分享过人工智能创作程序具有正向影响
	H1b	人工智能创作程序使用对分享人工智能创作程序的频次具有正向影响
人工智能创作程序分享	RQ5	受访者使用人工智能创作程序后的分享情况如何？人口变量在分享中是否体现出差异？
	RQ6	受访者分享人工智能创作程序的平均频次如何？人口变量在分享的平均频次中是否体现出差异？
相对优势	H2a	用户对于人工智能创作程序的相对优势认知对人工智能创作程序使用具有正向影响
	H2b	用户对于人工智能创作程序的相对优势认知对人工智能创作程序分享具有正向影响
兼容性	H3a	用户对于人工智能创作程序的兼容性认知对人工智能创作程序使用具有正向影响
	H3b	用户对于人工智能创作程序的兼容性认知对人工智能创作程序分享具有正向影响

续表

变量名称	假设/ 问题编号	假设/问题描述
易用性	H4a	用户对于人工智能创作程序的易用性认知对人工智能创作程序使用具有正向影响
	H4b	用户对于人工智能创作程序的易用性认知对人工智能创作程序分享具有正向影响
可试性	H5a	用户对于人工智能创作程序的可试性认知对人工智能创作程序使用具有正向影响
	H5b	用户对于人工智能创作程序的可试性认知对人工智能创作程序分享具有正向影响
可观察性	H6a	用户对于人工智能创作程序的可观察性认知对人工智能创作程序使用具有正向影响
	H6b	用户对于人工智能创作程序的可观察性认知对人工智能创作程序分享具有正向影响
流行程度	H7a	用户对于人工智能创作程序的流行性认知对人工智能创作程序使用具有正向影响
	H7b	用户对于人工智能创作程序的流行性认知对人工智能创作程序分享具有正向影响
个人创新性	H8a	用户的个人创新性对人工智能创作程序使用具有正向影响
	H8b	用户的个人创新性对人工智能创作程序分享具有正向影响
技术群采纳	H9a	用户对于人工智能技术群的采纳个数对人工智能创作程序使用具有正向影响
	H9b	用户对于人工智能技术群的采纳个数对人工智能创作程序分享具有正向影响
媒介获取 信息频率	H10a	用户的媒介获取信息频率对人工智能创作程序使用具有正向影响
	H10b	用户的媒介获取信息频率对人工智能创作程序分享具有正向影响
社交媒体 获取信息频率	H11a	用户的社交媒体获取信息频率对人工智能创作程序使用具有正向影响
	H11b	用户的社交媒体获取信息频率对人工智能创作程序分享具有正向影响

变量名称	假设/问题编号	假设/问题描述
艺术价值评价	RQ7	用户对人工智能创作程序的艺术价值评价如何？
	H12a	用户对于人工智能创作作品的艺术价值评价对人工智能创作程序使用具有正向影响
	H12b	用户对于人工智能创作作品的艺术价值评价对人工智能创作程序分享具有正向影响
	H12c	用户对于人工智能创作作品的艺术价值评价对人工智能创作程序创新认知具有正向影响
科幻文艺爱好	RQ8	用户的科幻文艺爱好程度如何？
	H13a	用户的科幻文艺爱好对人工智能创作程序使用具有负向影响
	H13b	用户的科幻文艺爱好对人工智能创作程序分享具有负向影响
	H13c	用户的科幻文艺爱好对人工智能创作程序的创新认知具有负向影响
感知价值	RQ9	用户对人工智能创作程序的实用价值和享乐价值的评价是否存在差异？
	H14a	用户的感知价值评价对人工智能创作程序使用具有正向影响
	H14b	用户的感知价值评价对人工智能创作程序分享具有正向影响
	H14c	用户的感知价值评价对人工智能创作程序的创新认知具有正向影响
对人工智能创作的态度	RQ10	用户对人工智能创作的态度如何？
	H15a	用户对于人工智能创作的态度对人工智能创作程序使用具有正向影响
	H15b	用户对于人工智能创作的态度对人工智能创作程序分享具有正向影响
	H15c	用户对于人工智能创作的态度对人工智能创作程序的创新认知具有正向影响
性别	H16a	不同性别用户对人工智能创作程序使用存在显著差异
	H16b	不同性别用户对人工智能创作程序分享存在显著差异
	H16c	不同性别用户对人工智能创作程序的创新认知存在显著差异
年龄	H17a	不同年龄用户对人工智能创作程序使用存在显著差异
	H17b	不同年龄用户对人工智能创作程序分享存在显著差异
	H17c	不同年龄用户对人工智能创作程序的创新认知存在显著差异

续表

变量名称	假设/问题编号	假设/问题描述
学历	H18a	不同学历用户对人工智能创作程序使用存在显著差异
	H18b	不同学历用户对人工智能创作程序分享存在显著差异
	H18c	不同学历用户对人工智能创作程序的创新认知存在显著差异
收入	H19a	不同收入用户对人工智能创作程序使用存在显著差异
	H19b	不同收入用户对人工智能创作程序分享存在显著差异
	H19c	不同收入用户对人工智能创作程序的创新认知存在显著差异

2.3.3.6.2　人工智能创作程序使用和分享的影响因素总模型

基于以上的研究问题和研究假设，本书提出图9针对个体层面的创新采纳的影响因素总模型。

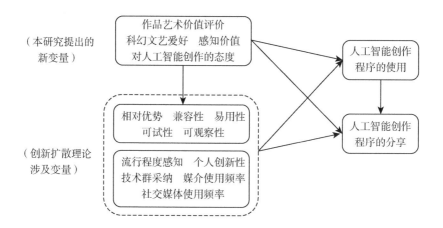

图9　人工智能创作程序的使用和分享的影响因素总模型

第3章 人工智能创作的含义

3.1 人工智能创作的内涵

3.1.1 人工智能

"人工智能"（Artificial intelligence）是一个充满争议的概念。1955 年，人工智能学科开创者约翰·麦卡锡（John McCarthy）提出："让机器的行为看起来就像是人类所表现出来的智能行为一样。"[①] 在这个定义中，我们需要关注"智能"本身的多重意涵。"智能"可以表征作为思维特征的智力、作为身体素质的能力和作为物种标志的意识，这样的解读导致了人工智能定义的三个不同面向：符号人工智能、行为人工智能和社会人工智能。符号人工智能致力于建构信息处理模型来将智能形式化，仅存于信息空间。行为人工智能追求以身体形态存在于真实物理环境，并与人进行互动。社会人工智能强调多个智能体在共同的社会文化环境中共享信息、相互作用甚至协作完成任务。[②]在这样的人工智能分类之下，我们可以看到，现有的定义更多是从符号人工智能的角度进行的解析：人工智能就是研究如何使得计算机会听、说、读、写、学习、推理，能够适应环境变化，能够模拟出人脑

[①] ［美］杰瑞·卡普兰：《人人都应该知道的人工智能》，汪婕好译，浙江人民出版社 2018 年版，第 2 页。

[②] 黄鸣奋：《人工智能与文学创作的对接、渗透与比较》，《社会科学战线》2018 年第 11 期。

思维活动。① "人工智能是用人工的方法和技术，模仿和扩展人的智能，实现机器智能。人工智能的长期目标是实现人类水平的人工智能。"② "人工智能是一种工具，用于帮助或替代人类思维。它是一项计算机程序，可以独立存在于数据中心，在个人计算机里，也可以通过诸如机器人之类的设备体现出来。它具备智能的外在特征，有能力在特定环境中有目的地获取和应用知识与技能。"③ "基于大数据、算法和云计算三项技术基础，开发用于模拟、延伸和扩展人的智能的理论和方法的新技术，是制造智能机器、可学习计算程序和需要人类智慧解决问题的科学和工程。"④ 李开复认为学术界对人工智能的教科书式定义是：人工智能就是根据对环境的感知，做出合理的行动，并获得最大收益的计算机程序。⑤

从人工智能技术发展阶段来看，学界将人工智能分为"强""弱"两种。强人工智能是指符号的、经典的和形式化的，一般都认为靠纯算法过程来获取人类的智能是可能的。弱人工智能则强调自然的、非经典的和非符号的，认为纯靠算法过程是不可能获取人类智能的。⑥强人工智能认为机器能够并且最终一定会拥有心灵；而弱人工智能则认为机器只是在模拟而不是复制真正的智能。强弱人工智能的区别在于机器是真正的智能，还是表现得好像很智能。⑦

在人工智能的研究中，人们倾向于使用人工智能解决像下棋这样的复杂问题，因为人们普遍认为复杂问题解决了之后，简单的问题就

---

① 鲍军鹏、张选平等编著：《人工智能导论》，机械工业出版社2010年版，第2页。
② 丁世飞：《人工智能》，清华大学出版社2011年版，"前言"第1页。
③ ［英］理查德·温：《极简人工智能》，有道人工翻译组译，电子工业出版社2018年版，第10页。
④ 张洪忠、石韦颖、刘力铭：《如何从技术逻辑认识人工智能对传媒业的影响》，《新闻界》2018年第2期。
⑤ 李开复、王咏刚：《人工智能》，文化发展出版社2017年版，第35页。
⑥ 周昌乐编著：《心脑计算举要》，清华大学出版社2003年版，第212页。
⑦ ［美］杰瑞·卡普兰：《人人都应该知道的人工智能》，汪婕妤译，浙江人民出版社2018年版，第86页。

能迎刃而解。但是，汉斯·莫拉维克（Hans Moravec）在人工智能研究过程中提出了著名的"莫拉维克悖论"，他认为"让计算机在智力测验或在下跳棋时表现出成人水平相对容易，但是让计算机在知觉和移动性方面达到一岁小孩的水平确实十分困难甚至是不可能的"[①]。莫拉维克悖论的存在，充分说明了人工智能与人和动物的智能之间差异巨大，也说明了人工智能在不同领域能够实现的智能化水平也千差万别。

3.1.2　创造力与计算创造力

3.1.2.1　创造力（creativity）

创造力一直被认为是只有人类才具备的神秘能力，是"产生新颖的、异乎寻常的以及有价值的想法或人工制品的能力，是人类智慧的顶峰"[②]。创造力研究的兴起可以追溯到 1950 年 Guilford 的研究，他认为发散思维和变换能力是创造性思维的核心，这至今仍是许多创造力研究和测量的重要理论基础。[③] 创造力定义繁多，1982 年，日本创造学会向全体会员征集"创造力"的定义，得到了 83 个不同的定义。而美国心理学家爱肯认为："心理学文献中再没有比'创造力'这个课题被人研究得更多和被人理解得更少的了。"[④] 而美国未来学家、人工智能专家雷·库兹韦尔认为聚集更多的新皮质可以获得更多创造力，拓展可用的新皮质的一种方法就是多人合作，更进一步则可以通过新皮质的非生物等同物来拓展新皮质本身，这将成为人类最终的创造力

---

① ［美］卢克·多梅尔：《人工智能——改变世界，重建未来》，赛迪研究院专家组译，中信出版社 2016 年版，第 22—23 页。

② ［英］玛格丽特·博登：《AI：人工智能的本质与未来》，孙诗惠译，中国人民大学出版社 2017 年版，第 80 页。

③ 李金珍、王文忠、施建农：《积极心理学：一种新的研究方向》，《心理科学进展》2003 年第 3 期。

④ 武欣、张厚粲：《创造力研究的新进展》，《北京师范大学学报》（社会科学版）1997 年第 1 期。

方案——"创造创新能力"。他坚信人类能够制造出可与人脑相媲美的"仿生大脑新皮质"①。

在对创造力进行测量的过程中，创造性思维测验是使用最广泛的工具之一。这个测验主要测量受试者的发散性思维能力，要求受试者在一些特定的刺激下做出多种反应。由于该类测验的预测效度不高，受到了部分学者的质疑。而 Amabile 认为，采用"同感"的方式可以对创造力进行评价。"同感"是指同一个领域的专家对于同一件作品会持有基本一致的看法。在这样的认识基础上，产生了创造力研究的主观评价法——"同感评估技术"（Consensus Assessment Technique，CAT）②③。

3.1.2.2 计算创造力（Computational creativity）

计算创造力是一个不断发展的领域，创造性的系统已经开发出来，应用范围从音乐、视觉艺术、诗歌到数学、设计和代码生成。④ 在对计算创造力进行研究的过程中，研究者引入了 4P 的分析维度。4P 起源于 Rhodes，由 Jordanous 引入计算创造力的研究⑤并得到了研究界的集体认可。4P 关注创造的 4 个关键面向：Producer（生产者）、Products（创造产品）、Process（创造过程）和 Press/Environment（媒体/环境）。其中，Producer（生产者）是计算机程序、软件、机器人或创意代理。而计算机成为托管创意代理的硬件，用来实现特定计算系统中的算法。⑥ Products（创造产品）是计算创造性取得重大成功的一个

---

① ［美］雷·库兹韦尔：《如何创造思维》，盛杨燕译，浙江人民出版社 2014 年版，第 105 页。

② Amabile, T. M., "Social Psychology of Creativity: A Consensual Assessment Technique", *Journal of Personality and Social Psychology*, 1982, 43, pp. 997 – 1013.

③ 宋晓辉、施建农：《创造力测量手段——同感评估技术（CAT）简介》，《心理科学进展》2005 年第 6 期。

④ Lamb, C., D. G. Brown and C. L. A., "Clarke Evaluating Computational Creativity", *ACM Computing Surveys*, 2018, 51 (2), pp. 1 – 34.

⑤ Lamb, C., D. G. Brown and C. L. A., "Clarke Evaluating Computational Creativity", *ACM Computing Surveys*, 2018, 51 (2), pp. 1 – 34.

⑥ Jordanous, A., "Four Perspectives on Computational Creativity in Theory and in Practice", *Connection Science*, 2016, 28 (2), pp. 194 – 216.

领域。Process（创造过程）可能是单个软件使用的算法，或多台机器与程序之间的交互，或机器与人类用户之间的交互，或机器与它所处的环境之间的交互。计算创造界对创造过程的关注越来越多，例如生成与测试的过程观点①②认为，将创意过程建模为一个循环，即生成艺术品，然后通过评估生成阶段来修改生成过程是一种值得在计算创造力中得到更广泛采用的方法。Press/Environment（媒体/环境）视角包含影响创作者和接收创造性作品的环境之间的双向视角，以及宣传他们的作品并获得反馈的创作者。研究者认为该框架对于指导计算创造力的研究人员在工作中建模、模拟或者复制创造力大有裨益。③

　　有学者提出来人工智能具备的三种创造力：组合型、探索型和变革型。在组合型创造力中，常见的想法以不常见的方式组合在一起。例如，视觉拼贴、有诗意的图像和科学类比（将心脏比作泵、原子比作太阳系）。探索型创造力充分利用了一些有文化价值的思维方式（例如，绘画或音乐的风格、化学或数学的子区域），使用风格法则（主要是无意识地）可以产生新想法，就像英语语法可以生成新句子一样。变革型创造力继承了探索型创造力，如果现有风格受限，变革型创造力就会发生。一个或多个风格限制将被彻底改变（删除、否定、补充、替换、添加……），因此生成了之前不可能生成的新结构。这类创造力属于强人工智能中可以和人类创造力一决高下的创造力。④

　　检测机器智能最著名的测试是图灵测试，但是检测机器创造力最著名的测试是由世界第一批计算机程序员、涉足现代计算而讨论机器

　　① McGraw，G. & Hofstadter，D.，"Perception and Creation of Diverse Alphabetic Styles"，*AIS-BQ*，1993，85，pp. 42 – 49.

　　② Pease，A.，Guhe，M. & Smaill，A.，"Some Aspects of Analogical Reasoning in Mathematical Creativity"，*The International Conference on Computational Creativity*，*Lisbon*，*Portugal*，2010.

　　③ Lamb，C.，D. G. Brown and C. L. A.，"Clarke. Evaluating Computational Creativity"，*ACM Computing Surveys*，2018，51（2），pp. 1 – 34.

　　④［英］玛格丽特·博登：《AI：人工智能的本质与未来》，孙诗惠译，中国人民大学出版社 2017 年版，第 81—85 页。

创造力话题的第一人阿达·洛夫莱斯（Ada Lovelace）提出的洛夫莱斯测试（Lovelace Test）。洛夫莱斯测试要求计算机自发想出创意。在洛夫莱斯设计的实验中，人工智能是 A，人类创造者是 H，而原始概念是 O。只有 A 能够不需要 H 解释实现方式就能生成 O 时，这个测试才算通过。为了避免 A 成为随机事件，如偶然的错误，A 必须能够应任何测试评判人的要求重复生成 O。[1]"洛夫莱斯测试"坚持在人工智能体 A、它的输出 O 和人类创造者 H 之间存在某种限制性的认知关系。当 H 无法解释 A 是如何产生 O 时，就得到了这种关系。洛夫莱斯女士认为只有当计算机产生事物时，人们才会相信它们是有头脑的。[2]

在论证人工智能能否通过洛夫莱斯测试的观点上，研究人员存在观点分歧，有的研究人员认为"我们已经非常接近通过测试，而且我们甚至可能已经通过了测试"[3]，而也有研究人员认为，人工智能体不能通过洛夫莱斯测试。原因正如霍夫斯塔德（Hofstadter）认为的那样，创造力需要自主性（autonomy），而计算最终只能够完成捕捉人类创造性利用的那种自主性的任务。[4]

3.1.2.3　计算创造力是否存在的观点争论

3.1.2.3.1　计算机不具备创造力

有研究者认为机器不具备艺术创造力是因为艺术是由情绪而非智慧创造的。"在人们眼里，艺术家是感性的，而计算机则是超级理性的象征。"《时代周刊》的列夫·格罗斯曼（Lev Grossman）认为："创作一件艺术品是我们为人类而且仅为人类保留的活动之一。这是一种自

---

① ［美］卢克·多梅尔：《人工智能——改变世界，重建未来》，赛迪研究院专家组译，中信出版社 2016 年版，第 184—188 页。
② Bringsjord, S., P. Bello and D. Ferrucci, "Creativity, the Turing Test, and the（Better）Lovelace Test", *Minds and Machines*, 2001, 11（1），pp. 3–27.
③ ［美］卢克·多梅尔：《人工智能——改变世界，重建未来》，赛迪研究院专家组译，中信出版社 2016 年版，第 184—188 页。
④ Bringsjord, S., P. Bello and D. Ferrucci, "Creativity, the Turing Test, and the（Better）Lovelace Test", *Minds and Machines*, 2001, 11（1），pp. 3–27.

我表达行为，如果没有自我，你就不会创作。"①

在这个过程中，也有学者对计算创造力产生了质疑，最大的质疑集中于机器在艺术创作的过程中没有感觉：机器人能画画吗？似乎在技术上是可以的。e-David 是由德国的康斯坦茨大学开发的机器人。"David"是"生动的交互显示绘图装置"的缩写。我们看到的是技术技能，这类似于制作蛋糕，不具有建构意义。机器是没有视觉和感觉的，人们情不自禁地想知道如何教一台机器真正地绘画，这是艺术上的逻辑问题。机器可以画毕加索的《格尔尼卡》，但它知道它已经绘画了吗？而且会感觉到已经做过的其他事情吗？此外，伟大的艺术往往需要有点儿疯狂。真正的创造力来源于打破常规，而不是遵守规则。创意往往来自联结在一起的偶然事件。②

也有学者提出："缺乏自主性是对一般人工智能和计算创造力的主要批评。"芒福德和文图拉在调查公众对创造性计算机的看法时发现，自主性是最大的问题之一，也是怀疑论者特别关注的问题。当前的系统具有一定的自主能力，例如，能够添加到它们的知识库中，但不能定义或改进它们自己的流程。Guckelsberger 等人描述了一个思维实验，问一个系统为什么要做出创造性的决定，然后紧接着再次问"为什么"，所有现有的系统最终都必须回答："因为我的程序员让我这么做。"③ 与这个观点相似的研究关注了审美领域人类创作与机器模拟之间的最大区别：机器的模拟犹如电影、游戏，是提前设定的、封闭的，而非像人类真实世界一样是随机开放的。④ 宋词生成器的研发

---

① ［美］卢克·多梅尔：《人工智能——改变世界，重建未来》，赛迪研究院专家组译，中信出版社 2016 年版，第 167 页。

② ［澳］理查德·沃特森：《智能化社会：未来人们如何生活、相爱和思考》，赵静译，中信出版社 2017 年版。

③ Lamb, C., D. G. Brown and C. L. A. Clarke, "Evaluating Computational Creativity", *ACM Computing Surveys*, 2018, 51 (2), pp. 1 – 34.

④ 顾骏主编，郭毅可副主编：《人与机器：思想人工智能》，上海大学出版社 2018 年版，第 137 页。

者——厦门大学周昌乐教授认为，出错性是创造力的基础，没有出错的可能，就没有创新的前提，机器不会出错，人类却会出错。在应对复杂环境时重要的是创造能力而不是永不出错的搜索能力。① 有研究进一步指出，人工智能是人类改造自然的科技产物，并不能成为可以与人类比肩的主体。②

3.1.2.3.2　计算机具备创造力

中国人民大学人工智能专家文继荣认为，"创造"是人工智能发展中的应有之义。人工智能分层中，第一层是运算智能，第二层是感知智能，第三层是认知智能，第四层是创造智能，是指利用想象力创造作品或产品，应用于机器人写作、图片生成等。③ 有研究者认为，机器创作的作品并没有人为推动创作的具体过程："机器创作的作品与历史上可能被认为是机器辅助的作品截然不同，比如用视频编辑软件编辑的电影就只是机器辅助的作品，而不属于机器创作的作品。但是机器创作的作品是完全独立的计算机生成的作品。机器作者是软件程序，这项工作是执行软件编程的副产品。机器创作的作品和机器辅助的作品之间最显著的区别在于，在机器创作的作品中，没有一个明确的人类作家通过写作、安排、选择或指导来推动创作过程。"④ "那些被认为需要人类创造力的任务会比我们想象的更容易被自动化所取代。"⑤

也有研究者认为，与人工智能在创造之前需要用大数据进行计算

---

① 周昌乐：《机器智慧真的能打败人类吗?》，《学习时报》2016 年 3 月 17 日第 10 版。

② 徐家力、赵威：《论人工智能发明创造的专利权归属》，《北京政法职业学院学报》2018 年第 4 期。

③ 文继荣：《大数据驱动的分析和智能》，北京师范大学新闻传播学院讲座，2019 年。

④ Yu, Robert, "The Machine Author: What Level of Copyright Protection is Appropriate for Fully Independent Computer-generated Works?", *University of Pennsylvania Law Review*, 2017, 4 (165), pp. 1245 – 1270.

⑤ ［美］杰瑞·卡普兰：《人人都应该知道的人工智能》，汪婕舒译，浙江人民出版社 2018 年版，第 11 页。

一样，人的创造力也不是凭空出现的，而是结合了之前的既有经验，所以人工智能的创造力和机器的创造力并没有本质的区别。

人工智能专家李笛认为，艺术创作之所以是人类独有的能力，是因为人类创作者拥有完整的人生经历。人生经历越丰富，创作的作品越有深度。人工智能显然不具备任何人生经历的积淀。但是科学家针对这个说法提出了"失忆者假说"，予以反驳。如果一个失忆的人突然醒过来，属于他之前的人生经历已经在脑海中丧失了，在这样的情况下，他的人生经历成了一个不完整的数据集，那么他还能不能算是一个有资格的创作主体？这个假说"对人工智能的艺术创作具有关键价值。因为对于一个尝试艺术创作的人工智能系统而言，它的境况与上述人类失忆者的境况极为相似。这个假说使我们能够通过知识图谱构建，去尝试为人工智能建构虚构的人生经历，而不必拘泥于这'经历'是否有限"。[①]

也有研究者指出，在大数据的支持下，计算机更擅长进行新颖性的判断："只要我们能够告诉它们我们在找什么，它们就能创造新的富于想象力的解决方案，甚至会超过完成这项工作的人类。"[②] 卢克·多梅尔认为，(IBM) 沃森 (Waston) 大厨不可能代替人类的创造力，它只是放大了人类的创造力，它将使我们比没有它的时候更加具有创造力。[③]

3.1.3　人工智能创作概念的界定

3.1.3.1　创作

学界对于"创作"进行的界定相对较少。从单字来看，"创"指

---

① 李笛：《人工智能：新创作主体带来新艺术可能》，《人民日报》2019 年 9 月 17 日，ht-tp：//media. people. com. cn/n1/2019/0917/c40606 – 31356237. html，2019 年 10 月 16 日。

② ［美］卢克·多梅尔：《人工智能——改变世界，重建未来》，赛迪研究院专家组译，中信出版社 2016 年版，第 181 页。

③ ［美］卢克·多梅尔：《人工智能——改变世界，重建未来》，赛迪研究院专家组译，中信出版社 2016 年版，第 191 页。

首创、开创①，"作"指制作、造②。创作，顾名思义，是创造性的工作③。本书认为，创作具有两个核心要素：一是创新，既符合一定规则，又是非复制的；二是落于一定的载体形式。

从现有的定义中，主要包括了以下三个方面的解释。

一是从创作领域进行界定，强调创作是针对文艺领域进行的：在《汉语大词典》中，"创作"特指文艺创作或艺术作品。④ 这一类定义将创作框定于文艺领域，属于文艺作品的创作。

二是从完成创作的能力条件要求上进行界定：一个人用自己有创造力的行为制造出作品就是创作。⑤ 文艺创作是人类充满智慧的一种创造活动。⑥ 艺术创作是人类高级、复杂、特殊的精神创造活动，也是人类高层次的、丰富的、独特的艺术实践活动。⑦ 艺术创作是艺术活动系统的第一个环节。这种活动既有复杂深刻的精神性，又有丰富多彩的物态性，更离不开活动主体的创造性。⑧ 艺术创作是一种复杂的创造性的精神劳动⑨。这一类的创作定义强调创作必须体现出人的创造力，运用特定载体，达成创新的呈现策略。

三是从创作者自我实现的角度进行界定：列夫·托尔斯泰认为："在自己心里唤起曾经一度体验过的感情，在唤起这种感情之后，用动作、线条、色彩、声音，以及言语所表达的形象来传达出这种感情，使别人也能体验到同样的感情，这就是艺术活动。"⑩ 至于艺术活动的

---

① 王力：《古汉语字典》，中华书局2000年版，第75页。
② 王力：《古汉语字典》，中华书局2000年版，第25页。
③ 王寅明：《创作概论》，陕西人民教育出版社1991年版，第12页。
④ 词林："创作"，https：//www.cilin.org/search/？words = % E5% 88% 9B% E4% BD% 9C& dict = % E7% BB% BC% E5% 90% 88，2019年12月9日。
⑤ 党震：《创作的定义》，https：//news.artron.net/20170622/n939893.html，2019年12月8日。
⑥ 杨立元、杨扬：《创作动机新论》，现代出版社2014年版，第1页。
⑦ 王玉苓：《艺术概论》（第2版），人民邮电出版社2019年版，第142页。
⑧ 李晓峰：《艺术导论》，上海人民美术出版社2007年版，第72页。
⑨ 王玉苓：《艺术概论》（第2版），人民邮电出版社2019年版，第148—156页。
⑩ ［俄］列夫·托尔斯泰：《艺术论》，丰陈宝译，人民文学出版社1958年版，第47页。

推动力，对于人类艺术家来说，马斯洛认为是他们的一种自我实现："一位音乐家必须创作乐曲，一位画家必须作画，一位诗人必须写作，不然他就安静不下来。人必须尽其所能，这一需要我们可以称之为自我实现。"[①] 文艺创作，不论从它的活动过程，或是从它的活动结果看，都是一种快乐的获得、美感的享受。这是文艺家的人性的需要。[②] 这一类的创作定义强调创作是创作者遵循一定规则，在特定的载体上完成文学艺术领域的情感传达和自我实现的过程。

综合以上的创作定义，本书认为创作是创作主体创造文化艺术作品的活动。

3.1.3.2　人工智能创作

人工智能创作的概念鲜有人提出，前微软全球执行副总裁沈向洋博士认为，人工智能下一步的发展将为其赋予认知和创造人类情感的能力，并且其行为也将更接近人类表现。他将其称为"人工智能创作"[③]。

本书提出，人工智能创作（Artificial intelligence creation）是指在计算创造力领域，人工智能作为准主体，使用数据集作为原材料通过与用户交互而创造文学艺术作品的活动。

3.1.3.3　人工智能创作的内涵

本书将人工智能创作的内涵归纳为以下四点。

3.1.3.3.1　就创作主体来说，人工智能创作是指人工智能作为"准主体"而进行的创作

"创作主体"即创作活动中的"行动者"，是指具备能动性（agency）的社会实体，能够产生知识、辨别困境并形成恰当的行动。[④]

---

① ［美］J. P. 查普林、T. S. 克拉威克：《心理学的体系和理论》（下册），林方译，商务印书馆 1984 年版，第 104 页。

② 余凤高：《创作的内在流程》，花城出版社 1988 年版，第 5—6 页。

③ 沈向洋：《给 AI 新潮流——人工智能创作的五点建议》，天极网，2019 年 4 月 1 日，https：//www. toutiao. com/a6674767951016493575，2019 年 12 月 9 日。

④ Long，Norman，*Development Sociology*：*Actor Perspective*，London and New York：Routledge，2001.

能动性是指行动者在日常生活中面临信息不足、不确定性和其他限制因素（如身体状况、规范的、政治经济上的因素）时，拥有"获取知识"和"采取行动"的能力。[①] 在进行创作的人机交互实践过程中，人工智能显示出一定程度的主体性，"成为介于人类主体与一般事物之间的实体"[②]，但是按照人工智能目前的创作水平，并未呈现出有意识的、主动的创作状态，所以本书认为人工智能是作为"准主体"参与到创作中的。

　　3.1.3.3.2　就创作过程来说，人工智能创作是一种计算机有限参与的弱人工智能创作

　　比起像人一样胜任任何智力性任务的强人工智能，目前的人工智能创作属于擅长单个领域、完成特定任务的弱人工智能。这意味着由于人工智能尚不具备人类智慧和自主意识，导致在创作过程中尚不具备自我推理和自主解决问题的能力，无法进行自始至终独立完成的创作。弱人工智能创作只是人和机器之间的一种初级的创作交互，创作依赖人工预设的程序命令，在电脑等电子设备和互联网环境下与人进行交互创作，创作的作品大多处于弱智能的感应反馈之中，创作依照人类指定方式进行，无法脱离"人工"约束。以微软根据图片写诗的"少女诗人小冰"为例，"零基础"的小冰面对同一幅图片进行作诗训练，训练到第 10 次时，写出了不知所云的"枕鸟彩了从我掏一宙枯的女/一瞬孤个睡羞的美妙里"的诗句；在训练到 500 次时，写出了质量略有提升的"这岂堪鸟息/我每个美妙人间的风"；在训练到 10000 次时，小冰写道："一只小鸟看见我的时候/这美妙的梦儿便会变了。"[③]所以，人工智能创作属于编程者与计算机的集体创作，两者的行动属

　　① 李春艳：《遭遇地方——行动者视角的发展干预回应研究》，社会科学文献出版社 2015 年版，第 16 页。
　　② 段伟文：《人工智能时代的价值审度与伦理调适》，《中国人民大学学报》2017 年第 6 期。
　　③ 刘悠翔、陆宇婷：《也许以后，艺术家都用 AI 协助自己创作》，《南方周末》2018 年 6 月 21 日第 22 版。

于创作活动中有机的、不可分割的环节。所以，作家韩少功指出：
"机器人相对于文学的前沿探索而言，总是有慢一步的性质，低一档
的性质，'二梯队'里跟踪者和复制者的性质。"① 本书认为，伴随着
智能技术的发展，人工智能创作将呈现出更强的机器主导性、选择性
和随意性。

3.1.3.3.3 就创作类型来说，人工智能创作在满足条件的情况下
能够进行独立创作

人工智能生成物按照接受人类指导的程度分为两类，一类是人
类将人工智能作为辅助技术生产出的产品，如虚拟人、数字艺术等
使用了人工智能技术进行研发和生产的产品，在这类产品中，人工
智能学习能力弱，不具备举一反三的创造能力，更多具备的是一种
技术工具属性。另一类是通过给计算机编制一定的程序，使计算机
自主生成创作作品，这类人工智能产品具备可学习能力，以计算机
等电子设备作为硬件支持，在设定的创作规则内，能够生产出文学、
绘画、设计中举一反三的创作，可以相对独立地进行人工智能创作
作品生成。

3.1.3.3.4 人工智能创作是人类文艺创作系统的一个子集

本书提出的人工智能创作，是一类特殊类型的文化艺术作品创
作，是人类通过智力活动形成的科技成果，机器并不具备自主性，
是在人类创造计算机、编写算法、收集材料的基础上完成的。人工
智能创作极大地依赖于人类的数据"投喂"，数据提供得越多，创作
出的作品就越接近人类作品的水平。以"九歌"作诗等诗词创作中
的材料收集来说，支撑它们"创造力"的艺术智能系统仍然是人类
文学史千百年的审美经验的积淀，是有意识、有目的的人文情怀和

---

① 韩少功：《当机器人成立作家协会》，虎嗅，2018 年 2 月 18 日，https：//www.sohu.com/
a/223116393_ 115207，2019 年 12 月 20 日。

艺术智能在技术系统中达成的"本质力量的对象化"，即加拿大学者德克霍夫所说的："过去变成了一种巨大的、被延伸的现在的一部分。"① "九歌"系统能够作诗，是因为研发者在一年多的时间里，录入了从唐代到清代数千名诗人的 30 多万首诗，包括集句、绝句和藏头诗等，背后支撑"九歌"的是一个由人工建构的庞大的数据库。② 2018 年佳士得拍卖会上以 43.25 万美元拍出的人工智能绘画作品《埃德蒙·贝拉米像》（见图 10）的主创团队——法国艺术团队 Obvious，其成员乌戈表示，如果图像的创造者是艺术家，那么艺术家是 AI；如果试图表达自己存在的是艺术家，那 Obvious 是这幅画的作者。Obvious 的另一个成员艾哈迈德认为，画作是人和机器两位艺术家之间的合作。③ 第一个提出"虚拟现实"（virtual reality）概念并供职于微软公司的未来学家雅龙·拉尼尔（Jaron Lanier）认为，人工智能靠回收利用源自人类的数据来工作，只是这些人被匿名化了，"我们在等式上划去了自己"④。

所以，人工智能文化产品背后依靠的是人类群体智慧，机器不过是这种智慧的执行者和体现者，本质上说，这并不是机器的功劳，而是数据来源创作者、编制智能程序的科学家群体的功劳。人工智能算法背后，依托的是人的设定，反映的是人的想法。尽管随着计算能力的增强和拟人程度的提升，人工智能会越来越"聪明"、越来越"独立"地进行创作。然而，人类作为机器程序的当然作者，会将人类的文艺审美标准和文本载体要求体现到算法当中。因此，人工智能创作

---

① ［加］德克霍夫：《文化肌肤：真实社会的电子克隆》，汪冰译，河北大学出版社 1998 年版，第 207 页。

② 欧阳友权：《人工智能之于文艺创作的适恰性问题》，《社会科学战线》2018 年第 11 期。

③ 新京报：《2019，工作中的 AI 双子座》，《银川晚报》2019 年 5 月 21 日第 24 版。

④ 《机器人的艺术：人工智能会创作出什么样的作品》，新浪网，2017 年 2 月 7 日，http://collection.sina.com.cn/dfz/henan/yj/2017-02-07/doc-ifyafcyx7275074.shtml，2020 年 3 月 29 日。

始终摆脱不了人机集体创作的属性，始终采用人类文艺符号，体现人类审美价值观念。从这个意义上说，人工智能创作体现的是一种机器与人类之间"台前幕后"的创作关系，人工智能文化产品的背后，依然是人类的技术支撑，人工智能创作是人类创作系统中的一个子集，而不是一个区间。

图 10　2018 年以 43.25 万美元拍出的人工智能画作《埃德蒙·贝拉米像》①

此外，本书研究的人工智能创作不包括机器新闻写作。机器新闻写作是人工智能技术在新闻传播领域中的一个现象级应用，集中运用于体育、财经、犯罪、自然灾害新闻等领域的快讯写作。在具体写作中，人先设计好写作内容的格式，然后机器搜索相关内容与格式进行

---

① 《人工智能给艺术带来了什么》，2018 年 11 月 16 日，https：//www.mei-shu.com/art/20181116/181289.html，2020 年 3 月 27 日。

匹配，以"填空"的形式完成新闻报道写作。① 本书未将机器新闻写作纳入人工智能文化产品的范畴，主要是基于以下三个原因。

第一是从内容生成的目的看，新闻报道满足的是受众的信息需求。而本书关注的人工智能创作，能一定程度满足受众的审美和娱乐需求。所以在本书的研究中，机器新闻写作的内容并未纳入人工智能文化产品的考量范围。

第二是从生成文本的类型看，本书研究的人工智能创作，更多的是人工智能在自由式文本生成中的运用，而机器新闻写作是由数据表格生成新闻文本，二者都属于人工智能生成的内容，但是在本质上存在差异。

第三是从程序使用的角度看，机器新闻写作的操作者是专业人员，因为生成的新闻需要在社会上进行公开发布，所以需要由专业新闻工作者来进行把关。而本书分析的人工智能创作，大部分操作者是普通用户，在生成后因为没有公开发布的压力，所以不需要专业人士来把关。

3.1.3.4　人工智能创作的外延

本书立足现有人工智能创作的实际情况，从作品的文本特性对所研究的人工智能创作的外延进行界定。

3.1.3.4.1　文字领域的人工智能创作

文字领域的人工智能创作包括人工智能创作对联、人工智能写诗、人工智能写作等具体创作。

表2　　　　　　　　近年来文字领域的人工智能创作案例

类型	案例
人工智能创作对联	微软亚洲研究院自然语言组研发的计算机自动对联系统
	百度研发"智能春联"

① 何苑、张洪忠：《原理、现状与局限：机器写作在传媒业中的应用》，《新闻界》2018年第3期。

续表

类型	案例
人工智能写诗	美国雷·库兹韦尔（Ray Kurzweil）研发出计算机诗歌生成系统——雷·库兹韦尔的计算机诗人（RKCP）
	微软（亚洲）互联网工程院研发"少女诗人小冰"
	清华大学自然语言处理与社会人文计算实验室研发清华"九歌"人工智能诗歌写作系统
	清华大学语音与语言实验中心研发作诗机器人"薇薇"
	上海玻森数据公司研发"编诗姬"
	杭州鸟瞰智能科技股份有限公司研发 DoDo 写诗
	封面新闻研发小封写诗
	IBM 中国研究院研发"偶得"作诗机
	百度 App 研发"为你写诗"小程序
	华为诺亚方舟实验室新研发 AI 诗人"乐府"
	京东研发"京东李白写诗"
	百分点联合《人民日报》等推出"AI 李白"智能作诗程序
	北京亿评网络科技有限公司推出"奇迹 AI"人工智能创作集纳的微信小程序
人工智能写作	2016 年，日本"人工智能（AI）小说创作"的研究人员向公众介绍了他们研发的《电脑写小说的那一天》《你是 AI TYPE-S》等四篇小说。这些作品参加了科幻作家星新一冠名的文学奖评比，部分作品通过了初审环节
	2016 年，微软小冰写作全国高考作文《进步和退步》、北京高考作文《神奇的书签》
	2017 年，百度人工智能为新书《智能革命》撰写序言
	2017 年，美国 AI 作家创作小说 I The Road
	2017 年，英国 BOTNIK 公司利用人工智能（AI）算法自动编写出《哈利·波特》新作——《哈利·波特与看起来像一大坨灰烬的肖像》
	2018 年，阿里巴巴集团发布"AI 智能文案"，帮助企业客户智能生成不同长度和基调的产品文案

3.1.3.4.2　音乐领域的人工智能创作

音乐领域的人工智能创作包括人工智能作曲、人工智能作词等人工智能创作。

表 3　　　　　　　　　　近年来音乐领域的人工智能创作案例

类型	案例
人工智能作曲	2014 年索尼计算机科学研究实验室（CSL Research Labs）推出了人工智能制作的爵士乐，2016 年展示了第一首 AI 创作的披头士风格流行曲 *Daddy's Car*
	2016 年谷歌公司的 Deep Learning 研究团队"谷歌大脑"公布了人工智能"Magenta"用 4 个音符按照机器学习演算法创作的 90 秒的钢琴曲
	2016 年，百度利用人工智能技术完成了机器读图和音乐再创作，将美国艺术大师罗伯特·劳森伯格（Robert Rauschenberg）的《四分之一英里画作》中的两联分别谱成了 20 余秒的钢琴曲
	2016 年成立的 Aiva Technologies 公司旗下的人工智能虚拟艺术家 Aiva 发行了第一张专辑《创世纪（Genesis）》和诸多单曲
	Brain. FM 由科学家和作曲家团队进行合作研发，以听觉神经科学作为支持，利用专利的人工智能引擎创作音乐，创作出帮助听众集中注意力、放松自己和助眠的音乐
	2019 年，华为凭借迁移到 Mate20Pro 上的 AI 模型，续写了舒伯特的《d 小调第 8 号交响曲》并在伦敦的音乐会上进行了公演
	2019 年，东京国立信息学研究所的研究人员开发出一种能通过歌词生成旋律的机器学习系统
	2019 年 12 月，亚马逊网络服务（AWS）公司推出 AI 技术支持的 DeepComposer 键盘，可以创建出数秒内转化为原创歌曲的旋律
人工智能作词	2015 年，芬兰阿尔托大学计算机研究室设计了机器人 DeepBeat，能根据输入主题生成 Rap 歌词
	2018 年清华大学博士生宿涵在《中国好声音》节目中演唱了 AI 创作歌词的《止战之殇》
	2017 年微软小冰为作为机器人记者入驻的《钱江晚报》新闻资讯客户端"浙江 24 小时"作词、作曲并演唱了《24 小时之歌》
	2018 年，微软小冰在"歌唱北京"原创歌曲征集活动中获得"特别创意奖"

3.1.3.4.3　绘画领域的人工智能创作

绘画领域的人工智能创作包括了人工智能生成画作、图片重新创作、绘制漫画等。

表 4　　　　　　　　　　近年来绘画领域的人工智能创作案例

序号	案例
1	2015 年，谷歌公司开源了用来分类和整理图像的 AI 程序 Inceptionism，并命名为 DeepDream，该程序能生成一些奇特的图像

续表

序号	案例
2	2016 年，谷歌在旧金山举办的画展和拍卖会上展示了计算机在人类的指导下创作的画作，其中，6 幅尺寸最大的作品以 8000 美元的价格被拍卖
3	2018 年，佳士得拍卖会上拍卖了由人工智能画的肖像画——"爱德蒙·贝拉米的肖像"，该画最终售价 43.25 万美元（301 万元人民币）
4	2019 年 5 月，微软小冰化名为"夏语冰"，在中央美术学院研究生毕业作品展上首次展出绘画作品
5	2019 年 6 月 15 日至 7 月 15 日，由杭州大屋顶联合中国美术学院视觉中国协同创新中心主办的"小冰，'绘'有期"微软小冰@ 当代艺术跨界展举办
6	2019 年 7 月 13 日至 8 月 12 日，微软小冰在中央美术学院美术馆召开了首个个展《或然世界 Alternative Worlds》
7	2016 年 6 月，俄罗斯的 Prisma 艺术相机采用人工神经网络技术（neural networks）和人工智能技术，获取著名绘画大师和主要流派的艺术风格，对用户的照片进行风格化处理，将手机照片制作出著名艺术家画作的风格
8	2017 年 11 月，美图秀秀绘画机器人 Andy 上线，基于人脸识别技术（MTface）和图像分割技术（MTsegmentation），通过对大量插画资料的分析和学习，构建出不同应用场景的图像生成模型，只要用户上传一张自拍照，Andy 就能绘制出不同风格的插画像。这一功能促使美图秀秀在海外多国的应用市场排名不断飙升，截至 2018 年 6 月 30 日，美图秀秀的海外月活数达到 1 亿次
9	2019 年，香港艺术家黄宏达研发"AI 双子座"国画绘画人工智能机器人，该机器人在宣纸上作画，每幅画作平均用时 50 个小时。AI 水墨系列画作名为《月球的另一端》，灵感来源于嫦娥四号从月球发回的照片，曾在伦敦 3812 画廊展出，每幅作品平均售价 1 万欧元①
10	2019 年 10 月，日本东芝存储器公司 Kioxia 发起名为「TEZUKA2020」的项目，通过人工智能与人类合作，挑战已故现代日式漫画鼻祖手冢治虫创作新漫画。手冢治虫 24 岁时创作的《铁臂阿童木》轰动日本，26 岁的作品《火之鸟》至今被认为是日本漫画界的最高杰作。AI 通过学习手冢治虫的 65 部作品的画风和思想，还原并在此基础上完成了角色设计，绘制出新的漫画作品《ぱいどん》（《Paidon》），2020 年 2 月 27 日，在漫画杂志《モーニング》（《Morning》）中发表了第一部分②

3.1.3.4.4　影视领域的人工智能创作

影视领域的人工智能创作包括人工智能创作剧本、人工智能制作

---

① 新京报：《2019，工作中的 AI 双子座》，《银川晚报》2019 年 5 月 21 日第 24 版。

② 神经小分：《AI 复活已故漫画家手冢治虫，出版新作续写传奇》，HyperAI 超神经公众号，2020 年 2 月 28 日，https：//mp. weixin. qq. com/s/YF2R86n0xZAQ_ 2q-ji6U_ A，2020 年 3 月 1 日。

电影预告片、人工智能自动生成视频等创作。

表5　　　　　　　　　近年来影视领域的人工智能创作案例

类型	案例
人工智能创作剧本	2016年，在伦敦科幻电影节上，由纽约大学AI研究人员开发的递归神经网络"本杰明"（Benjamin）在学习了上千部科幻电影剧本后，写出了一部8分钟的科幻电影"Sunspring"
	2016年，众筹网站平台Kickstarter上线了由人工智能联合编剧的恐怖片项目——《不可能的事》（Impossible things）。该人工智能编剧能够对电影情节模式进行识别，提出了在电影中融入鬼魂和家庭两大元素的编剧建议，并且建议在电影中加入钢琴和浴缸的场景以提升观影率
人工智能制作电影预告片	2016年，20世纪福克斯公司采用IBM人工智能沃森（Watson）为人工智能恐怖电影 Morgan 制作了一个预告片。工作人员首先让沃森"观看"此前已上映的恐怖电影的预告片学习电影中恐怖和温情的场景。在此基础上，沃森通过视觉模拟场景来决定场景是否恐怖、温情、悲伤或者愉快，由此帮助完成电影图像的排列
人工智能的生成视频	IBM公司在2017年美国网球公开赛中首次使用沃森媒体（IBM Watson Media），使用人工智能和机器学习以及现场和基于云计算的组合，为网球迷自动生成比赛和球员的精彩瞬间
	2018年，美国英伟达公司（NVIDIA）与麻省理工学院合作研究出一项据视频合成视频的方法，该模型能够合成30秒的2K分辨率的街景视频，极大提高了视频合成的技术水平
	在线视频制作网站"智影"，能够为会员提供文章转视频、自动上字幕、在线直播剪辑、网络视频搬运、在线云剪辑等多个人工智能短视频制作体验①
	AlibabaWood是阿里官方推出的一款高效智能制作商品短视频的工具，它能快速利用商家提交的素材来智能生成各种尺寸时长的视频
	2019年，DeepMind的研究人员研发了一个名叫DVD-GAN（Dual Video Discriminator GAN）的人工智能模型，该模型通过对YouTube视频数据集的学习，能够生成逼真连贯的256×256像素视频，最长可达48帧

3.1.3.4.5　设计领域的人工智能创作

设计领域的人工智能创作包括海报设计、面料纹样设计和商标设计等设计工作。

---

① 《智影——用视频讲述你的故事》，https：//zenvideo.cn/#/home，2020年2月25日。

表 6	近年来设计领域的人工智能创作案例
序号	案例
1	2015 年，阿里研发出专门从事海报设计的人工智能产品"鲁班"（后改名为"鹿班"），每秒能做 8000 次设计。2017 年，"双 11"，海报设计总量达到 4.1 亿张
2	Arkie 是 ARK Group 旗下的一款智能设计助手，通过自然语言处理、图像分析等前端科技，为用户实现"简单一句话，为你生成海报"的诉求
3	2018 年，同济大学特赞设计人工智能实验室"月行"智能广告设计系统在设计质量上通过"图灵测试"，在人与机器同时进行平面设计的盲测中，"月行"系统 70% 的作品质量已经达到初级设计师水平[①]
4	2019 年 5 月 16 日，微软人工智能品牌小冰的纺织服装面料设计平台正式发布，对人工智能创作在设计领域的商业化做出探索
5	2020 年，微软小冰与惠普联手，依托微软小冰的人工智能创作能力，为惠普的客户提供高度定制化的马赛克种子图
6	清华大学美术学院工业设计系及计算机人工智能研究所研发的 NIWOO 平台，是一个人工智能赋能视觉图形创造的智能设计平台
7	京东"羚珑"智能设计平台，是为京东用户提供设计主题及相关素材的购买、智能生成、分享及使用等的软件系统。平台为用户推出智能合图设计，用户输入图片和文案素材，可快速输出图片设计结果[②]
8	北京一品智尚信息科技有限公司运营的"小威智能"平台，是面向中小微型企业提供智能起名和 LOGO 设计的服务平台[③]

3.1.4　人工智能创作程序与人工智能创作作品

与人工智能创作密切相关的两个概念是：人工智能创作程序、人工智能创作作品。人工智能创作程序是人工智能创作活动的基础。人工智能创作作品是人工智能创作活动的结果。

3.1.4.1　人工智能创作程序

人工智能创作程序是指计算机作为创作的准主体，根据输入的指令和条件进行创作策略选择时所遵循的规则体系，它具体体现为专门

---

① 范凌：《艺术设计与人工智能的跨界融合》，《人民日报》2019 年 9 月 15 日第 10 版。
② 京东"羚珑"，https：//ling.jd.com/design，2020 年 2 月 25 日。
③ 小威智能平台，https：//www.xwzn.cn/，2020 年 2 月 25 日。

的计算机创作程序、软件、机器人或者其他创意代理系统。本书认为，人工智能创作程序可以被称为软件意义上的"创作机器人"。

计算机科学家在什么是"机器人"的问题上难以达成共识。① 一般认为，狭义上的"机器人"是指模拟人类行为或思想以及模拟其他生物的机械②，即可以感知周围环境并对大量输入进行逻辑推理，作用于物理环境的硬件机器人③，它的软件与硬件高度结合并密切配合，难以分割使用。广义上的"机器人"还包括软件机器人（即虚拟人）、湿件机器人（即生化人)④、爬虫机器人⑤等。

在硬件机器人中，人工智能相当于机器人的大脑部分。在机器人研究领域，也有很多人在研究大脑以外的其他部分，因此，在机器人研究者当中只有一部分是人工智能研究人员。⑥ 人工智能创作有可能成为硬件机器人的一种技能进行展示，这类创作的作品，可能是存在于信息空间的电子作品，也可能输出为实体作品。实体也有可能成为硬件机器人进行人工智能创作的工具和手段，比如以绘画手臂等形式完成既定的创作任务，这类创作的作品，一般是可见的实体作品。

在软件机器人中，在电脑程序也被称为机器人的情况下，人工智能创作程序也可以被作为创作机器人进行理解。这类机器人进行的创作，一般是存在于信息空间的电子作品，也可以在后期通过打印设备等将其进一步实体化。

---

① 鲍军鹏、张选平编著：《人工智能导论》，机械工业出版社2010年版，第25页。
② 清华大学、中国人工智能学会：《2019人工智能发展报告》，https：//static. aminer. cn/misc/pdf/pdf/caai2019，2019年11月30日。
③ ［美］约翰·乔丹：《机器人与人》，刘宇驰译，中国人民大学出版社2018年版，第3页。
④ 黄鸣奋：《超他者：中国电影里的人工智能想象》，《江西师范大学学报》（哲学社会科学版）2019年第4期。
⑤ 清华大学、中国人工智能学会：《2019人工智能发展报告》，https：//static. aminer. cn/misc/pdf/pdf/caai2019，2019年11月30日。
⑥ ［日］松尾丰：《人工智能狂潮：机器人会超越人类吗?》，赵函宏、高华彬译，机械工业出版社2015年版，第28页。

3.1.4.2　人工智能创作作品

艺术作品处于艺术活动系统的中心环节，它不仅是艺术生产的产品，是艺术家创造性劳动的结果，还是艺术消费的前提，是艺术欣赏活动的起点。①《中华人民共和国著作权法实施条例》第二条规定："著作权法所称作品，是指文学、艺术和科学领域内具有独创性并能以某种有形形式复制的智力成果。"② 2019 年 4 月 25 日，北京互联网法院宣判的"人工智能创造物著作权保护第一案"中，法院认定人工智能创造物不构成作品。值得注意的是，2020 年 1 月，深圳市南山区人民法院一审判决上海盈讯科技公司"网贷之家"未经腾讯公司授权许可，抄袭腾讯机器人 Dreamwriter 撰写文章的案件侵犯了腾讯公司享有的信息网络传播权，应承担相应的民事责任。这些例子反映的是，人工智能作为创作主体的法律地位，当前尚缺乏统一的认识和界定。

笔者认为，虽然人工智能创作的作品是否属于现行的著作权法保护的作品还存在司法方面的争议，但是不能因此抹杀人工智能创作的作品现实存在的客观性，大量的人工智能创作作品已经在现实空间生成。从这个意义上来说，人工智能创作作品是指人工智能作为准主体通过与人交互创作出的文学、音乐、绘画、影视、设计等领域的作品。

从作品领域上，与此定义相关的定义有人工智能创造物、人工智能生成物、人工智能生成内容等，提法迥异但是所指内容一致的定义群。这类定义是指在计算创造领域，人工智能部分或者全部脱离人类控制而创造的产品。"相对于人类创造物而言，人工智能创造物一部分或全部脱离人类控制，人工智能创造物自身具有一定的自主意识。"③ 这类定义既包括人工智能生成的有形产品，又包括人工智能生

① 李晓峰：《艺术导论》，上海人民美术出版社 2007 年版，第 79 页。
② 姚志伟、沈燚：《人工智能创造物不真实署名的风险与规制》，《西南交通大学学报》（社会科学版）2020 年第 1 期。
③ 高学敏：《人工智能创造物的法律保护建构探索》，《法制与社会》2019 年第 17 期。

成的智力成果等内容。

所以，本书所指的人工智能创作作品，是人工智能创造物中的一个部分，是指人工智能在文化艺术领域生成的作品，而人工智能在其他领域的创造，比如研发新药、新创食谱、智能服饰制造、人脸合成等，则未纳入本书的研究范围。

从作品形态上看，人工智能创作作品大部分属于数字产品。数字产品是被数字化的信息产品，是信息内容基于数字格式的交换物。数字化是指将信息编成一段字节，转换成二进制格式。因此，任何可以被数字化和用计算机进行处理或存储，通过如互联网这样的数字网络来传输的产品都可以归为数字产品。① 当用户进入相应的网络页面，启动人工智能创作程序的过程就是数字过程。与此同时，人工智能创作作品的生成不能只依靠软件单独完成，而是需要与用户进行交互。在这个过程中，人的参与、人的具体需求是促使数字过程完成内容生产的重要驱动力量。也因为数字产品生产的过程和产品的数字化，所以生产的过程和结果都呈现数字化的特点。当数字化的内容性产品如诗歌、绘画等生成后，它们呈现出的是数字化的文化艺术作品，在有需要和有条件的情况下，也可以通过打印等方式将数字产品实物化，如微软小冰的诗集《阳光失了玻璃窗》、《华西都市报》小封机器人的诗集《万物都相爱》以及微软小冰的画展等，就是这方面的例子。

从西方的研究路径来看，与人工智能创作作品密切相关的一个概念是计算机生成艺术（Computer Generated-art，CG-art）。计算机生成艺术是指"在计算创造力领域，机器学习和人工智能技术被用于从大型训练集生成新材料，并使用不同形式的数据集作为艺术品的原材料而生成的艺术"②。CG-art 是通过计算机程序自行运行而产生

---

① 胡春、吴洪：《网络经济学》（第 2 版），清华大学出版社、北京交通大学出版社 2015 年版，第 31 页。

② Dahlstedt，P.，"Big Data and Creativity"，*EUR REV*，2019，27，pp. 411 – 439.

的，人类对程序的干扰最小或为零。① "它涉及建筑学、图像、音乐，以及编排和运用不太理想的文字。在数字艺术中，计算机不只是个工具，可以将其比作一支新画笔，帮助艺术家们做他们自己本来可以做的事情。"②

3.2　人工智能创作的路径

3.2.1　人类指导下的知识驱动方法

人类指导、人工编程的方法是人工智能创作最早采用的方法。这种方法依托艺术家的创作知识和经验，通过人工编程的方式告诉计算机怎样进行创作。这种方法被称为知识驱动的方法。这种方法具备一定的创作可行性，但是未能解决作品艺术性的问题。其原因在于艺术家大量的创作经验与感受属于只可意会不可言传的内容，无法用语言的方式表达出来调教计算机，所以采用这样的创作方法，最大的问题在于创作作品有特定风格，但不具有改变规则的元规则能力，不可能超过艺术家和编程人员的预先设定，产生不了以前无法产生的作品，作品对于人际交互式的计算机辅助创作方面较为友好，但是不可能达到甚至超越人类水平。

3.2.2　自我学习的数据驱动方法

自我学习的数据驱动方法是通过大量数据学习，让计算机自动学习创作。这种方法的特点在于不需要人类介入就能进行创作。近年来，大数据与算法相结合的方式赋予了人工智能创作新的生命力，海量数

---

① Margaret A. Boden & Ernest A. Edmonds, "What is Generative Art?", *Digital Creativity*, 2009, 20 (1 - 2), pp. 21 - 46.

② ［英］玛格丽特·博登：《AI：人工智能的本质与未来》，孙诗惠译，中国人民大学出版社 2017 年版，第 81—85 页。

据被输入计算机系统，通过不同的算法，计算机获得了理解、学习和推理认知的能力。① 运用数据来掌握认知对象的规律，运用算法来对数据进行分析运算的方式，就是当下主流的人工智能创作的"自我学习的数据驱动方法"。目前的很多人工智能绘画，就是采用这种方法进行创作。从相对早期的卷积神经网络（CNN-Convolutional Neural Networks）、生成式对抗网络（GAN-Generative Adversarial Networks）到较新的创意对抗网络（CAN-Creative Adversarial Networks）都是属于数据驱动的自我学习方法在绘画领域的运用。卷积神经网络的方式旨在将输入的照片通过风格笔触和色彩的迁移，转化为具有一定艺术风格的画作。这样的创作方式，因为没有人类的介入，作品质量较差，如果学习的对象单一，相对能够产生好的作品；如果学习的对象复杂，生成的作品则质量很差。

3.2.3　人机交互的方法

人机交互的方法是指将人类知识与数据相结合，运用计算机的算法和算力完成创作的方法。这种方法的主导思想是"将适合于形式化生成方面的工作由机器去完成，而需要审美评判方面的工作则由人类参与来完成"②。目前这种创作方法多用于音乐、诗歌等领域的创作。2017 年，美国女歌手泰琳·萨顿（Taryn Southern）发行世界上第一张 AI 作曲和制作的音乐专辑 *I am AI* 时表示，使用 AI 创作最大的好处是无须具有深厚的音乐和乐器知识，AI 会帮助生成各种音乐和组合，丰富的尝试能激发她更多的想法。③ 就诗歌创作来说，让计算机学习大量古诗，再加上诗歌创作的规则，就能生成诗歌。清华大学张钹院士

---

① 周祥：《人工智能算法在建筑设计中的应用探索》，《中外建筑》2019 年第 9 期。
② 周昌乐编著：《心脑计算举要》，清华大学出版社 2003 年版，第 181 页。
③ 《AI 的艺术是什么样子?》，全球 AI 文创大赛，2019 年 4 月 12 日，https：//mp. weixin. qq. com/s/8h-KGao_ UJlQvc0RTuDi8g，2020 年 2 月 20 日。

认为，从目前的发展看，人工智能对联、古诗创作，可以达到人类水平。他认为从人工智能的角度来看，创作和下围棋是一样的，都是一个选择的过程。在写诗中，选择匹配词语的过程与下棋中选择落子的位置是一致的。不同之处在于下棋是一项体育运动，最终有明确的输赢的结果，而写诗的评价标准非常模糊。要提高人机交互方法的人工智能创作水平，必须加大对应的文艺领域的"数据"基础建设，才能更好地释放人机协同的人工智能创作能力。①

3.3 人工智能创作的特点

3.3.1 创作速度快

计算机在目前较高的软硬件配置条件下，依托数据、算法和算力进行创作。大部分提供给普通用户使用的创作程序都呈现出创作速度快的优势。在输入 100 多部恐怖电影预告片进行训练后，IBM 的人工智能 Waston 自动剪辑完成了电影 *Morgan* 的预告片，类似的预告片制作，人工剪辑需要 10—30 天，而人工智能只花了 24 小时。② 而美国纽约伦斯勒学院"头脑和机器实验室"研发的小说创作电脑软件"布鲁特斯"（Brutus）每 15 秒就能够撰写出一个短篇故事。而刘慈欣设计的电脑诗人创作速度能达到不押韵的诗每秒钟 200 行，押韵的诗每秒钟 150 行。③ 阿里巴巴集团研发出的"AI 智能文案"，能够实现每秒创作出 20000 行广告文案。阿里鲁班（后更名为"鹿班"）人工智能平面设计系统上线后，在 2016 年"双 11"期间，制作了 1.7 亿张广告，

---

① 2019 年 11 月 2 日，清华美院和国家博物馆主办"第五届艺术与科学研讨会"，清华大学人工智能研究院张钹院士做了题为《人工智能时代的文学与艺术》的发言。地点：国家博物馆。发言内容系作者根据现场录音整理。

② 张洪忠、石韦颖、刘力铭：《如何从技术逻辑认识人工智能对传媒业的影响》，《新闻界》2018 年第 2 期。

③ 宋俊宏：《人工智能与文学创作》，《长江文艺评论》2017 年第 5 期。

相当于 100 个设计师连续 300 年的工作量。2017 年"双 11",鲁班速度再次升级,平均每秒能设计出 8000 张海报,总量达到 4.1 亿张。[①]根据笔者测试,以"少女画家小冰"为例,输入主题文字"你好小冰",点击开始,仅用了 1 分 17 秒,程序就自动生成了一幅包括配诗、作品号、创作时间和创作者(小冰)和自己对画作质量的评价和等级评定的全新画作。而只要进行重复的操作,即使输入同样的主题,小冰都能够完成完全不重样的画作。笔者对清华"九歌"写诗程序也进行了测试,当输入"新年快乐",选择七言藏头诗,点击开始,10 秒后,就生成了一首新诗:"新岁江南景物佳,年年春色入诗怀。快风细雨黄昏后,乐事何时得自谐。"

3.3.2　一种实验性创作

美国实验设计家大卫·卡森(David Carson)认为实验就是之前从未尝试过的、从未见过或者听过的事物,实验的本质表现为成果的形式上的新奇。[②] 实验性作为一种主动的、激进的、非主流的创造性的探索行为,丰富了对自然、社会的认识,代表着未来认知的某种可能性。[③]

清华大学人工智能专家张钹院士认为,在人工智能创作过程中,实验本身的意义比实验的结果更重要,他针对人工智能创作提出了相关的"创作空间"的观点。他认为围棋空间为 2×10^{170},在如此巨大的创作空间里,计算机尚能战胜人类,而对联的创作空间为 27000,七绝古诗的创作空间为 3×10^{80},相对于围棋来说都是比较小的创作空间,在这些领域,人工智能完全可以超过人类。而绘画的创作空间为 $10^{2000000}$,比围棋大很多,说明艺术为人工智能的创作提供了一个广阔

① 吾王:《阿里"AI 设计师"更名为"鹿班",2 年制作 10 亿张海报》,天极网,2018 年 4 月 24 日,http://net.yesky.com/38/623092538.shtml,2019 年 12 月 8 日。
② 李德庚、蒋华、罗怡:《平面设计死了吗?》,文化艺术出版社 2011 年版,第 87 页。
③ 何方:《实验性平面设计研究》,《南京艺术学院学报》(美术与设计)2018 年第 6 期。

的创作空间。不管是围棋还是其他的艺术形态，人类的探索只占了创作空间中很小的一个部分，而在人工智能的帮助下，依靠计算机的存储和速度优势，艺术创作的空间将大大拓展。在这样的认识下，人工智能创作体现出很强的实验性特征。

　　具体来说，计算机在技术与文学艺术跨界的过程中，体现了突出的"机器"优势：在音乐领域，计算机通过储存自然界的各种声音，使得音色组合趋向于无限，同时，音律也实现了任意变化的可能性。在绘画领域，计算机实现了将红、黄、青三原色细分为 256 个等级，在此基础上能够合成 256^3 种颜色，极大地提升了画家的色彩选择和艺术表现力。此外，计算机凭借分形手段，在手绘艺术的前景、中景、远景等层次基础上，能够对每一个层次都进行独立处理，进而产生了手绘不可能达到的精妙绝伦的画面。[①] 所以将计算机技术与文学艺术创作相结合生成人工智能文化产品，本身就体现了对文学艺术边界的突破，带有很强的实验性色彩。

　　笔者认为，人工智能创作的实验性特质的价值在于在过程中产生的不可预知的结果。这些结果将打破固化的思维，更高效、更细微地探索文艺创作空间，与已有空间形成比较，给已有创作模式带来突破性的启发。人工智能创作作为科学技术领域与文化艺术领域的跨界尝试，目前属于科技发展过程中实验室阶段的产物。技术专家更关心的是，经过在用户使用中的迭代，人工智能创作在数据维度得以拓展，进而探索人工智能在文化艺术领域的"能与不能"。机器诗人"九歌"团队主创、清华大学的人工智能专家孙茂松就曾公开表示，研发"九歌"最重要的目标是探索人工智能在自由式文本生成问题上的算法解决方案。[②]

---

　　① 辜居一：《数字化艺术论坛》，浙江人民美术出版社 2002 年版，第 169 页。
　　② 孙茂松、金兼斌：《人工智能及其社会化应用的现状和未来——〈全球传媒学刊〉就社会化智能信息服务专访孙茂松教授》，《全球传媒学刊》2018 年第 4 期。

3.3.3　创作中不具备情感驱动力

人类进行文化艺术创作时，是基于内心的情感和思想的驱动力。视频艺术家蕾切尔·罗斯（Rachel Rose）认为自己的艺术创作与机器学习有着明显不同，"在每一个艺术决策中，都有一种核心情感，这种情感只有人类才有，它与移情有关，与交流有关，与我们自己的死亡问题有关，这种生死问题只有人类才有"[1]。人工智能创作从创作程序的角度说，至少到目前为止，机器尚未具备可以充当创作动力的、自主性和内生性的情感发生机制。以音乐艺术的机器创作来说，不管是 1959 年内希勒（L. Hiller）通过马尔可夫随机过程模型成功创作出音乐作品《伊利亚克组曲》，还是后面通过语法生成规则、神经网络计算以及遗传演化算法等不同的方法进行的机器音乐创作，都是通过固定的程式，通过随机、模仿或者选择来生成音乐的，目前的机器音乐创作尚未解决将情感驱动、意向创造等功能有机结合的问题。[2] 现阶段计算机依托各种算法进行数据处理时，仍然是基于自己的模式语言、数学逻辑去"理解"数据关系，并不了解数据背后的因果联系，并不具备任何的情感和情绪。[3]

以机器写诗来说，依托计算机在数据存储和数字计算等方面的优势，人工智能的诗歌创作目前可以轻松实现对仗、押韵，但是它创作的诗歌究其实质是通过计算机的"机械技能"完成的文字模块化组合，所以其诗理与诗味无论如何难与"情动于中而形于言"的"人类诗人"的作品相比。[4] 也就是说，这些作品无论规模多宏大、情感多么铺陈和强烈，都不是机器"因自己想创作"而进行的生产行为，所

---

① ［美］约翰·布罗克曼：《AI 的 25 种可能》，王佳音译，浙江人民出版社 2019 年版，第256—257 页。

② 周昌乐：《智能科学技术导论》，机械工业出版社 2015 年版，第 80—83 页。

③ 周祥：《人工智能算法在建筑设计中的应用探索》，《中外建筑》2019 年第 9 期。

④ 杨守森：《人工智能与文艺创作》，《河南社会科学》2011 年第 1 期。

传达的也不是机器"自己的"情感体验。有研究认为，当前人工智能创作存在的核心问题是其不具有感受能力和情感思维，导致最后的作品甚至达不到审美活动发生的基础性客体条件，如语句的优美连贯、诗意的贯通完整，给读者的审美接受带来了很大程度的困难和挑战。[1] 而微软小冰首席科学家宋睿华认为，小冰的诗作是由欣赏者和小冰共同完成的，是他们的理解力和同理心赋予了这首诗意义，从而让他们从诗作中看出了深意，这不完全是算法生成的结果。[2]

3.3.4 属于默会的创作类型

人工智能创作与人类艺术创作相比，一个显著的不同在于人工智能对于默会知识的掌握。"默会知识"的说法，最早出自英国学者 Michael Polanyi 1958 年出版的《个体知识》。Polanyi 认为，所谓显性知识，是可以用文字、图表等各种符号加以表达的知识；而默会知识，则是那种只可意会不可言传、高度个人化的知识。目前人类的很多技能，都属于默会知识，是人类从实际训练中掌握的知识。[3] 对于计算机来说，可以使用机器语言去学习这些知识和技能，正如计算器能够做运算，是因为它的系统中包含了关于如何做计算的信息。[4] 计算机的深度学习与传统机器学习不同，深度学习并不遵循数据输入、特征提取、特征选择、逻辑推理、预测的过程，而是由计算机直接从事物原始特征出发，自动学习和生成高级的认知结果。华为诺亚方舟实验室语音语义首席科学家刘群曾表示，在设计华为 AI 诗人"乐府"系

---

① 王青：《人工智能文学创作现象反思》，硕士学位论文，河北师范大学，2019 年。

② 《不太一样的科学家宋睿华：与小冰一起做有趣的研究》，2019 年 12 月 13 日，https://www.360kuai.com/pc/99faf5c9b0554f88c? cota = 3&kuai_ so = 1&sign = 360_ 57c3bbd1&refer_ scene = so_ 1，2019 年 12 月 25 日。

③ 游仪：《虚拟社区中的默会知识传播》，硕士学位论文，厦门大学，2018 年。

④ 何静：《具身性与默会表征：人工智能能走多远?》，《华东师范大学学报》（哲学社会科学版）2018 年第 5 期。

统时，他们也不懂诗，他们也没有用诗的规矩去训练这个系统，完全
是系统自己学到的。①

　　加州大学洛杉矶分校计算机教授朱迪亚·珀尔认为：深度学习有
自己的动力学机制，它能自我修复，找出最优化组合，绝大多数时候
都会给出正确结果。可一旦出错了，你不会知道哪里出了问题，也不
知道该如何修复。② 在人工智能输入的数据和其输出的答案之间，存
在着我们无法洞悉的"隐层"，它被称为"黑箱"（black box）。这里
的"黑箱"并不只意味着不能观察，还意味着即使计算机试图向我们
解释，我们也无法理解。哥伦比亚大学的机器人学家 Hod Lipson 把这
一困境形象地描述为"这就像是向一条狗解释莎士比亚是谁"③。清华
九歌 AI 作诗系统的研发者孙茂松教授也说："计算机怎样作出这样的
诗，我们也不知其中规则。"他认为，这是深度学习的"黑箱"现象。
在他看来，每首古诗像一串项链，项链上的珠子就是字词。深度学习
模型先把项链彻底打散，然后通过自动学习，将每颗珠子与其他珠子
的隐含关联赋予不同权重。作诗时，再将不同珠子重穿成新项链。④

　　2019 年 12 月 13 日，微软小冰微博公布了微软小冰为人类歌手创
作专辑封面的新闻。微软小冰根据歌手朱婧汐专辑《心碎大道 2019》
的歌词关键词抓取互联网上集体意识数据创作出一朵花的形象作为专
辑封面，但是为什么心碎大道是一朵印象派的花，这一点无法解释
（见图 11）。而谷歌研究人员也发现，当算法生成哑铃的图形时，也会
生成举着哑铃的人类的双臂的图形，机器得出的结论是，手臂是哑铃

---

　　① 《诗人"乐府"上线华为云 AI 小程序：要是能重来 李白选 AI》，http：//it. gmw. cn/2019 –
09/11/content_ 33152462. htm，2019 年 9 月 11 日。

　　② ［美］约翰·布罗克曼：《AI 的 25 种可能》，王佳音译，浙江人民出版社 2019 年版，第
28—33 页。

　　③ 《人工智能的算法黑箱与数据正义》，搜狐网，2018 年 3 月 7 日，https：//www. sohu.
com/a/225022577_ 100090953，2019 年 9 月 29 日。

　　④ 新华社：《清华有个能写诗的机器人》，2018 年 3 月 19 日，http：//sn. people. com. cn/
GB/n2/2018/0319/c378305 –31356321. html，2019 年 9 月 29 日。

的一部分。[①]

图 11　微软小冰创作的《心碎大道 2019》歌曲专辑封面

目前，人工智能创作技术在不同程度上体现出默会能力，所以，机器编程的技术人员不需要是某类文化产品的专家，只要提供行业的数据，剩下的就可以交给计算机去学习和掌握。也因为如此，人工智能技术要获得成功，需要大量的数据来进行训练和学习。[②]

3.4　人工智能创作与人类创作的差异

"无马之车综合征"（horseless carriage syndrome）特指用旧眼光来看待新事物的一种征候。当人们用已经存在的技术去构想新的技术，就容易犯"无马之车综合征"的错误。目前面对人工智能创作

① 《人工智能黑箱藏隐忧：如何让 AI 解释自身行为?》，智能制造网，2017 年 4 月 14 日，https：//www. gkzhan. com/news/detail/dy99128_ p2. html，2019 年 9 月 29 日。

② 沈向洋：《微软人工智能——增强人类智慧》，《软件和集成电路》2017 年第 6 期。

的作品，人们有很多争议，但是这些争议是建立在对原有创作的认知基础上的对人工智能创作的不满。诚然，在当下的技术环境中，只要人工智能创作技术没有达到完全成熟的状态，人类创作就会为我们提供持续的参照系，但是对于"无马之车综合征"的警惕，提醒我们不应该把关注点放在人工智能创作与人类创作的相似之处，而应该更多地分析二者之间的差异性。基于这样的认识，本书对人工智能创作与人类创作的差异从创作主体、创作过程和作品层次三个方面进行分析。

3.4.1　创作主体不同

在人类创作中，艺术家是艺术创作的主体，在艺术创作的全过程中居于核心地位。美国艺术理论家 M. H. 艾布拉姆斯提出影响深远的"艺术四要素图式"，涉及世界、艺术家、作品、读者四个要素。其中，核心要素是艺术家。[①] 在具体创作中，艺术家将其所体验的世界通过各种艺术种类的独特艺术语言和表现手段转化成艺术作品；艺术作品承载了艺术家对世界的感悟并将其呈现给读者；读者在欣赏作品的同时以"隐含的读者"的身份与艺术家对话。离开艺术家，就没有了艺术创作，也就没有了艺术作品、艺术鉴赏和整个艺术活动。[②] 在人类创作中，人类艺术家发挥着关键作用。

在人工智能创作中，直接的创作者并不是人类，而是计算机程序，是计算机借助软件达成与别的机器、与人类或者与环境进行交互，创作出作品的过程。人工智能创作程序是创作的主体。在具体创作中，人类用户将创作需求通过交互的方式传达给程序，例如绘画作品的核心内容、诗歌的触发照片等，然后程序根据要求完成创作。人类艺术

---

① ［美］M. H. 艾布拉姆斯：《镜与灯：浪漫主义文论及批评传统》，郦稚牛、张照进、童庆生译，北京大学出版社 2004 年版。

② 王宏建主编：《艺术概论》，文化艺术出版社 2010 年版，第 202—203 页。

家在人工智能创作中不发挥作用，人类在其创作中充当用户的角色，提出创作要求，得到创作反馈。正如有研究指出，人工智能中的算法不像人类艺术家那样是艺术家，但人工智能不仅仅是一个像涂有油漆的刷子一类的工具，因为艺术家手中的刷子不会根据过去的绘画经验做出自己的创作决定，也没有受过从数据中学习的训练。所以，人工智能的创作主体更接近于"媒介"的概念，这种媒介可能包括代码、数学、硬件和软件、打印机等工具，包括算法结构、数据收集和应用以及所需的关键理论。[①]

3.4.2　创作过程不同

人类创作本身的复杂性和创造性，决定了不同类型的作品创作过程迥异，无论是绘画、影视、音乐、诗歌，都有其特定的创作逻辑。即使是同一类型的艺术作品创作，由于在不同的题材把握和艺术家的个人特质等方面存在差异，创作过程也不一致。以绘画为例，创作中国画中的花鸟画时可以先凝思冥想，打好腹稿，紧接着一挥而就；而画人物，尤其表现大尺度生活内容的人物画时，则不能这样。虽然在具体的艺术创作过程中存在差异，但是创作过程也存在几个共同的必然阶段：从"审美表象"到"审美意象"，再到"审美形象"的创作过程，也就是郑板桥的从"眼中之竹"到"胸中之竹"，再到"手中之竹"的过程。[②] 人类和人工智能并不共享所有相同的灵感来源或艺术创作意图，计算机的动机在于被赋予制作艺术的问题，它的目的是完成这项任务。但是，一个不同的创作过程不会剥夺这个过程的成果作为一件可行的艺术品。[③]

---

① Mazzone, M. and A. Elgammal, "Art, Creativity, and the Potential of Artificial Intelligence", *Arts*, 2019, 8 (1), p. 26.

② 王玉苓：《艺术概论》（第 2 版），人民邮电出版社 2019 年版，第 148—156 页。

③ Mazzone, M. and A. Elgammal, "Art, Creativity, and the Potential of Artificial Intelligence", *Arts*, 2019, 8 (1), p. 26.

对于创作过程的阶段，一般是认为有"三环节"：艺术体验、艺术构思、艺术传达，[①②③] 下面就以这三个环节进行分析。

3.4.2.1　体验阶段

在人类进行艺术创作的体验阶段，创作者需要深入生活，大量占有感性材料，发掘创作素材，依靠艺术眼光，发掘生活中的独特之处，进行创作材料的积累和储备。在这个"一枝一叶总关情"的过程中，形成创作的内驱力，进而形成明确的创作意图，创作前的准备直接影响着作品的质量。在这个过程中，几乎所有的人类艺术创作都受到自然界中所看到的东西的启发。画家吴冠中认为，诗歌、音乐需要采风，而绘画需要采形。在视觉世界中，物象错综复杂，美好的形象、形式，比矿藏丰富，美术工作者要去采集组成形式美的点、线、面、色等的构成体或其条件。[④]

而在人工智能创作中，计算机不遵循这样的"灵感模式"。人工智能创作没有先验数据，完全不需要从自然世界获取创作灵感，不需要关注真实的外部世界，"计算机生成艺术在本质上没有任何外部世界的东西"[⑤]。它只需要摄取海量的不同类型的创作作品累积形成的数字数据作为创作的原材料。微软小冰团队在训练小冰写歌的过程中，用于深度学习的歌词超过一千万行，包括了现代中文歌词和翻译成汉语的外文歌词。此外，在语料库的迭代中，团队研发人员意识到宋词也是一种歌词，他们把宋词输入小冰的语料库后，小冰创作的歌词呈现出古风的形式。虽然前期数据"投喂"的环节需要大量的人工，但是有资料显示，目前在素材准备、资料搜集和题材选择等环节也已经有

---

①　王玉苓：《艺术概论》（第 2 版），人民邮电出版社 2019 年版，第 148—156 页。

②　李晓峰：《艺术导论》，上海人民美术出版社 2007 年版，第 75 页。

③　刘海涛主编：《文学写作教程》，高等教育出版社 2015 年版，第 47—60 页。

④　吴冠中：《我负丹青——吴冠中自传》，人民文学出版社 2014 年版，第 325 页。

⑤　Mazzone, M. and A. Elgammal, "Art, Creativity, and the Potential of Artificial Intelligence", *Arts*, 2019, 8 (1), p. 26.

人工智能的一些应用。

3.4.2.2　构思阶段

在人类进行艺术创作的构思阶段，需要综合运用创作者的想象能力、感受能力、艺术理解能力、整合能力等多种能力，把有形的形象转化为创作者内心中无形的形象，这个转化过程更多地体现为一种内心活动，是一种从有形到无形、从具体到抽象的过程。在这个过程中，创作者有很大的随意性，能够随自己的主观喜好，感情倾向进行作品构思。

人工智能创作的构思阶段，没有灵感的迸发过程，无法对人类的主客体审美进行判断，是一种采用计算机，通过知识驱动、数据驱动或者二者结合的方式来进行创作的过程，在这个过程中，无法采用自适应的方式改变既定的运算规则，所以无法改造机器运作的流程，与此同时，也无法产生程序以外的东西。以微软公司旗下的人工智能"少女画家小冰"作画程序为例，它在用户下达创作任务指令后，在等待画作生成的过程中，在界面上提示出作画的几个步骤：抽取意象、激发创作灵感、选择内容主题，这些环节可以看作"少女画家小冰"的创作构思阶段。

3.4.2.3　传达阶段

在人类的创作中，传达阶段是把审美意象转化为审美形象的阶段，具体来说，就是把创作者脑海中的精神图像转化为有形的艺术形象的过程。这个阶段是人类艺术创作的物化过程，在这个过程中，创作者的创作技巧、语言表达能力、情感把握能力等都非常重要，而种类多样的艺术作品，则借助于多种介质进行最终呈现。传达阶段是创作者艺术创造力的集中展现过程。

人工智能创作中，传达阶段是一个从输入任务到有形的形象生成的过程，也是创作的物化过程。在这个过程中，人工智能的数据解析能力、程序运行能力等技术能力非常重要，而人工智能的作品，大部分首先是以电子的方式呈现出来，再有可能借助别的介质进行第二步的呈现。诞生于 2014 年的 GAN 模型，可以完成图像、视频和音乐等的创作，它由生成器（generators）和判别器（discriminators）两个部分组成，采用无人监督的方式运行。生成器负责抓取数据并产生新的合成样本，混入原始数据中，一起送给判别器，由判别器来区分原始数据与合成数据，这个过程反复进行，直到判别器无法以超过 50% 的准确度从合成样本中分辨出真实样本。① 这一模型的创作特点在于呈现数据集中的作品的风格，但是又生成全新的画作，这个过程就是人工智能创造力的集中展现过程。

3.4.3　作品层次不同

从作品层次上说，人类创作的艺术作品是由艺术语言、艺术形象和艺术意蕴三个层次组成的。

3.4.3.1　语言维度的比较

人类创作的艺术语言是指艺术作品得以形成的具有自己独特审美特性和美学价值的表现方式、表现手段和表现媒介。艺术语言的组成包括材料媒介、技术手段、符号和结构等元素。从作品角度看，分为文学语言、音乐语言、美术语言、戏剧语言、电影语言等。② 人工智能创作作品在作品的语言维度方面与人类艺术语言相比，在材料媒介方面是以数字作品的方式在计算机等电子设备上呈现，而从作品角度看，由于其作品与前期输入的数据集形式一致，所以现有的文学语言、音乐语言、美术语言等多种语言样态丰富，从语言丰富程度上与人类艺术语言没有区别。例如封面新闻旗下的人工智能产品——小封写诗，在创作诗歌前首先学习了 20 万首古体诗词、30

---

① 赖可：《人有多大胆，GAN 有多高产》，量子位，2020 年 1 月 30 日，https：//www.sohu.com/a/369562592_ 610300，2020 年 4 月 4 日。

② 李晓峰：《艺术导论》，上海人民美术出版社 2007 年版，第 82 页。

万首现代诗，来进行语料训练。而微软小冰通过对过去 400 年艺术史上 236 位著名人类画家画作的学习后，在收到文本或其他创作源激发时，独立完成原创的绘画作品。而谷歌公司给"谷歌大脑"人工智能阅读了近 3000 部爱情小说、1500 部奇幻小说用来模仿人类大脑如何运转。① 2019 年 11 月在中国国家博物馆展出的法国 Obvious 团队的系列木版画作品《圣天》，共使用了超过 3 万张日本画作来教会 AI 算法什么是风景，并结合了日本传统的木版画（MokuHanga）工艺进行呈现。

3.4.3.2　形象维度的比较

人类创作的艺术形象是艺术作品的核心，是具体可感的物态形象和高度概括的审美理想的和谐统一。艺术形象可以分为视觉形象、听觉形象、综合形象和文学形象四大类型。② 对于人工智能创作作品而言，具备了客观具体的作品形象，而且在视觉、听觉、文学等形象方面都有完整的呈现。但是，由于人工智能尚不具备意识，缺乏意象整合的能力，艺术形象与文化背景的融会能力，所以人工智能创作的作品尚难以做到物态形象和审美理想的和谐统一。以电影剧本写作为例，美国纽约大学的研究者开发的递归神经网络"本杰明"在进行剧本写作的过程中，就会创作出"他坐在恒星里，也坐在地板上"这样让人不知所云的句子。"本杰明"的开发者奥斯卡·夏普在接受采访时表示："读完剧本后，所有人都笑翻了。" 2018 年，英国公司 BOTNIK 使用自行研发的"预言键盘"算法，参照《哈利·波特》的原著，编写出《哈利·波特》续集——《哈利·波特与看起来像一大坨灰烬的肖像》："当哈利走向城堡时，牛皮纸般的雨点鞭打着他的灵魂。罗恩站在城堡前，跳着一种狂乱的踢踏舞。他看到了哈利，然后开始吃赫敏的全家……"有读者在社交媒体上说："这辈子都

---

① 新华社：《谷歌 AI 读言情小说，写出蹩脚诗》，《羊城晚报》2016 年 5 月 17 日第 A10G 版。
② 李晓峰：《艺术导论》，上海人民美术出版社 2007 年版，第 82 页。

没笑得这么用力过。"① 上面的例子充分说明"人工智能在从事创作时所面临的致命的理性思维障碍"②。在这样的情况下，人工智能要创作出好的作品，很多情况下需要人们在大量的垃圾作品中，凭借人类的审美评价标准进行甄选。所以说，目前人工智能创作的发展尚处于初级阶段，作品更多的是提供大众娱乐，离专业的文化产品生产还有较大的距离。

3.4.3.3 艺术意蕴维度的比较

人类创作的艺术意蕴是指在艺术作品中蕴含的深层人生哲理、诗情画意或精神内涵，它是艺术主体对于艺术典型或意境的深刻领悟和创造的结果，艺术意蕴具有多义性与模糊性，是艺术创造的最高境界。③ 并不是所有的人类作品都能具有艺术意蕴，但是绝大部分人工智能作品并不具备艺术意蕴。由于计算机没有意识，所以它不具备审美评判能力，由于计算机没有情感，所以它不能发自内心地抒发自己的情绪。通过组合搭配的方式，人工智能创作出的作品有时也让人觉得体现出一定的意蕴，但是这是人类的解读，属于读者的"二次创作"，人工智能本身并不知道创作出来的东西有意蕴。

以人工智能写诗为例，微软小冰的诗歌创作始于 2016 年，为了测试其诗歌水平，微软研究团队用了 27 个化名，在报刊、豆瓣、贴吧和天涯等多个网络社区的诗歌讨论区中发布了微软小冰创作的诗歌作品，阅读到这些诗歌的人并未识别出它们是机器创作的诗歌。这个问题可以用诗歌本身的意象特点来解释：诗歌的意象具有违背理性逻辑、含蓄、朦胧、结构方式跳跃、语义关系链条断裂等特点，④ 而人工智能

① 张茜：《AI 续写〈哈利·波特〉是四不像还是自成一派？》，《中国青年报》2018 年 1 月 8 日第 12 版。

② 杨守森：《人工智能：人类文艺创作终结者？》，《学习时报》2017 年 4 月 28 日，http://www.jsllzg.cn/zuiqianyan/201704/t20170428_4012450.shtml，2019 年 11 月 10 日。

③ 李晓峰：《艺术导论》，上海人民美术出版社 2007 年版，第 72 页。

④ 柳倩月：《文学创作论》，世界图书出版社 2013 年版，第 88 页。

写诗首先通过识别物体和语义来生成初始关键词，然后对关键词进行过滤和扩展。每一个关键词都被作为生成一句诗的初始种子。然后对词与词、句与句之间的结构进行建模。并用流利度检查器（fluency checker）来控制生成句子的质量，形成新的诗歌。[①] 这样生成的诗歌虽然句意整体性差，句子结构松散，但是一部分诗歌恰巧吻合了诗歌意象的特点，所以没有被识别出来，甚至读者还能从诗歌语句的"断缝"发现惊喜。

　　而关于人工智能创作的艺术意蕴，一些人工智能创作的研究人员提出了自己的见解。微软亚洲研究院微软小冰首席科学家宋睿华曾对笔者表示，在微软小冰写诗的研发过程中，研究团队并不认同"小冰写的诗越像人类写的诗越好"的评价标准。小冰的诗被人为地修改通顺之后，却失去了它的亮点。正是小冰诗里的小错误、小别扭，凸显出机器写作的特质，体现出与人类写作的区别，反而显得更可爱。香港人工智能水墨艺术家"AI 双子星"的研发者黄宏达认为：人工智能创作水墨山水画，应该具有自己的风格，像一个学到了一点东西的小孩，创作出人类预见不到的画作，这正是人工智能创作的魅力所在。[②]

　　虽然人工智能创作在计算创造力是否存在、人工智能创作的主体、人工智能作品的著作权等诸多问题中依然争议不断，但是本书认同人工智能创作目前是一种弱人工智能创作，是人工智能作为"准主体"在满足条件的情况下进行独立创作，是人类创作系统的一个子集。本章通过对人工智能创作概念的界定、人工智能创作的内涵和外延的分析，人工智能创作的路径分析、特点分析以及人工智能创作与人类创作的差异性分析，对本书的研究对象进行了清晰的呈现。虽然人工智

---

① 沈向洋、何晓东、李笛：《从 Eliza 到小冰，社交对话机器人的机遇和挑战》，机器之心，2018 年 1 月 11 日，http：//m. sohu. com/a/215987092_ 465975，2019 年 11 月 18 日。

② 毛国婧、黄宏达：《科技水墨：人工智能与古代智慧》，台北展博会，2019 年。

能目前的创作水平在各个艺术领域的发展参差不齐,但是中央财经大学拍卖研究中心研究员季涛认为,人工智能作品会越来越多地出现在未来艺术品市场,创新价值和稀缺性都会减弱,不过,由于科技的成熟,作品的艺术价值和审美价值都会提升。[1]

---

[1] 里木:《人工智能"魔爪"终于伸向中国画》,《收藏·拍卖》,2019 年 4 月 26 日,http://dy.163.com/v2/article/detail/EDN4UQVM051496G4.html,2020 年 3 月 27 日。

第4章 人工智能创作的创新发展

罗杰斯的创新扩散理论中，创新—决策过程包括六个主要步骤（见图12），在这个过程中，创新扩散研究一直关注的是"扩散和采用"以及"结果"这两个处于创新—决策步骤末端的环节，一部分追踪研究回溯到了"研究"、"发展"和"商业化"的阶段，但是很少有研究从创新的"需求"着手，从起点上分析一项创新到底是基于什么样的需求产生的。罗杰斯认为，"扩散前置的决策及活动是创新—发展的重要组成部分，而后续的扩散阶段是另外一部分"①。遵循罗杰斯对创新发展的研究阶段的划分，本章按照意识到问题或需要、基础和应用研究、发展、商业化的步骤，通过专家访谈法、个案研究法等方法，对人工智能创作的创新发展分阶段进行梳理和归纳，力求呈现出人工智能创作创新发展的清晰历程。

图12 创新—决策过程中六大主要步骤②

① ［美］E. M. 罗杰斯：《创新的扩散》（第五版），唐兴通、郑常青、张延臣译，电子工业出版社2016年版，第139页。

② ［美］E. M. 罗杰斯：《创新的扩散》（第五版），唐兴通、郑常青、张延臣译，电子工业出版社2016年版，第140页。

4.1　人工智能创作的研发需求

罗杰斯认为创新—发展过程始于意识到某种问题或需要的存在，这种意识刺激人们去开展研究和开发活动，从而创造一种解决问题或满足需求的创新措施。[①] 技术发展是一种异质进程的结果，所有一切不同的理由、标准和五花八门的社会集团（设计者、制造者、金融家、立法者、消费者、环境行动派等）的利益，都在这个进程中一决雌雄。[②] 基于这样的原因，对人工智能创作的需求进行反思就显示出其重要性。只有清晰地认清人工智能创作技术产生的原因，才有可能了解技术的创新历程，也才有可能驾驭技术的进程，让人工智能创作朝着人们希望的方向去发展。

鉴于对人工智能创作研发需求的研究属于一种反思性的判断，相关研究几乎处于空白状态，所以本书主要采用对人工智能领域研究专家、业界人工智能技术研发专家进行面对面深度访谈的方法来进行。采用专家访谈的方式，对于人工智能创作技术的研发者而言，能够直接获取到他们研发新的人工智能创作技术的直接原因，能够获取第一手资料；对于人工智能行业的专家访谈，能够从行业发展的角度提供客观的审视视角和观点；对于人工智能研究专家的访谈，能够获取人工智能创作研究的前沿动态和不同领域的学术观点。所以，专家深度访谈的方法能够灵活地搜集来自人工智能领域学界和业界专家的看法和观点，在本部分的研究中是一种重要的研究方法。

专家访谈的主题是"人工智能创作是基于怎样的研发需求"，严

---

① ［美］E. M. 罗杰斯：《创新的扩散》（第五版），唐兴通、郑常青、张延臣译，电子工业出版社 2016 年版，第 139—155 页。

② ［荷兰］约斯·德·穆尔：《赛博空间的奥德赛——走向虚拟本体论与人类学》，麦永雄译，广西师范大学出版社 2007 年版，第 35 页。

第4章 人工智能创作的创新发展 99

格遵循界定研究问题、进入研究情境、资料收集、资料整理、资料分析、研究结论阐述的研究流程。^① 在访谈结束后，对所有访谈录音进行了逐句整理，对访谈资料进行了编号整理。对访谈资料的整理和分析采用了"类属分析"（categorizition）的方式进行，类属是资料分析中的一个意义单位，代表的是资料所呈现的一个主题。类属分析是对资料中反复出现的现象以及可以解释这些现象的概念进行寻找和提炼的过程。在类属分析中，属性相同的资料被归入同一类中，并且以一定的概念命名^②，类属分析建立在比较的基础之上。本书通过对资料进行同类比较（对访谈专家访谈内容的同一性进行比较）、异类比较（对访谈专家访谈内容的差异性进行比较）、横向比较（在不同访谈专家的访谈内容之间进行比较）和纵向比较（对同一访谈专家的访谈内容进行前后顺序的比较），通过比较设定了人工智能创作的研发需求的三个类属：社会需求、技术探索需求和企业的多样化需求。在此基础上，在社会需求类属中发展出两个下属类属：满足人们的现实需求和提升人们的创作速度和效率。在技术探索需求中发展出 3 个下属类属：对研发人员的挑战、研究水平的证明和科研探索。

表7　　　　　　　　　访谈专家介绍及访谈时间

序号	姓名	专家介绍	访谈时间
1	黄铁军	北京大学计算机系主任、教授，北京智源研究院院长	2019.10.31
2	李宇明	教授，国务院特殊津贴专家，北京语言大学语言资源高精尖创新中心主任兼首席科学家，曾任国家语委副主任，教育部语言文字信息管理司司长、教育部语言文字应用研究所所长、北京语言大学党委书记、华中师范大学副校长等	2019.12.17
3	颜水成	依图科技首席技术官、智源首席科学家，新加坡国立大学终身副教授，曾任360集团副总裁、360人工智能研究院院长。五次获评全球"高被引科学家"，第十三批国家"千人计划"专家	2019.11.1

① 陈向明：《质的研究方法与社会科学研究》，教育科学出版社2000年版，第270页。
② 陈向明：《质的研究方法与社会科学研究》，教育科学出版社2000年版，第290页。

序号	姓名	专家介绍	访谈时间
4	刘哲	北京大学哲学系副主任、副教授，博古睿研究中心联合主任	2019. 10. 31
5	黄卫东	西北工业大学教授，博士生导师，国家杰出青年科学基金获得者，科技部3D打印专家组首席专家	2019. 11. 3
6	孙茂松	清华大学计算机科学与技术系教授，清华大学人工智能研究院常务副院长，博士生导师，自然语言处理科学家，"九歌"作诗系统研发者	2019. 12. 17
7	周昌乐	厦门大学智能科学与技术系教授，博士生导师，宋词生成器发明专家	2019. 11. 24
8	刘挺	哈尔滨工业大学计算学部主任兼党委副书记、计算机科学与技术学院院长，教授，博士生导师，国家"万人计划"科技创新领军人才	2019. 10. 31
9	张梅山	天津大学副教授	2019. 12. 14
10	张钹	中国科学院院士，清华大学人工智能研究院院长、教授，人工智能领域最高荣誉——"吴文俊人工智能最高成就奖"（2019年度）获得者	2019. 11. 1
11	张江	北京师范大学系统科学学院教授，集智AI学园创始人、腾讯智库专家、阿里智库专家	2019. 12. 13
12	俞舟	加州大学戴维斯分校（UC Davis）助理教授，入选"福布斯青年科学家"	2019. 12. 14
13	李长亮	金山集团副总裁，人工智能研究院院长，博士	2019. 12. 17
14	宋睿华	微软小冰首席科学家	2019. 12. 25
15	徐文虎	封面新闻人工智能技术总监	2019. 12. 6
16	钟振山	IDC中国新兴技术研究部副总裁	2019. 12. 6
17	曹云波	腾讯云小微专家研究员，腾讯云小微语音助手对话系统技术负责人	2019. 12. 14
18	崔宝秋	小米集团副总裁，小米集团技术委员会主席，智源研究院理事	2019. 11. 1
19	周伯文	京东集团副总裁，京东集团人工智能事业部总裁，智源—京东联合实验室主任	2019. 11. 1

4.1.1　社会需求驱动人工智能创作的研发

在访谈中，有5位专家认为人工智能创作的研发是基于社会的需求，正是由于社会有需要，这一类的技术才能产生并且向前推进，不断完善。具体来说，社会需求主要体现在两个方面：一方面，人工智能创作的研发能够满足人们的一些现实需求；另一方面，人工智能创作的研发能够提升人们的创作速度、效率，开拓新的创作空间。

4.1.1.1 人工智能创作的研发能满足人们的一些现实需求

在访谈的专家中，北京大学的黄铁军教授认为社会上原创的文化产品不够丰富，目前人工智能创作的作品能够达到"形似"，一定程度上能够解决人们生活中的一些现实需求。而北京语言大学的李宇明教授认为人工智能创作如果只有研发者有需求，是走不远的，研发的根本目的是满足受众的需求。

北京大学计算机系主任、长江学者特聘教授黄铁军："现在的人工智能肯定不能从根本上解决写诗、画画等创作方面的问题，但是目前我们生活中真正原创的文化产品并不多。目前网上的很多东西，包括新闻报道、编写会议介绍等完全是可以让机器来做的。人工智能写诗也是可以写的，但是真正有创意的、有原生价值的诗歌是不可能靠现在的机器做出来的。现在的人工智能创作的产品，都是没有神的，但是形挺像的。我们想请齐白石画一幅画，我们觉得那是有神韵的，毫无疑问它很好，问题是齐白石不能给每个人都画一幅画，这种情况下机器给你画一个形象比较像的，也是有价值的。所以，人工智能创作的作品代替不了真正的创意，但是它能在我们的生活中解决一些现实的需求问题。"

北京语言大学语言资源高精尖创新中心主任兼首席科学家李宇明教授："受众也有需求，如果受众没有需求，只有研发者有需求，它是走不远的，研发的最终目的，还是要满足受众的需求。各个软件，写作软件是要让别人用的。产品的传播，传播的是结果，这种传播是想用结果去影响人，这主要是传播者的影响比较大，如果是技术的传播，技术需要人使用，用户的需求更强一些。"

4.1.1.2　人工智能创作的研发能够提升人们创作的速度和效率，开拓创作空间

在访谈的专家中，有 3 位专家认为人工智能创作的研发对于创作本身是有意义的。其中，五次获评全球"高被引科学家"的依图科技首席技术官、新加坡国立大学终身副教授颜水成认为，人工智能创作目前的商业模式还在探索中，但是它能够帮助人们提升创作的效率，这对于社会来说很有价值。北京大学副教授刘哲认为对于大数据的统计能力是人工智能创作的优势所在。科技部 3D 打印专家组首席专家、西北工业大学教授黄卫东认为，写诗、绘画等领域，机器可以为人们开拓出原本不知道的创作领域。

依图科技首席技术官、新加坡国立大学终身副教授、原 360 集团副总裁颜水成："我觉得人工智能创作是有用的。它能够帮助生产出一些内容，能够提升工作人员，或者说 engineer 创造的速度，这是蛮有价值的。我觉得现在市场还没成熟，将来慢慢会成熟，因为现在这些东西出来之后，大家还没有想到它的商业模式是什么样的，但是这些技术对于提升创作的效率肯定是有价值的。无论是文字的报道、音视频创作还是上课的虚拟老师，这些都是非常有价值的。"

北京大学哲学系副主任、副教授刘哲："人工智能创作类的东西现在我们很难说有大规模的生产，更多还是在实验室研究阶段。因为对于大数据量的统计，人工智能比我们高效得多，因为它是一个重复性、单调、枯燥的工作，从人的角度说，在创作过程中，我们可以从大量的数据采集、数据分析的工作里面解放出来，这个可能是它在市场中重要的应用要素。"

西北工业大学教授，科技部 3D 打印专家组首席专家黄卫东："从围棋的角度来看，人类实践了几千年，但是围棋的下法我们依然只在一个小的区域。机器下的和人下的差别很大，我们不理解它是怎么下的，但是它比我们下得好，说明围棋的下法空间很大。绘画、诗歌也

一样。通过人工智能，可以为我们开辟新天地。原来我们以为机器的东西，不能代替人类的创造，现在看来不完全这样。机器可能为我们发现出人类不知道的区域。"

4.1.2 技术探索需求驱动人工智能创作的研发

加拿大技术哲学家安德鲁·芬伯格认为，创新取决于与技术手段的交缠。[①] 对于从事人工智能研究的专家来说，在人工智能创作领域的发力是一种将人类的创作能力"延伸"到人工智能研究中的技术尝试，是研究人员对自己发起的挑战。

在笔者走访的专家中，有8位专家认为人工智能创作的研发是基于人工智能技术探索的需求。他们认为，与人工智能到底有没有智能的争论一样，人们也关心人工智能能不能进行创作，有没有真正的创造性。人工智能从事创作是对人类的创造性思维提出的一种挑战，在这个过程中，研究者选择了人工智能创作来证明自己的技术实力和水平，因为创作历来都被认为是人类独有的一种能力，是一种高层次的、特殊的精神创造活动，是人类创造力的集中反映，对于研究者来说，这一领域挑战难度大、社会关注度高，能够鞭策研究人员努力改进算法而获得更多的社会认可度。笔者发现，持这类观点的专家绝大部分是人工智能领域的学者，所以，这类观点一定程度上代表的是从事人工智能相关研究的学者的看法。

4.1.2.1 人工智能创作对于研发人员来说是一种"挑战"

在访谈的专家中，清华大学的孙茂松教授是"九歌"作诗系统的研发者，厦门大学的周昌乐教授曾经研发出宋词生成器。在访谈中，他们都提到了一个词——"挑战"，他们认为人工智能创作是研究人

---

① ［加］安德鲁·芬伯格：《技术体系——理性的社会生活》，上海社会科学院科学技术哲学创新团队译，上海社会科学院出版社2018年版，第178页。

员对算法的挑战，也是对研究人员的一种挑战。

清华大学人工智能研究院常务副院长孙茂松教授："我们的目的是研究算法，这其实是对算法的一种挑战。我们挑选这个问题是因为这个问题容易引起人们的关注，对我们要求很高。如果你做别的事儿，也没有人关注你，对你的鞭策力也不够。这个（人工智能写诗）你放到网上去，就有人鞭策你。一鞭策对我们算法设计也提出更好的任务。所以，一个方面是这个任务挺难，一个方面是这个任务容易引起大家的关注，关注就是鞭策，目的是研究算法。"

厦门大学智能科学与技术系周昌乐教授："这类程序的研发就是为了好玩，当然，研究人员不是玩。人类的思维最难的就是创造性思维，如果研究人员能把计算机的创造性思维都能实现了，就意味着机器就跟人差不多了。对于研究人员来说，这是一种挑战。这些都是玩的东西，没有市场。"

4.1.2.2　人工智能创作是对人工智能研究水平的一种"证明"

在访谈的专家中，哈尔滨工业大学的刘挺教授和天津大学的张梅山副教授都是自然语言处理领域的专家。他们认为，在科学研究过程中，研究者的技术水平、计算机的智能发展阶段需要得到证明，而人工智能创作是科研人员证明技术水平和衡量人工智能的智能化程度的一个很好的证明。

哈尔滨工业大学刘挺教授："学者们要找一个问题，就像找下围棋、写诗、画画这样比较难的问题来证明自己的技术水平。这个是他们的主要目的。原始的想法并没有想过真的要创造出很多诗来，像诗人通过写诗出诗集卖自己的作品，他们没有那样考虑。"

天津大学副教授张梅山："比如搜索、客服，这些都能起到节约成本的作用。写诗画画也是有需求的，通过它们，看看计算机是不是真的有智力，如果计算机连写诗画画都会了，是不是说明计算机就非常强了？人工智能创作是语言理解的一个更高的境界。"

4.1.2.3 人工智能创作是一种人工智能技术领域的"科研探索"

在访谈的专家中，获得 2019 年度人工智能领域最高荣誉——"吴文俊人工智能最高成就奖"的中国科学院院士、清华大学教授张钹对人工智能创作有着深入的思考，他认为从人工智能的角度来说，不是一种基于商业利益的考量，而是对于人工智能到底能不能进行创作和创作能达到的程度的一种研究探索。与他持相似观点的有金山集团副总裁李长亮博士、北京师范大学张江教授、入选"福布斯青年科学家"的美国加州大学戴维斯分校（UC Davis）助理教授俞舟博士。

中国科学院院士、清华大学人工智能研究院院长张钹教授："目前来讲谈不上市场需求，现在处于大家研究计算机能不能创作、计算机有没有创造性的阶段。这跟人工智能一样，人工智能做出来的东西，你能不能认为它有智能，能不能认为机器也可以思考这一类问题。从人工智能的角度来说，真的不是想一定要创作出来东西去实现商业利益，走向市场，不是这个意思。我们研究计算机能不能创作，能做到什么程度，比如说像作曲、写诗，能做到什么程度。写诗可能是清华的'九歌'做得最好，它研究怎么使计算机能写出好诗。我们目前还是停留在这个阶段。作画可能更难一点，音乐我们也做了，还有学生开了计算机作曲的公司，帮助人作曲。"

金山集团副总裁、人工智能研究院院长李长亮："现在人工智能写诗好像更多的是科学上的一个探索，一个研究的兴趣，我觉得没有到商业的利用阶段。"

北京师范大学系统科学学院教授张江："建立一个创作模型本身，其实对于研究人员来说是非常费劲的，要有很多考虑。像有些写诗程序，也是要把约束放在模型里面。然后再用模型去读数据，去训练，训练出来以后你才能发现它是不是符合你的要求。"

美国加州大学戴维斯分校（UC Davis）助理教授俞舟："我们有做 story ending generation（补全故事的结尾）的研究项目。对于用户的话，写诗就难说了，画画之类的，有很多人就觉得还挺有意思的，愿意把人工智能的绘画作品分享到社交平台，写诗的分享就很少。这一类的应用就是一个探索性的东西，我们还是把它作为计算机生成的一个任务，考虑的是常识能不能整合到计算机生成里面。作诗的话这个很难说会不会越来越多，但是绘画作品还是有人愿意买的。"

4.1.3 企业的多样化需求驱动人工智能创作的研发

在访谈的专家中，来自业界的 6 位专家从自身的角度出发，给出了与学界专家不同的人工智能创作研发的需求分析。从访谈中可以看出，业界对于人工智能创作的研发是基于企业自身的需求而进行的一种人工智能技术探索：微软公司微软小冰首席科学家宋睿华介绍，由于推广微软必应 App 的需要而开发为图片配诗的功能，这项功能逐渐开发完善后，吸引了有需求的商家主动与微软进行合作。封面新闻人工智能技术总监徐文虎谈道，封面新闻作为《华西都市报》深度融合转型和打造新型主流媒体的载体，是国内智能化写作的领先者之一，近几年一直致力于人工智能在媒体领域落地，在写诗产品的设计和研发过程中，更多关注的是其在媒介领域的应用和落地。IDC 中国新兴技术研究部副总裁钟振山认为，人工智能的创造能力能够彰显企业、厂商的人工智能能力，企业如果把这项技术用到相关业务中，客户就会成为买单的人。腾讯云小微语音助手对话系统技术负责人曹云波则指出，人工智能创作能够为聊天型机器人增加技能来丰富自身的产品，而一些人工智能创作程序本身就可以嵌入别的系统获取更大收益，但是这类应用不是系统的核心应用。小米集团副总裁、小米集团技术委员会主席崔宝秋表示，写诗、成语接龙等是小米小爱同学音箱里的一些小技能，虽然不是智能音箱的刚需，但是它对于产品应用来说是加分项。京东集团副总裁、京东集团人工智能事业部总裁周伯文认为，人工智能创作的研发是一种应用驱动的产物，企业在人工智能创作领域的尝试其实是将其作为一个试金石找到其他更具市场潜力的应用。

微软小冰首席科学家宋睿华："原先的产品需求就叫作为一个图片写一首诗，本身是为了推广微软必应 App，但是我做出来之后，微软小冰团队的同事建议用小冰的技能的方式推出更好。当时微软小冰已经有一定的名声了，它再加上这个技能，大家觉得它就会更智能。小冰的创作能力推出之后，很多媒体进行了报道，有些商人头脑就是灵活，他会看到微软小冰的新闻，他自己有一个结合点，他觉得自己的产品加入这个点，他的客户会更开心，会增加自己的销售量。这个阶段都不是我们可控制的，客户看到了我们的新闻想到了自己的产品与微软小冰的结合，然后来跟我们合作共同来实现他的点子。AI 创造这块，大家有时候都经常问我怎么商业化？怎么赚钱？我觉得这是最不担心的一件事情，我们 AI 创造部运行得非常好。"

封面新闻人工智能技术总监徐文虎："封面新闻有过去《华西都市报》的基因，在人文领域也一直有推进。人工智能经过几十年的发展日趋成熟，封面也在不断尝试 AI 在媒体领域的应用和落地，而小封写诗是封面智媒体技术落地的应用之一。小封写诗的研发主要由封面智媒体实验室承担，主要目的是让 AI 赋能媒体，探索创新技术在媒体领域的应用。在产品设计过程中，我们采取了很多媒体老师的建议，更多考虑的是媒体领域的应用和落地。小封写诗最早是应用在封面 2018 年举办的一次田园诗会活动里，目前小封写诗在封面新闻 App 和《华西都市报》都有专栏，会定期发布精选诗歌，同时我们还出版了小封创作的诗集《万物都相爱》。所以，小封写诗一方面增加了封面智媒体的影响力，另一方面也应用到了实际生产中。小封写诗和写新闻，二者在技术上是互相交叉的，有不同也有相同之处。机器写诗大多是短文本，机器写作更多是长文本。"

IDC 中国新兴技术研究部副总裁钟振山："画画写诗用的核心技术和其他人工智能技术差别不大，我个人认为，人工智能想要变现，最后还是在企业这一块，而画画写诗这些人工智能创作能力是能够显而易见地体现企业、厂商的人工智能能力的一个小而简单的应用。但是如果从变现角度来说，这个东西没有办法收费，收费也没有人用了，所以更多的是说企业怎样把这项技术用到企业的其他业务里去，那些业务的客户才是买单的人。"

腾讯云小微专家研究员、腾讯云小微语音助手对话系统技术负责人曹云波："像小冰这样闲聊型为主的机器人，它希望占用你更多的时间，所以它要做很多你觉得有趣的东西，它做100个技能，不一定每个技能都能有很多人在用，可能有些技能就是5%的用户在用，或者是1%都有可能。但是它需要自己的丰富度更高，每个人都能找到其中有趣、喜欢的东西。而一些像'九歌'这样的作诗程序，可以嵌入别的系统。比如可以嵌入腾讯叮当智能音箱。用户对音箱说'叮当叮当，你帮我做首诗吧'，音箱问客户想做什么内容的诗，然后用户出个题目，音箱就可以做出回复。这完全是可以融入对话里面去的。但是现在腾讯的研发精力不够，而且人工智能创作现在影响的受众面没有那么大，用户不会因为你不会作诗而放弃购买你的音箱，但是其他一些音箱方面的技术如果你没有处理好，用户就不会购买你。"

小米集团副总裁、小米集团技术委员会主席崔宝秋："把技术转化为产品，这个产品也是一种产品，不是说解决人类需求的才是产品，这些精神、艺术、文化也是一种产品。有些可以包装的，比如小爱同学音箱，小爱同学音箱里可以让用户喜欢的应用，这些产品也占一部分。小爱同学不仅能上闹钟、听音乐，还可以帮你写诗。会写诗是小爱同学的一个技能，会成语接龙也是一个技能。这个技能不是每天都要用，但它还是一个有趣、好玩又有一定教育意义的东西。虽然目前来说人工智能创作不是那么重要，但是这个领域是企业需要持续关注的。"

　　京东集团副总裁、京东集团人工智能事业部总裁周伯文认为人工智能创作是应用驱动型的产物："人工智能创作我觉得更多是应用驱动的，大家做这个是为了将人工智能创作当作试金石找到其他的应用。人工智能创作的产品肯定应该算是文化产品，但是原来的文化是指人类社会的活动，而现在人类社会的衍生物也能产生文化，所以我们应该重新定义什么叫文化。"

4.2　人工智能创作的领先用户梳理

　　罗杰斯的创新扩散理论认为，意识到有某种需要后，相关人员会进入基础和应用研究的阶段。在这个过程中，美国麻省理工学院的埃里克·希佩尔教授的研究发现，在生产商制造和销售某种创新产品前，是"领先用户"首先开发了创新，并提供了模型，在此之后生产商才被说服进行生产和销售。冯·希普尔的研究发现，科学仪器领域中77%的创新是由领先用户开发的。[①] 本书认为，领先用户是指对于创新的需求先于市场，开发了某项创新，引起社会相关行业跟进和扩大研发或生产规模的研究个人及机构。本书采用案例梳理的方法，对人工智能创作中的领先用户案例进行分析。

表 8　　　　　　　　人工智能创作领先用户案例

序号	时间	人物	类型	作品
1	1948 年	英国计算机科学家斯特雷奇	情诗创作程序	情诗生成器
2	1951 年	曼彻斯特大学的 Ferranti Mark 1 计算机研究人员	计算机演奏由人创作的音乐	计算机模仿"天佑女王""咩咩黑羊"等音乐

　　① ［美］E. M. 罗杰斯：《创新的扩散》（第五版），唐兴通、郑常青、张延臣译，电子工业出版社 2016 年版，第 139—149 页。

序号	时间	人物	类型	作品
3	1957 年	伊利诺伊大学香槟分校教授雷贾伦·希勒（Lejaren Hiller）、莱纳德·艾萨克森（Leonard Isaacson）	计算机作曲技术	《伊利亚克组曲》（*The Illiac Suite*）
4	1962 年	美国加利福尼亚州格伦代尔市精密仪器公司天秤观察部的沃西等	诗歌创作程序	"Auto-beatnik" 诗歌创作程序
5	1966 年	贝尔实验室（Bell Labs）工程师 Leon Harmon、Ken Knowlton	计算机绘画技术	计算机裸体画
6	1973 年	英国艺术家哈罗德·科恩（Harold Cohen）	计算机绘画程序	机器作画的电脑程序——Aaron（亚伦）
7	1986 年	加州大学圣克鲁兹分校音乐学教授大卫·柯普（David Cope）	计算机作曲程序	人工智能音乐作曲系统（EMI，Experiments in Musical Intelligence）
8	1992 年	美国伦斯勒工艺学院的哲学家和人工智能专家塞尔默·布林斯乔德	计算机创作小说	《软武器》
9	1998 年	美国纽约伦斯勒学院"头脑和机器实验室"的布伦斯沃德等	小说创作程序	小说创作电脑程序"布鲁特斯"（Brutus）
10	2000 年	中国作家刘慈欣	计算机作诗程序	"计算机诗人"电脑自动作诗软件
11	2006 年	英国西蒙·科尔顿（Simon Colton）	计算机绘画程序	计算机绘画程序 The Painting Fool
12	2006 年	中国程序员"猎户"	计算机写诗程序	猎户星在线写诗软件

笔者以时间为顺序，对人工智能创作领先用户案例进行梳理。

1948 年 6 月，世界上第一台能完全执行存储程序的电子计算机原型机"婴儿"在英国曼彻斯特大学诞生。参与项目研究的英国研究人员克里斯托弗·斯特雷奇为测验这台原型机随机选择信息的能力，编写出自动创作情诗程序。"婴儿"本身储存了大量诗歌数据，每次运行作诗程序，人们只需输入动词和名词，它就能自动生成一首短情诗。这开创了电脑文本生成程序的先河。①

① 佚名：《六十年前的情诗生成器》，《羊城晚报》2009 年 3 月 28 日第 B11 版。

最早的基于计算机的音乐实例之一是 1951 年曼彻斯特大学的 Ferranti Mark 1 计算机。这个系统有一个"hoot"命令，在执行时从内部扬声器发出一个音调。通过提供此命令的频率，可以模拟西方音阶的各种音调，这让程序员可以玩"天佑女王"和"咩咩黑羊",[①] 成为计算机演奏由人创作的音乐的里程碑。

1957 年，伊利诺伊大学香槟分校教授雷贾伦·希勒（Lejaren Hiller）和莱纳德·艾萨克森（Leonard Isaacson）利用学校的超级计算机 Illiac 编写了一个乐谱而被认为是最早进行计算机作曲的人（见图 13）。他们认为计算机可以通过随机生成遵循音乐规则的音符序列来编写音乐，并对此进行了尝试，最终计算机生成了弦乐四重奏《伊利亚克组曲》（*The Illiac Suite*）。[②]《伊利亚克组曲》被认为是第一首电子计算机创作的音乐。[③]

图 13　自动计算机前的雷贾伦·希勒和《伊利亚克组曲》乐谱片段[④]

---

① Adil, H. , *Khan*：*Artificial Intelligence Approaches to Music Composition*，Kentucky：Northern Kentucky University，2013.

② 《人工智能是怎么创作音乐的? 被听众认为是巴赫作曲》，腾讯网，2018 年 5 月 1 日，https：//new. qq. com/omn/20180510/20180510A0E9EW. html，2019 年 9 月 30 日。

③ Adil, H. , *Khan*：*Artificial Intelligence Approaches to Music Composition*，Kentucky：Northern Kentucky University，2013.

④ 《人工智能是怎么创作音乐的? 被听众认为是巴赫作曲》，腾讯网，2018 年 5 月 1 日，https：//new. qq. com/omn/20180510/20180510A0E9EW. html，2019 年 9 月 30 日。

1962 年，美国加利福尼亚州格伦代尔市精密仪器公司天秤观察部的沃西等人，就已设计成功了命名为"Auto – beatnik"的诗歌创作软件，并在《地平线》杂志上公开发表了由其创作的《玫瑰》《孩子们》《姑娘》《风筝》《牛排》等诗作。①

1966 年，两名工程师在新泽西州默里山的贝尔实验室（Bell Labs）创造出被认为是第一张计算机裸体画（见图 14）。这件作品曾于 1968 年在现代艺术博物馆展出。②

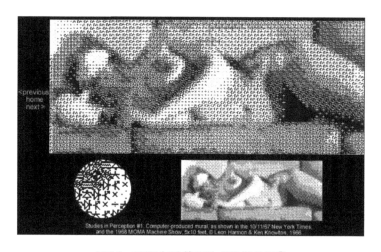

图 14　1966 年计算机生成的裸体画③

1973 年，英国艺术家、加州大学艺术学院的客座教授哈罗德·科恩（Harold Cohen）在斯坦福大学人工智能实验室开发了机器作画的电脑程序——Aaron（亚伦）（见图 15）。这是世界上第一个计算机艺术程序。通过 30 多年的努力，科恩为该项目编写了包括构图、素描、透视、颜料以及各种绘画风格的绘画创作知识。现在，Aaron 已经发

① 杨守森:《人工智能与文艺创作》,《河南社会科学》2011 年第 1 期。
② Oliver Roeder:《恐怖谷与深度爵士:计算机艺术能达到人类的高峰吗?》,以实马利译,2019 年 5 月 19 日, http://www.sohu.com/a/314970774_100191015, 2019 年 9 月 30 日。
③ Oliver Roeder:《恐怖谷与深度爵士:计算机艺术能达到人类的高峰吗?》,以实马利译,2019 年 5 月 19 日, http://www.sohu.com/a/314970774_100191015, 2019 年 9 月 30 日。

展为一个功能精良的电脑程序，它自主绘制的图画，已经成为一些世界性知名博物馆和画廊的收藏品。① 美国预言大师、科技大师雷·库兹韦尔（Ray Kurzweil）认为哈罗德·科恩是计算机生成视觉艺术的领军人物，并宣称科恩认为"自己将是史上第一位过世后仍然能推出原创作品的艺术家"②。

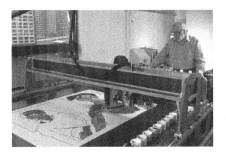

图 15　电脑程序 Aaron 画作进入博物馆，科恩和他的作画机器③

1992 年，美国伦斯勒工艺学院的哲学家和人工智能专家塞尔默·布林斯乔德用计算机创作了一部惊险小说《软武器》。塞尔默依据某些文学作品所具有的特定程式和结构的特点，给计算机编制好程序，然后由计算机创造出基本情节，再由作者加以充实和润色。④

1986 年，被称为"AI 作曲教父"的加州大学圣克鲁兹分校的音乐学教授大卫·柯普（David Cope）设计出人工智能音乐作曲系统（EMI, Experiments in Musical Intelligence）（见图 16）。EMI 通过模式匹配的方式进行音乐创作，它将音乐片段分割成更小的片段并进行分析，找出相似的声音并进行分类。这一程序一天就能谱出 5000 首巴赫

---

① 《AI 画拍出 300 万高价？一篇文章带你读懂 AI 艺术史》，PART 帕特国际艺术留学，2018 年 11 月 4 日，https：//cloud. tencent. com/developer/news/339745，2019 年 11 月 18 日。

② ［美］雷·库兹韦尔：《机器之心》，胡晓姣、张温卓玛、吴纯洁译，中信出版社 2016 年版，第 216 页。

③ 《AI 画拍出 300 万高价？一篇文章带你读懂 AI 艺术史》，PART 帕特国际艺术留学，2018 年 11 月 4 日，https：//cloud. tencent. com/developer/news/339745，2019 年 11 月 18 日。

④ 佚名：《计算机编小说》，《浙江日报》1992 年 4 月 30 日第 3 版。

风格的赞美诗。① 2009 年，由大卫·柯普取名为艾米丽·霍薇（Emily Howell）的作曲机器人发布了自己的第一张专辑——《明由暗生》（*From Darkness*，*Light*）。②

图 16　大卫·柯普和他的人工智能音乐作曲系统（EMI）③

2000 年，《三体》作者刘慈欣开发出电脑全自动作诗软件"计算机诗人"（见图 17），通过把大量词汇按照设定的格律韵脚来进行随机排列组合，一键即可自动作诗。使用时，首先设置参数：是否分段、段数、每段行数、是否押韵以及韵脚。然后用鼠标点击"开始创作"按钮按键即可自动创作。④

① 《人工智能是怎么创作音乐的？被听众认为是巴赫作曲》，腾讯网，2018 年 5 月 1 日，https：//new. qq. com/omn/20180510/20180510A0E9EW. html，2019 年 9 月 30 日。

② 《AI 的 freestyle 如何到来？》，搜狐网，2018 年 7 月 26 日，https：//www. sohu. com/a/243436871_ 610473，2019 年 10 月 9 日。

③ 《人工智能是怎么创作音乐的？被听众认为是巴赫作曲》，腾讯网，2018 年 5 月 1 日，https：//new. qq. com/omn/20180510/20180510A0E9EW. html，2019 年 9 月 30 日。

④ 计算机诗人软件，https：//www. arpun. com/soft/81612. html，2019 年 11 月 17 日。

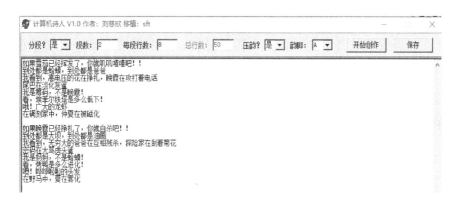

图 17　计算机诗人软件创作的诗歌

图 18　"The Painting Fool"软件官网界面①

　　2006 年，英国伦敦大学金史密斯学院的计算机创作学教授西蒙·科尔顿（Simon Colton）开发出绘画软件 The Painting Fool（见图 18），能够基于模拟物理绘画的过程，通过看数码照片，熟练地提取区域块

―――――――――

　　① "The Painting Fool"官网，http：//www. thepaintingfool. com，2019 年 11 月 18 日。

的颜色，然后模拟自然介质比如油漆、粉彩和铅笔等进行创作。2007
年，机器视觉软件学会了识别人们的情绪，并根据情绪的变化来描绘
肖像，因为这项改进，The Painting Fool 赢得了英国计算机协会的机器
智能奖。2011 年，The Painting Fool 使用 3D 建模工具成功绘制出三维
图像。①

2006 年，程序开发者"猎户"研发出猎户星在线写诗程序并创建
了网站 http：//www. dopoem. com，自称"这是一款点缀你生活的在线
'国家级'写诗软件"，网站实时统计资料表明，自 2006 年 9 月 25 日
至 2019 年 12 月 18 日，共制作诗歌 188132786 首，平均每小时 1621. 9
首，在该网站发表 96083 首，专业版用户 82679 名。此外，"稻香老农
作诗机""写诗软件""中国古代诗词撰写器""诗词快车""诗歌超
级助手""520 作诗机"等，也掀起了一股"拟诗人化"写诗浪潮。②

4.3　人工智能创作的"臭鼬工厂"阶段

罗杰斯的创新扩散理论认为，创新的第三个阶段是发展阶段，
是一个把新理念包装成可以满足潜在需求的过程。在这个过程中，
罗杰斯强调了"臭鼬工厂"的重要作用。"臭鼬工厂"特指企业中
特殊的研发机构，比如一些公司的实验室，它们较为灵活，利于创
新孵化。③

Future Today Institute 所长、纽约大学斯特恩商学院教授艾米·韦
伯（Amy Webb）认为，9 家大公司占据了人工智能主导地位：美国的
Google、Microsoft、IBM、Facebook、亚马逊和苹果，中国的巨头百度、

---

① 《AI 画拍出 300 万高价？一篇文章带你读懂 AI 艺术史》，PART 帕特国际艺术留学，
2018 年 11 月 4 日，https：//cloud. tencent. com/developer/news/339745，2019 年 11 月 18 日。
② 欧阳友权：《人工智能之于文艺创作的适恰性问题》，《社会科学战线》2018 年第 11 期。
③ ［美］E. M. 罗杰斯：《创新的扩散》（第五版），唐兴通、郑常青、张延臣译，电子工
业出版社 2016 年版，第 139—155 页。

阿里巴巴和腾讯。① 进入 21 世纪的第二个十年，科技巨头和别的大型科技公司纷纷加入了机器文化项目的研发，一部分人工智能创作技术实现了商业化运用。

4.3.1　索尼公司

在研发方面，索尼公司介入机器文化开发领域较早。1997 年，索尼公司在巴黎的计算机科学实验室就开始专注前沿音乐技术的研究和发展。2016 年，索尼发布了用人工智能程序 FlowMachines 写作的两首流行歌曲。第一首名为 *Daddy's Car*，带有披头士的怀旧曲调。第二首则名为 *Mr Shadow*，混杂了几位美国音乐人的风格。②

4.3.2　谷歌公司

2015 年夏，谷歌公司推出"深梦"（Deep dream）计划，让机器展示对艺术的诠释。2016 年 6 月，谷歌公司推出旨在探索利用人工智能来进行音乐、绘画等艺术创作的"品红"（Magenta）项目，通过神经网络以艺术、梦幻的方式重新"想象"新的图像。团队研究人员表示，该项目将会首先解决能够生成音乐的算法，然后再研发视频及其他视觉艺术的算法。品红计划公布的第一个项目是一首简单的乐曲，基调是《一闪一闪小星星》的前四个音符。这首乐曲用数字钢琴演奏，一开始只是简单笨拙的音符，但之后越来越精细复杂。③ 2019 年，谷歌 DeepMind 的研究人员研发出 DVD-GAN（Dual Video Discriminator

---

① 阳光：《〈2020 科技趋势报告〉重磅发布，AI 和中国成为未来科技世界关键词》，学术头条，2019 年 3 月 17 日，https：//mp. weixin. qq. com/s/IH8gtpRMb7motynpdDjVyw，2020 年 4 月 20 日。

② 曾梦龙：《索尼用人工智能写了两首流行歌，你觉得怎么样?》，2016 年 9 月 27 日，https：//tech. qq. com/a/20160927/011089. htm，2019 年 10 月 10 日。

③ 《阿尔法狗之后，谷歌要推 Magenta 去写歌、做视频》，2016 年 5 月 24 日，http：//www. ctiforum. com/news/internet/483958. html，2019 年 9 月 30 日。

GAN）的人工智能模型，该模型通过对 YouTube 视频数据集的学习，能够生成逼真连贯的 256×256 像素视频，最长可达 48 帧。

4.3.3　亚马逊公司

2019 年 12 月，亚马逊西雅图公司的亚马逊网络服务（AWS）公司推出 Deep Composer 键盘，这款由 AI 提供支持的键盘可以创建在数秒内转化为原创歌曲的旋律，专门用于为开发人员提供机器学习培训。[①]

4.3.4　IBM 公司

在商业应用方面，科技公司也积极尝试将机器文化产品投入商业应用。IBM 公司的沃森（Watson）就是定位为"采用认知计算系统的商业人工智能"，通过自然语言处理和机器学习，从非结构化数据中揭示洞察的技术平台。自 2011 年沃森在美国最受欢迎的智力问答电视节目《危险边缘》（*Jeopardy*）中打败了人类智力竞赛冠军一战成名后，就一直是备受关注的人工智能之一。从菜谱分析到球队管理，从健康顾问到酒店礼宾服务，基于自然语言处理和机器学习，沃森目前已经在时尚、金融、医疗、旅游、法律、教育、交通等领域进行了很多商业融合。在文化创造领域，沃森在智能服饰创造、视频编辑等领域表现突出。此外，歌手们可以和 Watson 合作，利用海量数据激发创作灵感，突破创作局限，创作出意想不到的作品。

4.3.5　微软公司

2016 年，微软和荷兰国际集团（ING）成功创造复制出伦勃朗画作的机器学习系统。2014 年，位于北京的微软（亚洲）互联网研究员

---

① AWS Deep Composer, https：//aws.amazon.com/cn/deepcomposer, 2020 年 4 月 4 日。

研发出初代"小冰"。作为全球规模最大的跨领域人工智能系统之一，微软小冰最开始被塑造成一个 16 岁的可爱萌妹子形象，在多个社交平台上与人类对话。在情感计算框架的基础上，通过人工智能算法、云计算和大数据的综合运用，采用代际升级的方式，小冰逐步形成向 EQ 情感智能方向发展的完整人工智能体系。[①] 在文化创造领域，逐渐形成了文本、声音、视觉等多业态的发展。而在 2019 年 8 月微软小冰第七代发布会上，微软宣布提供"Avatar Framework"工具包输出人工智能技术，帮助客户创造属于自己的人工智能，这将微软小冰的创造生产力进行跨平台部署。

4.3.6　阿里巴巴集团

中国电子商务巨头阿里巴巴集团于 2017 年 11 月 17 日宣布成立"阿里巴巴达摩院"，投入将超过 1000 亿人民币，对量子计算、机器学习等多个产业领域进行研究。目前已经孵化出智能家庭语音助手天猫精灵、利用深度学习技术进行的淘宝图像搜索功能等。阿里巴巴集团曾于 2015 年底和 2018 年先后推出"鹿班"海报设计的人工智能产品和 AlibabaWood 电商产品短视频智能创作工具。2018 年 7 月 5 日，阿里巴巴发布了一款"AI 智能文案"，针对在阿里巴巴旗下的电商网站的企业，只要在他们的产品页面上插入一个链接，点击产品智能文案，就可以选择不同长度和基调的广告文案，解决一部分的文案需求。[②]

4.3.7　百度公司

2018 年初，百度百家号推出基于人工智能的辅助写作平台——

---

① 沈向洋、[美] 施博德编著：《计算未来——人工智能及其社会角色》，北京大学出版社 2018 年版，第 106—108 页。

② 小白：《阿里巴巴推出新 AI 工具　每秒可撰写 2 万行广告文案》，新浪网，2018 年 7 月 5 日，http：//tech.sina.com.cn/i/2018 - 07 - 05/doc - ihexfcvi9140314.shtml，2020 年 3 月 29 日。

"创作大脑",以提高百家号内容产品的竞争力。百家号"创作大脑"集成了百度最强大的人工智能技术,相比传统的写作平台,这款"创作大脑"可以自动分辨长视频中的精彩片段并进行提取,将长视频转换为精彩凝练的短视频,提高视频剪辑的工作效率。在文字创作方面,"创作大脑"的优势主要体现在基于语义的智能纠错功能识别上,其识别差错的准确率达到了 95% 以上,是目前国内较为领先的水平。[1]

4.3.8　京东集团

京东集团是一家拥有 3 亿用户、几十万商家的零售基础设施服务商,目前在供应链、物流、技术、金融、服务等领域已经实现全链条打通。近年来也在向人工智能领域进军,依托京东人工智能研究院,在计算机视觉、语音与声学、语义、对话、机器学习和知识图谱六项技术中全面推进[2],并在技术基础上搭建了京东人工智能开放平台 NeuHub[3],将京东的人工智能能力全面向社会开放。依托京东研发的人工智能技术,推出互联网内容创作服务产品——京东李白写作[4],为用户提供写作助手和李白写诗的服务。该平台旨在对商用人工智能写作技术进行探索,尝试为电商平台生产商品特点介绍、商品说明、推荐语、导购文章等内容,为资讯平台定制快报、测评、知识百科等产品。而京东"羚珑"智能设计平台,是为京东用户提供设计主题及相关素材的购买、智能生成、分享及使用等的软件系统。[5]

---

① 温婧:《百度发布人工智能"创作大脑"》,《北京青年报》2018 年 1 月 23 日第 A16 版。
② 随心:《2019 京东人工智能大会举行:多个重磅消息公布》,砍柴网,2019 年 8 月 5 日,https://finance.sina.com.cn/stock/relnews/us/2019 - 08 - 05/doc-ihytcitm7098135.shtml,2020 年 3 月 19 日。
③ NeuHub 京东人工智能开放平台,https://neuhub.jd.com,2020 年 3 月 19 日。
④ 李白写作—京东智能写作平台,https://libai.jd.com,2019 年 12 月 10 日。
⑤ 京东"羚珑",https://ling.jd.com/design,2020 年 2 月 25 日。

4.4　人工智能创作实现产品转化

罗杰斯的创新扩散理论认为，创新的第四个阶段是商业化，把一项研究转化为市场上的一项产品或者服务就是一种商业化的过程。[①]本书认为，在把一项人工智能技术向人工智能产品进行转化的过程中，最重要的一点是考量该技术如何通过与用户交互进而实现其使用功能。交互设计作为正式的研究方向早在 20 世纪 60 年代就已经以人机交互（HCI）的形式出现，主要目的是通过简单易懂的操作界面使计算机和其他新兴的数字产品更好地被消费者接受。比尔·莫格里奇在其著作《交互设计》中对交互设计进行的定义是："交互设计是关于通过数字产品来影响我们的生活，包括工作、玩和娱乐的设计。"理查德·布坎南认为交互设计就是通过产品（实体的、虚拟的、服务甚至是系统）的媒介作用来创造或支持人的行为。[②] 人工智能创作程序作为软件产品，使用交互设计的视角进行分析较为合理，笔者将从交互设计范式的四个方面——身份设定、界面设计、结构设计、交互设计——对人工智能创作程序进行具体分析。此外，从技术到商品，必须关注的是用户通过什么渠道接触到人工智能创作程序，所以本书对产品接触渠道也进行了具体分析。本书采用个案研究的方法，选取了人工智能创作在文字领域、音乐领域、绘画领域、影视领域和设计领域的一些典型的应用程序进行，这些程序的共同特点在于都已经是推向市场的人工智能创作程序，大部分供用户免费使用，小部分专供电商平台用户使用的人工智能创作程序收取一定的费用。

---

① ［美］E. M. 罗杰斯：《创新的扩散》（第五版），唐兴通、郑常青、张延臣译，电子工业出版社 2016 年版，第 139—155 页。

② 辛向阳：《混沌中浮现的交互设计》，《设计》2011 年第 2 期。

4.4.1　文字领域的人工智能产品

4.4.1.1　微软"电脑对联"

身份设定："电脑对联"①，微软亚洲研究院自然语言组研发的计算机自动对联系统。

界面设计：古朴中国风风格，突出实用性

结构设计：微软对联—开始对联—拟上联—对下联—提横批—秀对联—（选字体、图片）保存，六层级设计

交互设计：渐进式交互

程序接触渠道：搜索"电脑对联"进入网站 http：//duilian. msra. cn/default. htm，即可使用。

4.4.1.2　百度"智能春联"

身份设定：百度"智能春联"，"用 AI 写春联"。2018 年春节前夕，央视网联合百度人工智能尝试推出了"智能春联"，通过将大量的春联交给人工智能学习，让"智能春联"拥有创作春联的能力。

界面设计：红色喜庆风格

结构设计：智能春联—输入内容—生成春联，二层级设计

交互设计：渐进式交互

程序接触渠道：由百度 AI 体验中心（网站或者微信小程序）进入，也可通过写春联程序分享使用或者扫描二维码使用。

4.4.1.3　微软小冰·诗歌联合创作（2.0 公测版）

身份设定："少女诗人小冰"，微软小冰具备通过输入图像中的内容获得灵感来生成诗歌的能力。在学习了 519 位中国现代诗人的全部诗作，通过深度神经网络等技术手段模拟人的创作过程后，输入一张图像，可以在较短时间内生成诗歌。

---

① 微软对联，http：//duilian. msra. cn/default. htm，2019 年 12 月 15 日。

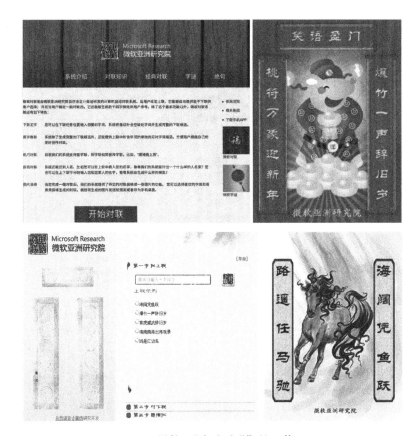

图 19　微软："电脑对联"使用截图

图 20　百度"智能春联"使用截图

图 21 微软"少女诗人小冰"使用截图

图 22 清华 AI 九歌诗词创作系统使用截图

界面设计：简约风格，出现少女诗人小冰写诗的卡通形象

结构设计：让小冰替你创作诗歌初稿—上传图片—为你写诗中—生成诗歌—生成诗歌卡片—（截图保存）诗歌卡片，五层级设计

交互设计：渐进式交互

程序接触渠道：嵌入社交机器人技能中，在华为手机上安装"微软小冰"聊天机器人，输入写诗需求，就会在小冰的对话反馈中得到"微软小冰·诗歌联合创作（2.0 公测版）"入口。

4.4.1.4　清华 AI 九歌计算机诗词创作系统

身份设定：清华 AI 九歌计算机诗词创作系统，清华大学自然语言处理与社会人文计算实验室研发的人工智能诗歌创作系统。该系统基于深度学习技术，结合多个为诗歌生成专门设计的模型，通过近 90 万首诗歌进行训练学习。"九歌"目前支持绝句生成、风格绝句生成、情感可控的藏头诗生成、律诗生成、集句诗生成以及三十多种词牌名的生成。

界面设计：红色和黑色搭配的中国风格

结构设计：九歌清华 AI—作诗—输入落款—生成图片并分享，三层级设计

交互设计：渐进式交互

程序接触渠道：微信识别二维码即可进入九歌系统进行诗歌创作，程序可以在微信发送给朋友，可以分享到朋友圈，可以分享到手机 QQ、QQ 空间等。

4.4.1.5　华为乐府作诗

身份设定：AI 诗人"乐府"，华为诺亚方舟实验室新推出的科技产品，其基于华为云 AI 技术打造而来，可以写诗、作词等。

界面设计：白色为主的水墨中国风

结构设计：乐府作诗—开始作诗—作诗完成—赠诗，三层级设计

交互设计：渐进式交互

　　程序接触渠道：微信搜索"EI体验空间"，选择"自然语言处理"中的"乐府作诗"，可以选择"五言绝句"、"七言绝句"、"五言律诗"或"七言律诗"，输入关键词，就可以开始作诗。完成的诗作自动生成二维码，便于分享后的链接进入。

图23　华为"乐府作诗"使用截图

4.4.1.6　华为"看图作诗"

　　身份设定：乐府AI为你写诗，华为诺亚方舟实验室新推出的科技产品，其基于华为云AI技术打造而来，可以写五言绝句、七言绝句、五言律诗、七言律诗。

　　界面设计：蓝绿色基调的动画诗人风格

　　结构设计：乐府作诗—赏图吟诗—诗人选择—上传照片—作诗—分享，五层级设计

　　交互设计：渐进式交互

　　程序接触渠道：微信搜索"EI体验空间"，选择"自然语言处理"中的"看图作诗"，可以选择"五言绝句"、"七言绝句"、"五言律诗"或"七言律诗"，输入关键词，就可以开始作诗。完成的诗作自动生成二维码，便于分享后的链接进入。

图 24　华为"看图作诗"使用截图

4.4.1.7　京东"李白写诗"

身份设定：京东李白写诗，京东自研的内容创作平台"李白写作"上的一个频道。由李白写作和京东 NEUHUB AI 实验室共同打造的全新频道，探索 AI 创作更多的应用场景。目前为用户提供"恋物情结"——"给商品写出浪漫诗句"和"为你写诗"——"为你写诗，为你静止"两个板块。

图 25　京东"李白写诗"使用截图

界面设计：时尚风格、色彩明快

结构设计：京东"李白写作"—"李白写诗"—恋物情结/为你写诗—生成文章—完成作品，四层级设计

交互设计：渐进式交互

程序接触渠道：京东"李白写作"网站进入"李白写诗"频道即可使用。

4.4.1.8　AI 李白

身份设定：AI 李白；广告语：祝福有 AI，邀你做李白。是百分点联合《人民日报》等机构推出的智能作诗送祝福程序。支持向亲人、恋人、师长、自己、朋友、领导送出祝福诗词。据《人民日报》统计，产品上线 6 天，点击量超过 1100 万，成为春节送祝福产品中被广泛好评的爆款。[①]

　　界面设计：红色喜庆风格，出现机器人李白的形象

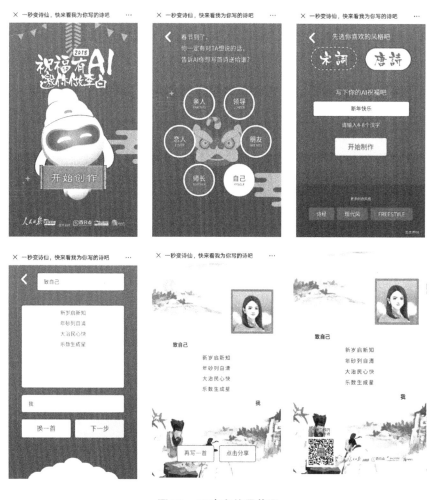

图 26　AI 李白使用截图

　　①　谢世诚：《AI 李白—首个智能作诗送祝福 H5 风靡春节》，DOIT 网，2018 年 3 月 8 日，https：//www.doit.com.cn/p/299232.html，2019 年 12 月 24 日。

结构设计：AI 李白—选择写诗对象—唐诗、宋词选择，4—8 字祝福语—生成诗歌—完成作品，四层级设计

交互设计：渐进式交互

程序接触渠道：识别作品二维码创作拜年诗。

4.4.1.9　奇迹 AI

身份设定：奇迹 AI。是一个人工智能创作的集纳型微信小程序，可以在程序中实现"九歌诗词""看图作诗""AI 李白""看图写词""图片转换""文字成联""看图说话""看脸作诗"等多个应用。采用积分制形式进行运作，还在应用中举办"名画诗词专场"等活动。

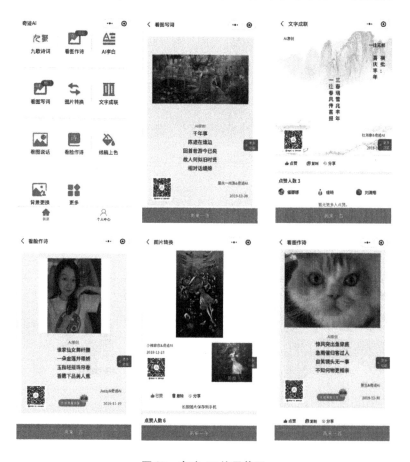

图 27　奇迹 AI 使用截图

界面设计：简洁工具风格

结构设计：奇迹 AI—创作要求选择—上传照片/主题词设置—生成作品—分享/修改/再来一首，四层级设计

交互设计：渐进式交互

程序接触渠道：微信小程序进入，程序二维码进入，作品二维码进入。

4.4.2　绘画领域的人工智能创作产品

4.4.2.1　微软画家小冰

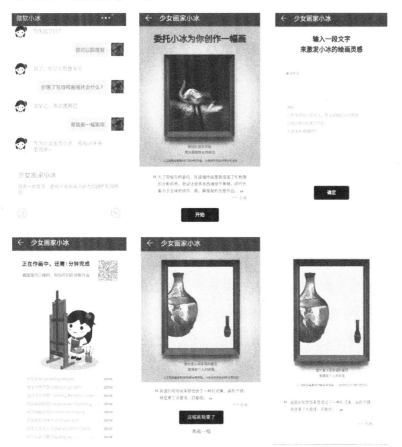

图 28　微软"少女画家小冰"使用截图

身份设定：少女画家小冰。2019 年 5 月 22 日，微软正式解锁"少女画家小冰·无限创作 1.0 公测版"H5 程序。用户只需要输入一小段文字来激发小冰的绘画灵感，等待"少女画家小冰"3 分钟，最终生成一幅配诗并有画作编号、时间和画作水平评分的完整作品。

界面设计：简约风格，交互按键清晰，出现少女诗人小冰作画的卡通形象

结构设计：委托小冰为你创作一幅画—输入文字激发绘画灵感—正在作画中—生成画作—生成画作卡片，四层级设计

交互设计：渐进式交互

程序接触渠道：嵌入社交机器人技能中，在华为手机上安装"微软小冰"聊天机器人，输入绘画需求，就会在小冰的对话反馈中得到"少女画家小冰"入口。

4.4.2.2　绘画机器人 Andy

身份设定：绘画机器人（首页说明：Andy 是一个可以帮你画画的机器人），2017 年 11 月 30 日，美图秀秀上线全球首款将人工智能用于绘画的产品——绘画机器人 Andy。Andy 并不是对照片进行加工处理，而是根据照片形象进行完整的绘制，更像是真正意义上的"手绘"。用户把照片上传到程序，绘画机器人 Andy 能迅速为用户生成多种效果的插画像。该程序统计显示，截至 2019 年 12 月 21 日，体验过该程序的用户已经达到 784803602 人。

界面设计：炫彩风格，出现机器人绘制作品的范例

结构设计：立即体验—照片素材输入—正在帮你绘图中—生成画作—保存，四层级设计

交互设计：渐进式交互

程序接触渠道：由美图秀秀 App 进入美图工具箱即可选择绘画机器人，生成作品可以一键保存到自己的图片库中，分享便利。

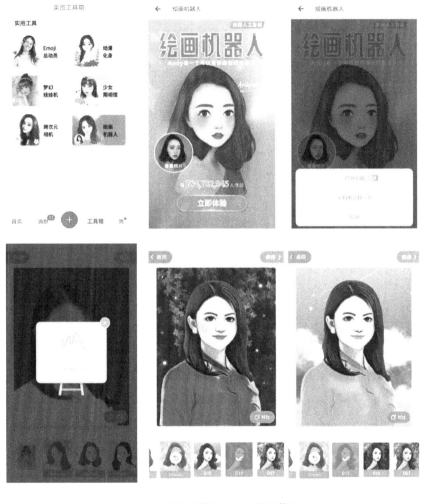

图 29　绘画机器人 Andy 使用截图

4.4.3　设计领域的人工智能创作产品

4.4.3.1　阿里"鹿班"

身份设定：鹿班，原名鲁班，是 2015 年阿里研发的一款专门从事海报设计的人工智能产品，它不是一款画图软件，是一个算法模型。在五百万张人类设计作品中学习了构图、配色、风格、模板等信息，每秒能做 8000 次设计。

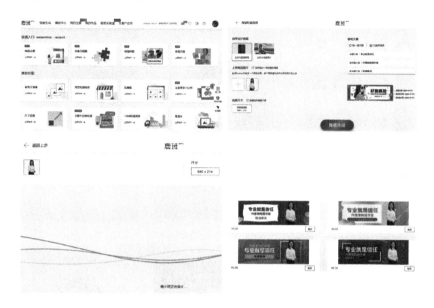

图 30　阿里"鹿班"使用截图

　　界面设计：工具风格

　　结构设计：鹿班网站—进入具体设计需求（如淘宝旺铺海报）—海报图片素材和文案选择—鹿小班正在设计—设计图选择购买，四层级设计

　　交互设计：渐进式交互

　　程序接触渠道：由鹿班网站 luban. aliyun. com 进入，商用。

4.4.3.2　Arkie 设计助手

　　身份设定：Arkie 设计助手。Arkie 是 ARK Group 旗下的一款智能设计助手，通过自然语言处理、图像分析等前端科技，为用户实现"简单一句话，为你生成海报"的诉求。目前，Arkie 拥有网页完整版和微信简化版，用户仅需"输入一段文案"，即可获得多张不同尺寸的新设计。此外，Arkie 已与国内外多家顶尖素材供应商达成战略合作，设计成果无版权问题。

图 31　Arkie 设计助手使用截图

界面设计：工具风格

结构设计：Arkie 设计助手微信程序—作图要求选择—信息设定—制作—编辑内容/相似设计/换一换—保存—分享，六层级设计

交互设计：渐进式交互

程序接触渠道：由微信小程序或者网页进入，面向企业用户和个人用户。

4.4.4　视频制作领域的人工智能产品

案例：Alibaba Wood——商品微电影创作机器人（测试版）

图 32　Alibaba Wood 使用截图

　　身份设定：Alibaba Wood（阿里巴巴伍德），"最懂您的商品微电影创作机器人，多元电商智能视频创作平台"。Alibaba Wood 由阿里巴巴达摩院人机自然交互实验室、机器智能技术人工智能中心 Design AI、阿里云智能业务联手打造，融合电商视频设计与人工智能，能够对用户的商品内容进行智能理解，然后自动为商品编写剧本、添加镜头、书写文案，并搭配风格匹配的音乐，自动剪辑出具备故事性的电商短视频。1 分钟内可制作 200 个商品展示短视频。目前可以实现详情链接做视频和上传视频片段自动剪辑的功能。

　　界面设计：简洁工具风格

　　结构设计：Alibaba Wood 网站—输入淘宝、天猫、1688 的商品详情页链接—智能剪辑—编辑—完成、投放，四层级设计

　　交互设计：渐进式交互

　　程序接触渠道：由 alibabawood.aliyun.com 进入，商用。

　　本书对主流的人工智能创作程序的拟人形象情况、界面风格、结构设计、交互设计、接触渠道进行了汇总（见表9）。

表9　　　　　　　　　　主流的人工智能创作程序汇总

名称	身份设定（有无拟人形象）	界面设计	结构设计	交互设计	程序接触渠道
微软"电脑对联"	无	古朴风	六层结构	渐进式交互	进入网站
百度"智能春联"	无	红色喜庆风	二层结构	渐进式交互	进入网站、分享程序链接或识别作品二维码
微软"少女诗人小冰"	卡通少女诗人形象	简约风	五层结构	渐进式交互	通过微软小冰社交机器人召唤
清华 AI 九歌	无	中国风	三层结构	渐进式交互	进入网站、发送链接
华为乐府作诗	无	水墨中国风	三层结构	渐进式交互	微信小程序进入
华为看图作诗	卡通诗人形象	动画风格	五层结构	渐进式交互	微信小程序进入
京东李白写诗	无	时尚风	四层结构	渐进式交互	进入网站，进入频道
AI 李白	卡通机器人李白形象	红色喜庆风	四层结构	渐进式交互	识别作品二维码进入
奇迹 AI	无	工具风	四层结构	渐进式交互	微信小程序进入，识别程序二维码或作品二维码进入

续表

名称	身份设定（有无拟人形象）	界面设计	结构设计	交互设计	程序接触渠道
微软"少女画家小冰"	卡通少女画家形象	简约风	四层结构	渐进式交互	通过微软小冰社交机器人召唤
美图秀秀绘画机器人 Andy	无	炫彩风	四层结构	渐进式交互	由美图秀秀 App 进入使用
阿里鹿班	无	工具风	四层结构	渐进式交互	进入网站
Arkie 设计助手	无	工具风	六层结构	渐进式交互	微信小程序进入
阿里 Alibaba Wood 商品微电影创作机器人	无	工具风	四层结构	渐进式交互	进入网站

4.4.5　人工智能创作程序的产品特点

4.4.5.1　身份拟人化

广义的"机器人"概念中，一些计算机程序也被称为"机器人"，如"爬虫机器人"。而人工智能创作程序，在进行命名和推广的过程中，也呈现出这样的倾向。但与纯粹工具型的软件机器人不同，一部分人工智能创作程序在命名时被赋予了人的身份。

Simon 的自我方位模式认为，在社会环境中，人们通过社会认知对自身行为赋予意义，实现自我阐释，获得自我认识，即身份。[①] 黄鸣奋认为所谓"身份"（identity）通常是指当事人的社会定位。身份获得是自然人向社会人转变的过程，姓名与称谓是当事人身体和身份共同体的标识。[②] 身份以身体为基础（自然条件），前提是当事人身体的唯一性。[③] Marx 在研究匿名问题时，认为身份信息有七种类型：法律名称、位置、与姓名或地点有关的假名、与姓名或地点无关的假名、

① 徐春霞、吴青清：《言语交际中不礼貌、面子与身份建构的关系诠释》，《当代教育实践与教学研究》2019 年第 6 期。
② 黄鸣奋：《超身份：中国科幻电影的信息科技想象》，《中国文学批评》2019 年第 4 期。
③ 黄鸣奋：《超身份：中国科幻电影的信息科技想象》，《中国文学批评》2019 年第 4 期。

模式知识、社会分类、身份认证物。① 从上面的研究可以看出，人们在研究身份时，是从人的视角进行研究的。虽然包括程序机器人在内的机器人，从设计之初就是以工具身份出现的，但是我们也看到2015年诞生的人形机器人索菲亚两年后被授予沙特阿拉伯公民身份，成为全球首个获得公民身份的机器人。不仅如此，2018年8月，在线教育集团 iTutor Group 与索菲亚签订聘书，索菲亚将成为其旗下成人在线英语品牌的学伴、助教、老师。②

拟人化是指人们把人类特征、动机、意图和潜在心理状态注入其他代理人的真实或者想象的行为中。以往的研究表明，一些代理人比其他代理人更拟人化。有些文化似乎比其他文化更容易拟人化，儿童通常比成年人更容易拟人化。③ 从宽泛的意义理解，人工智能就是指对人类智力的模拟，所以人工智能的产品更容易被拟人化。这一点在人工智能创作程序的身份设定上也有所体现。从身份中最重要的姓名和称谓的角度来看，一部分的人工智能创作程序在具备程序机器人的工具身份之外，呈现出以下三种情况。

一是拟人化的姓名加上称谓：微软"少女诗人小冰"、微软"少女画家小冰"、美图秀秀"绘画机器人 Andy"、阿里"Alibaba Wood（阿里巴巴伍德）微电影创作机器人"、清华作诗机器人薇薇等。

二是模仿艺术大师的名字为软件命名：清华大学未来实验室人工智能绘画系统"道子智能绘画系统"就是以中国唐代著名画家"吴道子"名字命名、以中国画为诉求的 AI 绘画系统。阿里"鲁班"（2018年更名为鹿班），就是以中国建筑界鼻祖鲁班命名的专门从事海报设

① Marx, G. T. , "What's in a Name? Some Reflections on the Sociology of Anonymity", *The Information Society*, 1999, 15（2）, pp. 99 – 112.

② 段倩倩：《机器人索菲亚：已获沙特公民身份 平时待在香港》，第一财经，2019年6月26日，https: //finance. sina. cn/2019 – 06 – 26/detail-ihytcerk9307552. d. html？oid = 3&pos = 17, 2019年12月22日。

③ Waytz, A. , et al. , "Making Sense by Making Sentient：Effectance Motivation Increases Anthropomorphism", *Journal of Personality and Social Psychology*, 2010, 99（3）, pp. 410 – 435.

计的人工智能产品。京东"李白写作""李白写诗",百分点公司推出的"AI 李白"都是以唐代"诗仙"李白命名的人工智能写作系统。

三是模仿艺术工作者为软件程序命名:上海波森数据公司"编诗姬"、英国法尔茅斯大学计算机创造系教授西蒙·科尔顿研发的人工智能绘画软件"Painting Fool"(绘画傻瓜)。而 Aiva Technologies 公司人工智能作曲家 Aiva 是"Artificial Intelligence Virtual Artist"(人工智能虚拟艺术家)的简称。

此外,一些人工智能创作程序还打造出拟人化的艺术家形象,更强化了这样的身份特点。

4.4.5.2　接触渠道多样化

按照目前提供给用户使用的人工智能创作程序情况来看,接触渠道呈现出以下几种情况。

一是通过特定手机品牌中提供的聊天机器人程序,提出创作要求。目前华为等手机品牌通过与微软小冰的合作可以采用语音召唤的方式使用微软小冰的绘画和写诗程序进行创作。

二是进入专门的网站,使用网站提供的创作程序进行创作,目前清华"九歌"、微软对联、阿里"鹿班"和"Alibaba Wood"、京东"李白写诗"等均可采用登录网站的方式使用相关创作程序。

三是嵌入生产商的 App 或者公众号,使用时需要进入 App 或者微信小程序中使用,目前华为乐府作诗、华为看图作诗需要进入微信小程序 EI 体验空间使用,美图秀秀绘画机器人 Andy 需要进入 App 寻找使用,而微信小程序"奇迹 AI"则与九歌、百度、腾讯 AI 开放平台、旷视、微软、讯飞开放平台等合作,整合了"九歌诗词""图片成诗""AI 李白""图片成词""文字成联""看脸写诗"等多个人工智能创作的程序,以集纳的方式提供给用户使用。

四是从人工智能创作作品的二维码进入程序。人工智能创作程序的大部分创作作品自带二维码,接触到作品的人通过识别二维码就可以快速进入程序进行创作，如九歌诗词、华为乐府作诗、华为看图作诗、奇迹 AI 生成的作品均附有二维码。此外，很多创作程序还带有分享功能，如 AI 李白、九歌诗词、华为乐府作诗、华为看图作诗、奇迹 AI 小程序作品都可以进行分享。用户通过对该程序的尝试使用，认可程序生成的作品，可以便捷地通过分享功能向朋友推荐，利于增强彼此之间的联系、强化个体之间的情感互动。便于分享的方式突破了程序使用的壁垒和障碍，使得人工智能创作程序的"病毒式传播"具备了传播条件的可能性。

4.4.5.3　"轻应用"化

从移动终端应用程序发展的阶段来看，应用程序的开发经历了"本地应用程序（Native App）—网页应用程序（Web App）—轻应用（Light App）"的发展阶段。[①] 轻应用（Light App）是一种无须下载、即搜即用的全功能应用，既有媲美甚至超越本地应用程序（Native App）的用户体验，又具备 Web App 的可被检索与智能分发的特性，将有效解决优质应用和服务与移动用户需求对接的问题。是基于云端开放平台和智能手机 App 的，以提升移动设备服务水平、满足用户随到随用、用完即走需求的便携媒介应用形态，论其本质而言是搭建以 Web App 为核心的 HTML5 站点。[②] 人工智能创作的很多程序目前属于随时可用、无须安装、方便分享的轻应用。而在具体使用中，是以 HTML5 技术作为基础进行的程序推广。

HTML5 实际上是指一系列用于开发网络应用的新技术的集合，它包括 HTML、CSS3、JavaScript 以及一系列全新的 API。基于 HTML5 开发应用可以做到"一次开发，多平台使用"，适用于 iOS、Android、Windows Mobile 等多个操作系统，在应用维护方面优势明显，同时，

---

① 喻国民、郭超凯：《互联网发展下半场消费场景的重构》，《青年记者》2017 年第 9 期。
② 徐静：《基于 HTML5 和 WebApp 技术开发的轻应用游戏软件在高职院校教学中的应用研究》，《数字技术与应用》2019 年第 6 期。

用户端的更新也可以更加方便快捷。HTML5 可以无缝地连接桌面端和移动端，提供更为丰富的应用发布形式，优秀的应用可以通过社交平台等多种方式进行传播。① 目前大部分的人工智能创作程序，比如微软"少女画家小冰"等都是以 HTML5 作为技术支持的程序。

而在 HTML5 的使用中，微信小程序相对特殊。微信创始人张小龙认为，微信小程序是一种"无须安装，触手可及，用完即走，无须卸载"的应用程序。微信小程序是微信按照其程序语法规范自定义了一套云端解释方法，再通过模板引擎渲染成本方法，将 HTML5 技术的功能转移到本地终端实现，从而实现更为流畅酷炫的 HTML5 呈现。② 小程序具有通过扫码和搜索立即获得，无须下载、注册、卸载，不占用内存、开发成本低的特点，是一种提高效率的工具。通过线下扫码、微信搜索、公众号关联、好友推荐、历史记录查找等方式获取。③ 面向受众公开的人工智能创作程序中，"奇迹 AI""Arkie 设计助手"等属于微信小程序，但是小程序本身不能在微信朋友圈分享，只能通过发送给朋友或者微信群的方式进行传播。

除了体现出"无须安装，用完即走"的轻应用特点，人工智能创作程序也在人机交互方面体现出轻应用的特点。人机交互（Human-computer Interaction，HCI）是在设计和开发过程中，研究人们怎样使用计算机硬件和软件，使得计算机更易用。易用性方法涉及理解使用者（使用者分析）和他们用该产品完成的任务（任务分析）。界面设计师的产品设计注重技术创新和富含新功能特性，易用性仅用于装点最后的接口。而接口设计师对人机接口所有的方面负责，包括撰写使用说明书和在线超文本的帮助，使产品具有极佳的直觉性，以至于根

---

① 黄永慧、陈程凯：《HTML5 在移动应用开发上的应用前景》，《计算机技术与发展》2013 年第 7 期。

② 喻国民、郭超凯：《互联网发展下半场消费场景的重构》，《青年记者》2017 年第 9 期。

③ 郭全中：《小程序及其未来》，《新闻与写作》2017 年第 3 期。

本不需要使用说明书即可掌握使用。① 作为任务导向的交互程序，人工智能创作程序大部分采用 3—6 层的结构设计，基本上采用渐进式交互的方式进行设置，只需要按照软件或者网站的界面指引，短时间内就能轻松完成创作。传播路径的缩短方便用户在不需要人为指导、不需要使用说明的情况下能够轻松实现目的，方便上手即用，功能性强。

① ［美］斯蒂夫·琼斯主编：《新媒体百科全书》，熊澄宇、范红译，清华大学出版社 2017 年版，第 221 页。

第5章 人工智能创作在系统层面的扩散

创新扩散研究就是对社会进程中创新（新的观念、实践、事物等）的成果怎样为人知晓并在社会系统中得到推广的研究。[①] 概括地说，人工智能创作的扩散是指人工智能创作在特定的时间，通过特定渠道，在特定的社会团体传播的过程。亿欧智库《2017人工智能＋内容生产研究报告》认为，目前人工智能与内容生产相结合的相关公司和实际商业应用数量少，大部分属于研究项目，没有达到商业阶段的研究项目占2/3以上；内容生产涉及的领域众多，但是生成的内容还达不到专业要求。[②]

遵循扩散学者研究创新扩散的两层次说，本章对人工智能创作的研究也遵循系统层面的创新扩散和个体层面的创新采纳两个层次对人工智能创作的扩散进行分析。具体来说，人工智能创作在系统层面的扩散以社会系统为考察对象，分析人工智能创作程序在我国的总体扩散现状。人工智能创作在个体层面的扩散以个体为考察对象，分析个体在具体采纳人工智能创作程序时的影响因素。

对于人工智能创作在系统层面的扩散分析，本章拟从两个方面

---

① 臧海群、张晨阳：《受众学说：多维学术视野的观照与启迪》，复旦大学出版社2007年版，第87页。

② 亿欧智库：《2017人工智能＋内容生产研究报告》，2017年12月13日，http://www.le365.cc/123546.html，2019年12月5日。

进行。一是时间维度下新闻媒介对人工智能创作的具体报道情况。通过新闻媒介的报道分析，能直接反映出媒体对人工智能创作问题的关注的数量变化和关注的焦点变化，间接反映人工智能创作在社会传播过程中的扩散情况。二是时间维度下用户对人工智能创作程序——清华九歌计算机作诗系统的具体使用情况分析，通过对于具体案例的分析，一定程度上管窥人工智能创作在社会系统层面的总体扩散情况。

5.1　新闻媒介对人工智能创作的报道分析

罗杰斯提出的创新—决策过程包括了认知、说服、决策、执行和确认五个不同的阶段，而这一过程的实质是一种信息搜集和信息处理的行为，是个体用来降低创新利弊所带来的不确定性的一种手段。[①] 罗杰斯认为大众传播过程中，"大众传播渠道主要是认知性知识的来源"[②]。笔者认为，新闻媒介对于人工智能创作的新闻报道能够影响受众对于人工智能创作的认知。所以，新闻媒介对于人工智能创作的报道量和报道焦点能够反映出人工智能创作在社会上的传播情况，也从媒体的角度侧面反映出人工智能创作在社会上的扩散情况。

5.1.1　数据采集

5.1.1.1　数据库选择

本书选取方正"中华数字书苑"数据库作为纸质新闻媒体报道资源库进行分析。该数据库收录了中央报刊、地方党报、都市报、产业

---

① ［美］E. M. 罗杰斯：《创新的扩散》（第五版），唐兴通、郑常青、张延臣译，电子工业出版社 2016 年版，第 176—179 页。

② ［美］E. M. 罗杰斯：《创新的扩散》（第五版），唐兴通、郑常青、张延臣译，电子工业出版社 2016 年版，第 324 页。

报等全国各级各类数字报纸共 461 份，提供了 1949 年至查询日的全部报纸内容，提供的数据资源能够准确全面反映出人工智能创作在纸质媒体中的报道情况。与此同时，在"互联互通"的互联网环境下，包括纸质媒体在内的传统媒体资源都被激活，过去报纸上的信息只有追溯到报纸的版面里才能够找到，而在互联网环境下，传统媒体生产的大部分内容都成为流通到互联网环境中的公共信息而被人们通过各种方式接收①。所以，依托方正"中华数字书苑"数据库的检索，笔者认为能够相对准确反映出以传统媒体专业报道基础上的"泛渠道"信息对于人工智能创作的关注。

5.1.1.2　探索式搜索

本书对数据库的使用采用的是"探索式搜索"的方式。探索式搜索是指用户通过与系统交互获取信息、完成信息搜索的一个探索性、开放型的学习过程，主要在信息需求模糊、不明确搜索方向目标的情境下产生。② 本书采用的探索式搜索包括了检索时间的探索、检索途径的探索和检索关键词的探索。

5.1.1.2.1　检索途径探索

检索途径是检索工具提供用户选择入检口的各种途径③。"中华数字书苑""数字报纸"数据库提供标题、内容、作者、出处、版名等检索字段。本书选择"全部"这个途径进行搜索，没有分别选择"标题"与"内容"进行搜索，是因为从探索式搜索中发现"内容"的搜索结果与"标题"的搜索结果会出现小概率重合，影响统计结果的准确性。而"全部"则解决了这个问题，由于本书搜索内容限制，"全部"囊括了报道中的"标题""内容"，而不会把作者、出处、版名内

---

① 喻国明、姚飞：《媒体融合：媒体转型的一场革命》，《青年记者》2014 年第 24 期。
② 袁红、杨婧：《信息觅食视角的学术信息探索式搜索行为特征研究》，《情报科学》2019 年第 5 期。
③ 袁红、杨婧：《信息觅食视角的学术信息探索式搜索行为特征研究》，《情报科学》2019 年第 5 期。

容搜索出来，只要报道的标题中或者内容中出现搜索关键词，就会被搜索出来，搜索结果符合要求。新闻标题承载了揭示新闻内容和评价新闻内容的作用，是对新闻事实与中心思想的高度概括与浓缩，[1] 通过标题进行关键词搜索能准确检索到关键词作为报道对象的新闻报道。而报道内容作为新闻报道的主体部分，要求对新闻事实做出客观、准确的反映，所以采用内容进行关键词搜索能检索到与关键词相关的新闻报道。

5.1.1.2.2 检索关键词探索

在搜索关键词时，将要搜索的关键词确定为"人工智能创作"类、人工智能创作替代性词汇类、具体人工智能创作程序类三种类型。

"人工智能创作"类

本书按照媒体报道的实际情况，将"人工智能创作"的检索内容进行可操作化界定，其中，"人工智能"操作化界定为："人工智能""AI""计算机""机器人"。

"创作"操作化界定为："创作""写诗""作诗""对对联""绘画""作画""画画""作词""填词""作曲""写小说""设计图案""编剧"。（虽然"电脑"与"计算机"所指一致，但是当本书试图采用"电脑"替代"人工智能"的硬件时，发现搜索结果准确率非常低，故没有采用"电脑"作为人工智能创作的一种类型进行分析）

以下采用两组内容的完全组合搭配的方式进行检索。

第一种，人工智能创作替代性词汇类

这部分词汇出现在人工智能创作早期，拥有专属的使用名称和一定的社会影响力，无法合并到"人工智能创作"的系列关键词中，所以予以单独列出。具体包括：写诗软件、写诗机、情诗生成器、诗歌生成器和小说生成器。

---

[1] 彭朝丞：《新闻标题的内涵及应掌握的要点》，《新闻前哨》1995年第1期。

第二种，具体人工智能创作程序类

本部分的关键词是基于近年来媒体报道相对较多的人工智能创作程序而设置，其中，有一部分是已经开放给用户使用的程序，有一部分尚未开放使用，但是也有媒体予以关注的程序。具体包括：1. AI 李白，2. 少女诗人小冰，3. 微软小冰写诗，4. 少女画家小冰，5. 微软小冰画，6. 阿里鹿班，7. Alibaba Wood，8. 清华九歌，9. 机器人薇薇，10. 道子智能绘画，11. 编诗姬，12. 偶得作诗机，13. 百度智能春联，14. 百度 AI 春联，15. 腾讯智能春联，16. 腾讯 AI 春联。

表 10　　　　　　　　　　**人工智能创作检索关键词汇总**

关键词类别	具体关键词
人工智能	1. 人工智能创作　　2. 人工智能写诗　　3. 人工智能作诗 4. 人工智能对对联　5. 人工智能绘画　　6. 人工智能作画 7. 人工智能画画　　8. 人工智能作词　　9. 人工智能填词 10. 人工智能作曲　　11. 人工智能写小说　12. 人工智能设计图案 13. 人工智能编剧
AI	1. AI 创作　2. AI 写诗　3. AI 作诗　4. AI 对对联　5. AI 绘画　6. AI 作画 7. AI 画画　8. AI 作词　9. AI 填词　10. AI 作曲　11. AI 写小说 12. AI 设计图案　13. AI 编剧
计算机	1. 计算机创作　2. 计算机写诗　3. 计算机作诗　4. 计算机对对联 5. 计算机绘画　6. 计算机作画　7. 计算机画画　8. 计算机作词 9. 计算机填词　10. 计算机作曲　11. 计算机写小说　12. 计算机设计图案 13. 计算机编剧
机器人	1. 机器人创作　2. 机器人写诗　3. 机器人作诗　4. 机器人对对联 5. 机器人绘画　6. 机器人作画　7. 机器人画画　8. 机器人作词 9. 机器人填词　10. 机器人作曲　11. 机器人写小说　12. 机器人设计图案 13. 机器人编剧
人工智能创作替代词汇	1. 写诗软件　2. 写诗机　3. 情诗生成器　4. 诗歌生成器　5. 小说生成器
具体人工智能创作程序	1. AI 李白　2. 少女诗人小冰　3. 微软小冰写诗　4. 少女画家小冰 5. 微软小冰画　6. 阿里鹿班　7. AlibabaWood　8. 清华九歌　9. 机器人薇薇 10. 道子智能绘画　11. 编诗姬　12. 偶得作诗机　13. 百度智能春联 14. 百度 AI 春联　15. 腾讯智能春联　16. 腾讯 AI 春联

（注：数据整理时将人工智能创作替代词汇合并为"诗歌小说写作软件"，少女诗人小冰和微软小冰写诗合并为微软小冰写诗；少女画家小冰和微软小冰画合并为微软小冰画画；百度智能春联和百度 AI 春联合并为百度智能春联；腾讯智能春联和腾讯 AI 春联合并为腾讯智能春联）

5.1.1.2.3　检索时间探索

检索时间按照关键词出现的具体报道时间进行年份确定，至 2019 年 12 月 31 日的所有报纸报道。通过对关键词报道时间的统计发现，媒体对人工智能创作问题的标志性的报道出现于 1982 年，所以，本书报道量统计的时间起点选择了 1982 年。

5.1.2　我国较早进行人工智能创作报道的报纸媒体及内容

5.1.2.1　较早进行计算机设计图案的报道

1982 年 11 月 19 日，《浙江日报》头版报道了题为《计算机智能模拟彩色平面图案创作系统在浙大诞生》的新闻（见图 33），导语是："一个技艺出众、不知疲倦的电脑'工艺美术专家'最近在浙江大学诞生。它的名字叫——计算机智能模拟彩色平面图案创作系统。"报道称，通过专家现场考核，认为这个创作系统属国内首创，并已达到国际先进水平。报道称，浙江美术学院邓白教授欣然题字："科学的创新，艺术的奇迹。"

图 33　潘云鹤正在计算机前进行现场操作（袁善德摄）

5.1.2.2　较早进行计算机作曲的报道

1984 年 12 月 18 日，《杭州日报》第 3 版刊登了评论《没有灵感的"作曲家"》（见图 34），对"没有灵感、也谈不上什么艺术修养的电子计算机居然也能'创作'音乐"的现象进行了介绍和评论。

图34　《没有灵感的"作曲家"》插图（劳瞿绘制）

5.1.2.3　较早进行计算机作诗的报道

1985 年 5 月 1 日，《浙江日报》第 4 版刊登了题为《文艺的"侦探"》的评论，针对"现代科学技术化作一个幽灵——计算机来敲文学艺术的大门"，"用计算机写出了诗，还是'最新潮流'的'朦胧诗'"的问题进行了探讨。

5.1.2.4　较早进行计算机拍电影的报道

1985 年 8 月 9 日，《浙江日报》第 4 版刊登了《用计算机拍电影》的消息，报道中介绍了 1982 年美国迪士尼电影制片厂摄制的动画片《朗特》使用了电子计算机"制作"活动图像时长达到 15 分钟，235个镜头，并介绍了我国在这一领域的一些初步尝试。

5.1.2.5　较早进行计算机作画的报道

1996 年 8 月 24 日，《浙江日报》第 3 版刊发了《向人类智能挑战》的针对潘云鹤教授的专访，专访中介绍了计算机作画的方法："运用形象思维的计算机，就像人作画一样，首先学画素描，通过训练，获取各种几何形状表面上光线明暗的规律、色彩的知识和彼此间影响的规律。有了这些丰富的形象知识，计算机作画就能模仿画家搞创作，由逐点改为块状作画，能画出具有真实感的彩色物体。如果计算机学的知识包括敦煌壁画的纹理，那么创作的作品就具有敦煌风格。"

5.1.2.6　较早进行计算机写小说的报道

1998 年 3 月 17 日，《浙江日报》第 5 版刊登了《"电脑小说家"写出处女作》的消息。报道称，据新华社伦敦 3 月 15 日电，美国科学家最近宣布研制出了能够写作一篇完整小说的计算机软件系统。这一"电脑小说家"的处女作是一篇 400 字左右的小说，该小说讲述的是一位教授之前同意一位博士生毕业而最终未能让他顺利毕业的故事。

5.1.2.7　较早进行计算机创作对联的报道

2005 年 11 月 2 日的《杭州日报》第 1 版和第 7 版报道了题为《全球计算机专家西湖论剑》的消息，报道了"二十一世纪的计算"大型学术研讨会，提到了微软亚洲研究院在会上展示了科研成果——计算机对"对联"。当输入"苏堤春晓秀"的上联后，计算机迅速对出下联"平湖秋月明"。输入"预防禽流感"，计算机对出"戒备艾滋病"。输入"西子盛装迎贵客"，计算机对出"南国新月照上宾"。

5.1.2.8　较早进行人工智能编剧的报道

2014 年 8 月 7 日，《天津日报》第 17 版报道了《"大数据"如何打造"全民电影"》的深度报道，其中介绍了"湖南卫视某部偶像剧编剧和百度平台'大数据'人工智能编剧联袂，使得电视剧获得较高收视率"的案例。

5.1.3　人工智能创作的报道统计量分析

通过对 1982—2019 年全国各级各类报纸 461 份的报道情况统计，媒体对于人工智能创作的报道情况如下。

5.1.3.1 媒体总报道量

从 1982—2019 年，媒体对人工智能创作的报道总数达到 5076 篇，从 1982 年出现相关报道起，2016—2019 年出现了规模化的报道，报道量最多的年份为 2017 年，为 1113 篇相关报道，在 2017—2019 年的三年间，呈现较为均衡的报道状态，均处于每年 1050 篇以上的报道量。

由图 35、图 36 可知，1982—2019 年媒体报道量的年度叠加图呈现从 2016 年大幅上扬的趋势。说明 2016 年起媒体对人工智能创作这个主题给予了非常多的关注。

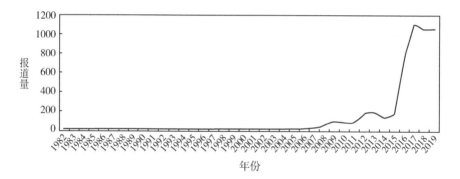

图 35 1982—2019 年度"人工智能创作"报纸报道量

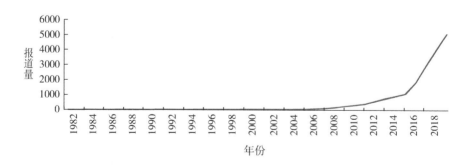

图 36 1982—2019 年度"人工智能创作"报纸报道量年度叠加图

5.1.3.2　媒体报道中的报道对象差异

由图 37 可知，在对人工智能创作这个主题进行报道的过程中，媒体的报道呈现报道对象提法不统一的特点。其中，使用最多的是"机器人创作"类（机器人写诗、机器人画画等）的报道，其次是"人工智能创作"类（人工智能写诗、人工智能画画）。而"AI 创作"类（计算机写诗、计算机画画）等近四年来报道量最少。

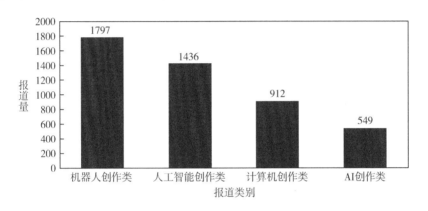

图 37　1982—2019 年度人工智能创作报道类别

5.1.3.3　人工智能创作不同类型的累计报道量存在差异

由图 38 可知，人工智能创作的不同类型中，媒体报道量最大的是人工智能绘画（1318 篇），其次是人工智能写诗（816 篇）和写小说（609 篇），关注度最低的是人工智能设计图案（30 篇）。

从图 39 至图 42 可以清晰地看出，2016 年媒体报道量最大的是人工智能写小说，2017 年媒体报道量最大的是人工智能写诗，2018 年和2019 年媒体报道量最大的是人工智能绘画。

5.1.4　人工智能创作的报道呈现的特点分析

5.1.4.1　人工智能创作的媒体关注度近年来大幅提升

牛津大学路透新闻研究所的一项研究表明，新闻行业在新闻创

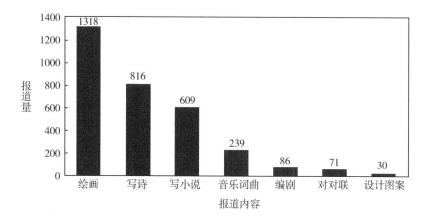

图38　1982—2019年度人工智能创作类型报道量

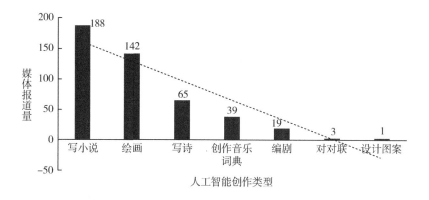

图39　2016年媒体报道人工智能创作类型

新中存在明显的"闪亮事物综合症"（Shiny Things Syndrome）——在缺乏明确的、以研究为基础的策略的情况下对技术的过分追求。[①]从本书对人工智能创作的媒体报道量的统计中可以明显看到这一点。从1982年至2019年的人工智能创作的报道统计可以看出，从1982年报道人工智能创作的相关新闻以来，总计报道量为5076篇。1982—

---

① Julie Posetti，"Time to Step Away from the 'Bright, Shiny Things'? Towards a Sustainable Model of Journalism Innovation in an Era of Perpetual Change"，https：//reutersinstitute. politics. ox. ac. uk/ sites/default/files/2018 – 11/Posetti_ Towards_ a_ Sustainable_ model_ of_ Journalism_ FINAL. pdf.

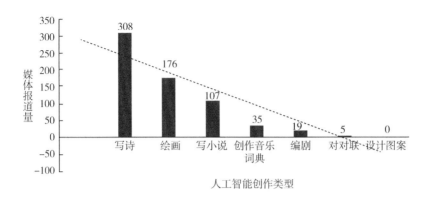

图 40　2017 年媒体报道人工智能创作类型

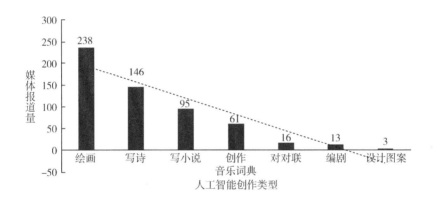

图 41　2018 年媒体报道人工智能创作类型

2015 年的报道总量为 1105 篇，平均每年折合 33.48 篇，平均每天在新闻媒体上仅有 0.09 篇人工智能创作的相关报道。而 2016—2019 年关于人工智能创作的报道总量为 3971 篇，平均每年折合 992.75 篇报道，平均每天在新闻媒体上有 2.72 篇人工智能创作的相关报道。以上的数据充分说明人工智能创作的问题虽然媒体从 1982 年前后就有零星报道，但是从 2016 年以后新闻媒体的报道量出现非常明显的变化。

此外，人工智能创作的替代性词汇——写诗软件、写诗机、诗歌生成器的报道均出现于 2006 年，小说生成器的报道出现于 2011 年，之后都有一些小规模的报道和提及。据本书统计，2006—2019 年，共有 239 篇

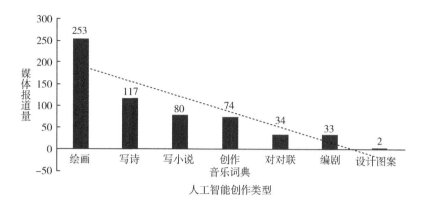

图42　2019年媒体报道人工智能创作类型

相关报道，而在2013年，出现了一次相对集中的媒体报道，2013年的报道量达到68篇。而具体的人工智能创作程序的报道中，最先进行报道的是2016年的作诗机器人薇薇，其余都是在2017年以后进行的报道，报道量为286篇，其中媒体最为关注的是微软小冰写诗，相关报道共69篇。

从统计的媒体报道量来看，2016年以后，人工智能创作的相关报道大幅度提升。究其原因，本书认为这与国家层面的人工智能发展战略密切相关。中国从2016年开始出台了一系列政策措施助推人工智能产业的发展：2016年8月，国务院印发《"十三五"国家科技创新规划》；2017年7月，国务院颁布《新一代人工智能发展规划》；2017年10月，人工智能被写入党的十九大报告；2017年12月，工信部颁布《促进新一代人工智能产业发展三年行动计划（2018—2020年）》；2020年，人工智能又作为"新基建"七大领域之一被列为重点发展领域。在国家强力助推下，包括人工智能创作在内的人工智能相关报道也从2016年起出现井喷之势。

5.1.4.2　媒体报道中，报道对象提法不统一并呈现出阶段性变化的特点

从图43的报道统计中看出，"计算机创作"类（包括计算机写

诗、绘画、对对联、音乐词曲、写小说、设计图案、编剧等）在媒体报道中出现较早，从 1982 年开始就有一些零星的报道出现，2007—2015 年报道量有所增加。据统计，1982—2015 年，共有 580 篇相关报道，而 2016—2019 年相关提法的报道量较之"人工智能创作"、"AI 创作"和"机器人创作"的提法的报道占比较小。而从 2016 年开始，"机器人创作""人工智能创作""AI 创作"等报道内容在媒体上大量出现。虽然媒体报道对象提法不统一，但是报道内容都指向了"人工智能创作"。其中，"机器人创作"在 2015 年以前仅有 313 篇报道，但是 2016—2019 年飙升至 1484 篇。"人工智能创作"在 2015 年前仅有 28 篇报道，但是 2016—2019 年的报道量达到 1408 篇。"AI 创作"在 2015 年前仅有 4 篇报道，但是 2016—2019 年也超过了报道持续时间最长的"计算机创作"，达到了 545 篇。统计数据显示，2016 年后，对人工智能创作的报道中呈现"机器人创作"、"人工智能创作"、"AI 创作"以及"计算机创作"四类共存的局面。

　　笔者认为，从统计的报道数据可以看出，面对人工智能创作这样的新事物，媒体的认知与社会的共识在同步进化。1982—2015 年，"计算机创作"成为媒体报道中主流的提法。"计算机创作"类报道虽然凸显了创作的硬件设备，引发了社会的关注，但存在提法笼统的问题。而从 2016 年开始，国家逐渐将人工智能作为一项基础设施进行建设和推动，"人工智能"这个词汇也因为国家大力推动下技术对社会的渗透而广受社会关注，使得从 2016 年开始媒体大量使用"人工智能创作""AI 创作"进行相关内容的报道，更准确地凸显了人工智能技术作为技术主体的特性。

　　而"机器人创作"的报道显然更符合媒体吸引受众关注的目的。虽然"机器人"具象性强，容易引起受众好莱坞电影似的想象和联想，但是目前绝大部分的人工智能创作都是以计算机程序的方式存在而并非实体，而当人们提到机器人的时候，更多的是实体存在的机器人，所以媒体"机器人创作"的提法虽然足够夺人眼球，但是更容易引导受众把人工智能创作与人类创作进行直接比较而产生危机感与敌意。

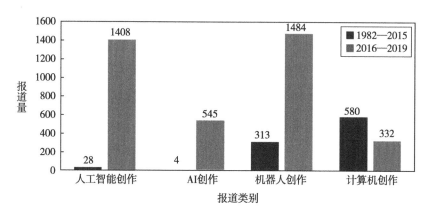

图43　人工智能创作报道量时段比较

5.1.4.3　媒体报道对不同的人工智能创作类型各有侧重

从报道统计可以看出，媒体对于人工智能创作类型的报道呈现不均衡的特点，其中，对于人工智能绘画给予了最多的关注。绘画作为一种适合对外展示的艺术创作形式，人工智能画展等方式本身就足以吸引媒体的目光，成为策展机构吸引社会关注的"媒介事件"，例如美图秀秀绘画机器人联手迪士尼开画展、微软小冰在中央美术学院美术馆举办"或然世界"画展等都受到了媒体的关注。而2018年10月法国艺术团体Obvious利用人工智能GAN模型生成的画作《埃德蒙·贝拉米像》在纽约举行的艺术品拍卖会上以43.25万美元（约合人民币300万元）的高价卖出的新闻更是受人关注，据粗略统计，在我国报纸中的报道量超过100篇。

人工智能写诗是所有创作类型中拥有最多可供普通用户使用程序的创作类型，虽然诗歌目前是一个相对小众的文学样式，但是人工智能写诗便于受众体验，引发的话题度较高。2017年微软小冰公开出版诗集《阳光失了玻璃窗》，在 2017 年的相关报道量达到 168 篇，成为人工智能创作领域的标志性事件，带动人工智能写诗成为 2017 年媒体最为关注的人工智能创作领域。

而人工智能写小说目前技术难度大，但是 2016 年日本人工智能写小说入围日本"新一文学奖"成为媒体竞相报道和提及的重要事件，带动了人工智能写小说成为 2016 年媒体最为关注的人工智能创作领域。

从媒体报道情况看，虽然人工智能创作由于本身在新闻价值中占据"新异性"特质，本身就足够吸引媒体的关注，但是在不同的人工智能创作领域，如果有一些新闻事件的助推，如比赛、展览、获奖、出版作品等形成新的话题，则极易引起媒体的关注进而成为社会焦点。

5.2　人工智能创作程序的扩散分析

——以清华九歌计算机诗词创作系统为例

5.2.1　清华九歌计算机诗词创作系统

清华九歌计算机诗词创作系统（简称"清华九歌"）来自清华大学智能技术与系统国家重点实验室，是由清华大学孙茂松教授领衔研究团队研发的人工智能古诗创作系统，由清华大学自然语言处理与社会人文计算实验室研发。该系统基于深度学习技术，结合多个为诗歌生成专门设计的模型，通过近 90 万首诗歌进行训练学习。"九歌"目前支持绝句生成、风格绝句生成、情感可控的藏头诗生成、律诗生成、集句诗生成以及 30 多种词牌名的生成。

本书选择以清华九歌计算机诗词创作系统作为案例进行人工智能创作程序的扩散分析，基于以下几点原因。

一是中国科学院院士、清华大学人工智能研究院院长张钹教授认为，清华九歌人工智能作诗系统的古诗创作能力代表了我国人工智能领域目前古诗创作的最高水平。

　　二是九歌计算机诗词创作系统可以通过专门的九歌网站使用，可以关注"九歌自动作诗"的微博账号点击链接使用，可以通过识别作品二维码使用，可以将程序使用链接分享到微信朋友圈和 QQ 空间，分享给微信好友、QQ 好友等，接触渠道多样，交互界面友好，使用方便，分享方便。

　　三是九歌曾经参加 2017 年 12 月 15 日中央电视台《机智过人》第 10 期的节目录制，同台挑战三位人类检验员。在节目中，通过了 48 位观众的图灵测试。《科技日报》《经济日报》《解放日报》等媒体均对九歌进行过报道。

　　基于程序本身的创作质量、程序的传播力以及媒体的关注度三个方面考虑，清华九歌均在人工智能创作领域具备较强的代表性。所以，本书选取清华九歌作为案例，研究它在社会中的扩散情况。

5.2.2　清华九歌作诗量

　　清华九歌自 2017 年 9 月正式上线以来，截至 2019 年 12 月，累计作诗量已经达到 7059418 首，平均每月作诗量达到 252122 首，每月作诗量标准差为 209574.5127（标准差是方差的算术平方根，反映出组内每个月作诗量间的离散程度）。从图 44 中可以看到，作诗量呈现不

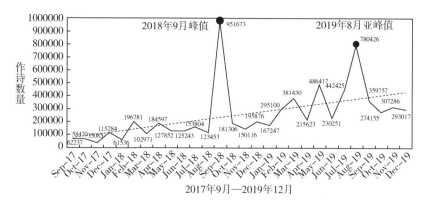

图44　2017 年 9 月至 2019 年 12 月清华九歌作诗量

稳定的上涨的状态。其中，清华九歌作诗峰值出现在 2018 年 9 月，亚峰值出现在 2019 年 8 月。

5.2.3　清华九歌计算机诗词创作系统扩散特点分析

5.2.3.1　清华九歌作诗量波动巨大

从清华九歌的作诗数据来看，清华九歌 2017 年 9 月的作诗量为 62237 首，但是 2018 年 9 月的作诗量为 951673 首，每月作诗量之间的离散程度非常大，标准差达到了 209574 首，反映出其作为一种程序应用，采纳情况波动很大。特别是当某一个节点推出活动，写诗量就会大幅度增长，而当活动结束后，写诗量又呈现回落的特点。本书认为，由于程序本身免费使用，具备使用简单、上手快的易用性特点和不满意就退出、满意就继续使用的可试性特点，使得程序的使用简单而且带有随意性，带来写诗量不稳定的情况。

5.2.3.2　活动推广显著影响清华九歌的作诗量变化

根据对清华九歌的调研得知，清华九歌作诗峰值出现在 2018 年 9 月，与研发团队的一项网络活动密不可分。当时清华九歌联合腾讯相册管家、中国国家地理，在中秋节推出了"诗与故乡"——以故乡地名写诗的 H5 应用。进入页面后用户选择故乡，再上传一张照片，清华九歌就生成相应的诗句。此活动使得清华九歌的作诗量攀升到了最大峰值，当月作诗数为 951673 首。此外，清华九歌作诗量亚峰值出现在 2019 年 8 月，原因是当时清华儿歌系统升级，推出了九歌 2.0 版本，新增了一些功能并且进行了宣传，所以当月作诗数量迅速形成了亚峰值 780426 首。2.0 版本的推出可以用"网络增值效应"来解释，根据 Mahler 和 Rogers 的研究，是指当接受人数增加时，商品和服务的品质也会随之提升的效应。①

---

① ［美］E. M. 罗杰斯：《创新的扩散》（第五版），唐兴通、郑常青、张延臣译，电子工业出版社 2016 年版，第 372 页。

　　而笔者在对具有作诗功能的小米音箱进行调研的过程中也发现，小米音箱在 2019 年 9 月配合教师节和中秋节的写诗活动，出现了当月写诗量比普通月份的写诗量增长数十倍的情况。而 2018 年春节期间，百分点联合《人民日报》推出"中国智能作诗拜年 H5 应用——AI 李白"通过《人民日报》平台、腾讯客户端进行广泛传播后，据《人民日报》的统计，点击量超过 1100 万。[①]

　　所以，人工智能创作程序作为一种从生产、传播到消费均在网络上完成的网络产品，程序采纳方面与实物的采纳存在很大的不同。营销推广活动对程序采纳会产生显著的影响。

　　5.2.3.3　清华九歌的用户作诗量的扩散曲线呈现近似直线上升的趋势，扩散处于增长期阶段

　　创新扩散过程包括 4 个阶段：引入期、增长期、成熟期和衰退期。本书对清华九歌的扩散阶段的判断是处于扩散的增长期阶段。原因有两个方面。一是 Shermesh 和 Tellis 2002 年搜集了 10 项商品在 16 个欧洲国家的销售资料，发现每个国家、每项新产品自上市到临界大多数达成，平均需要 6 年，其中信息和娱乐商品需要 2 年。[②] 清华九歌作为一款人工智能作诗程序，既属于信息产品，也属于娱乐商品，从 2017 年 9 月公开推广至今，将近 2 年零 4 个月的时间，比较符合 Shermesh 等人的研究时间点，所以笔者对清华九歌的扩散过程的判断是，它经历了扩散引入期阶段，进入扩散增长期阶段。

　　二是清华九歌的用户作诗量的扩散曲线并不符合传统的 S 形曲线，而是呈现近似直线上升的趋势（见图 45）。作为一个互联网上的在线使用程序，与实体的产品的一个巨大差异在于，实体产品使用者的基

---

①　苏秦君：《AI 李白人工智能作诗词传播活动》，苏秦会，2019 年 4 月 30 日，https：//mp. weixin. qq. com/s/LP1jHaj6qZvKqdGC3WTakQ，2020 年 2 月 20 日。

②　[美] E. M. 罗杰斯：《创新的扩散》（第五版），唐兴通、郑常青、张延臣译，电子工业出版社 2016 年版，第 373 页。

数是大致固定的，但是作为一款在线使用程序，用户的基数难以确定，也印证了笔者对清华九歌扩散处于扩散增长期阶段的判断。

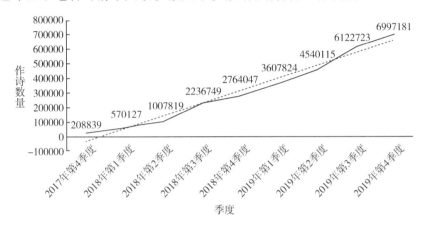

图 45　清华九歌作诗系统累计作诗量（2017—2019 年）

本章从两个方面着手来分析人工智能创作在系统层面的扩散情况：从全国的报纸媒体 1982—2019 年共 37 年间关于人工智能创作的相关报道梳理中，本书对较早进行人工智能创作相关报道的媒体和内容进行了分析探索，可以看到，囿于人工智能技术的发展，人工智能创作的不同类型的报道出现在媒体中的时间上存在很大的跨度。通过进一步对人工智能创作的相关报道进行数据统计可以看到，虽然对人工智能创作从 1982 年就有零星的报道，但是 2016 年后报道量呈现快速增长的趋势，而且随着人工智能创作技术的不断推进，媒体也在持续关注和报道。前文统计的报道曲线一定程度上可以从媒体视角反映出目前人工智能创作在社会层面的扩散处于扩散增长期阶段。在这个过程中，媒体报道对人工智能创作的提法不一并呈现出阶段性变化的特点，而且在不同的时间段，媒体对人工智能创作的关注内容上也呈现较大的差异性。

此外，本章对清华九歌计算机作诗系统的采纳数据进行了案例分析，从中窥视出人工智能创作程序的一些共性特征：一是人工智能创作程序使用量波动巨大；二是活动推广对于使用量的影响显著，这与媒体的报道呈现的特点形成一种对应关系；三是人工智能创作程序从总体上说处于扩散增长期阶段。这个结论与亿欧智库《2017 人工智能 + 内容生产研究报告》的研究结果一致："人工智能 + 内容生产的市场处于非常早期的阶段，如果把 AI 内容生产比作一场万里长征，目前的应用数量少、阶段早、领域窄、效果差，仅仅迈开了第一步。"①

---

① 亿欧智库：《2017 人工智能 + 内容生产研究报告》，亿欧，2017 年 12 月 13 日，http：//www. le365. cc/123546. html，2019 年 12 月 5 日。

第6章　人工智能创作在个体层面的扩散

人工智能创作的总体层面的扩散并不能解答个体行为的差异，即为什么有些人采用了这个技术，而有些人并不会采用。没有个体层面支持的扩散分析容易存在"生态谬误"的危险。本书采用定量研究的社会科学研究方法，对人工智能创作程序的个人使用和分享情况进行研究。本书在第2章的创新扩散理论、感知价值理论和相关文献的研究的基础上，提出了具体的研究问题和研究假设，拟探讨人口变量、创新扩散理论涉及变量（相对优势、兼容性、易用性、可试性、可观察性、流行程度、个人创新性、技术群采纳、媒介获取信息频率、社交媒体获取信息频率）与人工智能创作程序相关新增变量（作品艺术价值评价、科幻文艺爱好、感知价值和对人工智能创作的态度）对人工智能创作程序的使用和分享的影响。在本章的分析过程中，承接第2章提出的个体层面扩散的研究问题和研究假设，本章将分析变量测量情况、介绍调查方法与样本构成、对调查数据进行分析，回答提出的研究问题并对研究假设进行检验，对研究结果进行分析。

6.1　变量测量

6.1.1　人工智能创作程序的使用和分享变量

6.1.1.1　人工智能创作程序使用的相关问题及变量测量

调查对人工智能创作程序的使用从四个变量进行分析：人工智能

创作程序的使用个数、人工智能创作程序的使用频次、第一次使用程序的时间和继续使用意愿。

6.1.1.1.1 人工智能创作程序的使用个数

调查列举了17个主流的人工智能创作程序，采用多选的方式请受访者选择使用过的具体程序。

表 11 用户人工智能创作程序使用个数测量题项

变量	题项	题项来源
人工智能创作程序使用个数	1. 微软"电脑对联"	自编
	2. 百度"智能春联"	
	3. 微软"少女诗人小冰"	
	4. 清华 AI 九歌作诗	
	5. 华为乐府作诗	
	6. 京东李白写诗	
	7. AI 李白作诗	
	8. 奇迹 AI 小程序	
	9. 计算机诗人	
	10. 猎户星在线写诗软件	
	11. 稻香居作诗机	
	12. 微软"少女画家小冰"	
	13. 美图秀秀绘画机器人 Andy	
	14. 阿里鹿班海报设计	
	15. Arkie 设计助手小程序	
	16. 阿里 AlibabaWood 商品微电影创作机器人	
	17. 其他人工智能创作类程序	
	18. 全都没用过（跳转至结束）	

6.1.1.1.2 人工智能创作程序的使用频次

调查呈现出受访者上一题的选项，请受访者对选出的程序的具体使用频次分别进行选择。

6.1.1.1.3   第一次使用人工智能创作程序的时间

表 12　　　　　用户人工智能创作程序第一次使用时间测量题项

变量	题项	题项来源
人工智能创作程序 第一次使用时间	1. 2015 年及更早	自编
	2. 2016 年	
	3. 2017 年	
	4. 2018 年	
	5. 2019 年	
	6. 2020 年	

6.1.1.1.4   人工智能创作程序的继续使用意愿

表 13　　　　　用户人工智能创作程序继续使用意愿数测量题项

变量	题项	题项来源
人工智能创作程序 继续使用意愿	1. 一定不会	自编
	2. 可能不会	
	3. 不确定	
	4. 可能会	
	5. 一定会	

6.1.1.2   人工智能创作程序分享的变量测量

调查对人工智能创作程序的分享从两个变量进行分析：使用者是否分享程序或者作品、分享程序或者作品的频次。

6.1.1.2.1   是否分享程序或者作品

表 14　　　　　用户人工智能创作程序分享情况测量题项

变量	题项	题项来源
是否曾分享人工智能 创作程序	1. 没转发过	自编
	2. 曾经转发过	

6.1.1.2.2   分享程序或者作品的频次

调查列举了人工智能创作程序的三种分享渠道，分别统计分享频次。

表 15　　　　　　　　　用户人工智能创作程序分享频次测量题项

变量	题项	题项来源
人工智能创作程序分享频次	1. 转发到微信朋友圈、微博等平台	自编
	2. 通过微信私信转发给朋友和家人	
	3. 其他方式转发	

6.1.2　创新扩散理论相关变量的研究假设和变量测量

6.1.2.1　人工智能创作的创新认知的变量测量

相对优势变量测量中，主要参考罗杰斯提到的相对优势的具体方面：经济利润、较低的初始成本、较少的不舒适感、社会地位、节省的时间和精力以及回报的及时性[①]拟定测量题项。兼容性变量测量中，主要参考罗杰斯提到的创新兼容性是否和下面几种因素兼容：社会的价值体系和信仰体系、过去推广并被接受的思想、客户对创新的需求[②]拟定测量题项。可观察性变量测量中，罗杰斯认为技术创新的硬件方面的创新可观察性高，软件方面的创新可观察性低。但是人工智能创作作为一种从生产、传播到使用均在互联网上进行的"软件"，参考了变量相同的相关研究的量表拟订相关测量题项。易用性和复杂性变量测量中，参考了变量相同的相关研究的量表，针对人工智能创作的具体情况，拟订了相关测量题项。

表 16　　　　　　　用户对人工智能创作创新性认知评价测量题项

变量	题项	量表来源
相对优势	1. 人工智能创作程序大部分都免费使用	罗杰斯，2016 唐青秋，2019 张明新、韦路，2006 刘宜波，2019
	2. 人工智能创作程序让我觉得使用顺畅舒适	
	3. 使用人工智能创作程序是时尚的标志	

①　[美] E. M. 罗杰斯：《创新的扩散》（第五版），唐兴通、郑常青、张延臣译，电子工业出版社 2016 年版，第 243 页。

②　[美] E. M. 罗杰斯：《创新的扩散》（第五版），唐兴通、郑常青、张延臣译，电子工业出版社 2016 年版，第 252 页。

续表

变量	题项	量表来源
兼容性	1. 人工智能创作程序的研发和推广符合现在的社会价值体系	
	2. 人工智能创作程序的研发和推广符合人工智能促进社会发展的理念	
	3. 我本人对人工智能创作是有需求的	
易用性	1. 人工智能创作程序用起来很简单	
	2. 我很快就学会了如何使用人工智能创作程序	
可试性	1. 我可以尝试使用人工智能创作程序进行创作，不满意就退出	罗杰斯，2016 唐青秋，2019 张明新、韦路，2006 刘宜波，2019
	2. 如果试用人工智能创作程序觉得满意，我将继续使用它	
	3. 如果试用人工智能创作程序觉得满意，我将乐于尝试其他类型的人工智能创作程序	
可观察性	1. 我朋友和熟人曾在朋友圈转发人工智能创作的作品或程序链接	
	2. 我朋友和熟人曾通过微信私信给我推荐人工智能创作的作品或程序链接	
	3. 报纸、广播、电视、杂志上看到过相关报道	
	4. 网站上看到过相关报道	
	5. 微信公众号、微博上看到过相关内容	
	6. 我曾经看过人工智能画展	
	7. 我曾经买过人工智能写的诗集	
	8. 我身边的人会讨论有关人工智能创作的话题	

6.1.2.2　人工智能创作的流行程度感知的变量测量

表 17　　　　　　　对人工智能创作流行程度感知测量题项

变量	题项	量表来源
流行程度感知	1. 我的家人、亲戚、朋友、熟人使用过人工智能创作程序	张明新、韦路，2006 唐青秋，2019 J. H. Zhu，Zhou He，2002
	2. 社会上很多人使用过人工智能创作程序	
	3. 人工智能创作已经成为一种常见应用	

6.1.2.3　个人创新性的变量测量

表 18　　　　　　　　　　　**用户个人创新性测量题项**

变量	题项	量表来源
个人创新性	1. 我是一个愿意学习新思想的人	Lin, 1998①
	2. 我是一个愿意探索新技术的人	
	3. 我努力跟上新技术发展	
	4. 我是一个愿意承担风险的人	

6.1.2.4　技术群采纳的变量测量

表 19　　　　　　　　**用户人工智能技术群采纳情况测量题项**

变量	题项	题项来源
人工智能技术群采纳	1. 扫地机器人	自编，王海蕴，2018②
	2. 智能音箱	
	3. 聊天机器人	
	4. 手机语音助手	
	5. 语音导航	
	6. 《今日头条》等个性化资讯	
	7. 机器翻译	
	8. 无人机	
	9. 语音转文字/文字转语音	
	10. 智能录音笔	

6.1.2.5　媒介使用频率的变量测量

表 20　　　　**通过不同媒介获取信息、通过不同社交媒体获取信息的**

频率的测量题项

变量	题项	量表来源
媒介获取信息频率	1. 报纸	张洪忠：媒介公信力调查问卷（2018）

---

① Lin, C. A., "Exploring Personal Computer Adoption Dynamics", *Journal of Broadcasting & Electronic Media*, 1998, 42 (1), p. 95.

② 王海蕴：《我们身边的人工智能》，《财经界》2016 年第 7 期。

续表

变量	题项	量表来源
媒介获取 信息频率	2. 广播 3. 电视 4. 杂志 5. 网站 6. 手机	张洪忠：媒介 公信力调查问卷（2018）

6.1.2.6　社交媒体使用频率的变量测量

表 21　　　通过不同社交媒体获取信息的频率的测量题项

变量	题项	量表来源
社交媒体 获取信息频率	1. 微信 2. 微博 3. QQ 4. 知乎 5. Facebook/Twitter/Instagram 等国外社交软件	张洪忠：媒介 公信力调查问卷（2018）

6.1.3　本研究提出的新变量的研究假设和变量测量

6.1.3.1　艺术价值评价的变量测量

调查通过评分的方式，请程序使用者对人工智能创作的作品分别进行了 8 个维度的艺术价值评价。

表 22　　　用户对人工智能创作作品的艺术价值评价测量题项

变量	题项	题项来源
艺术价值评价	1. 创意 2. 使我学到新的东西 3. 艺术元素组合 4. 个人风格发展	Hong, J. （2019）[①]

---

① Hong, J. & Curran, N. M., "Artificial Intelligence, Artists, and Art", *ACM Transactions on Multimedia Computing, Communications, and Applications*, 2019, 15（2s）, pp. 1 – 16.

变量	题项	题项来源
艺术价值评价	5. 表达程度	Hong, J. (2019)[①]
	6. 与之前作品的差异度	
	7. 审美价值	
	8. 成功的思想交流	

6.1.3.2 科幻文艺爱好程度的变量测量

表 23　　　　　　　用户科幻文艺爱好程度测量题项

变量	题项	量表来源
科幻文艺爱好程度	1. 我喜欢看科幻影视作品	自编
	2. 我喜欢看科幻小说	

6.1.3.3 感知价值的变量测量

调查通过实用价值和享乐价值两个变量，请程序使用者对程序的感知价值进行评价。

表 24　　　　　　　用户对程序的感知价值测量题项

变量	题项	量表来源
实用价值	1. 使用人工智能创作程序使我更快地完成创作	Kim, H., Chan, H. C. & Gupta, S. (2007)
	2. 使用人工智能创作程序节约了我完成创作任务的精力	
	3. 使用人工智能创作程序使我更容易完成创作任务	
	4. 使用人工智能创作程序对我完成创作有帮助	
享乐价值	1. 使用人工智能创作程序给我带来很多乐趣	
	2. 我喜欢与人工智能创作程序互动	
	3. 我喜欢使用人工智能创作程序进行创作	

---

① Hong, J. & Curran, N. M., "Artificial Intelligence, Artists, and Art", *ACM Transactions on Multimedia Computing, Communications, and Applications*, 2019, 15 (2s), pp. 1 – 16.

6.1.3.4　对人工智能创作的态度的变量测量

表 25　　　　　　　用户对人工智能创作的态度测量题项

变量	题项	题项来源
对人工智能创作的态度	1. 我相信未来人工智能创作可能会在人类文艺创作的某些方面有用	Mendell, J. S., 1991[1], Pinto Dos Santos, 2019[2]
	2. 我相信未来人工智能创作可能会在我的文艺创作方面发挥作用	
	3. 我相信人工智能创作将会得到更多关注和支持	

6.1.4　人口变量测量

表 26　　　　　　　人口变量题项

变量	题项	
性别	1. 女	2. 男
年龄	1. 20 岁及以下	2. 21—30 岁
	3. 31—40 岁	4. 41—50 岁
	5. 51—60 岁	6. 61 岁以上
学历	1. 初中及以下	2. 高中、中专或职中
	3. 大专	4. 大学本科
	5. 硕博士	
月收入	1. 3000 元以下	2. 3000—5000 元
	3. 5000—7000 元	4. 7000—10000 元
	5. 10000—15000 元	6. 15000—20000 元
	7. 20000 元以上	

（注：其余人口变量信息见样本构成统计）

---

① Mendell, J. S., Palkon, D. S. & Popejoy, M. W., "Health Managers' Attitudes toward Robotics and Artificial Computer Intelligence: An Empirical Investigation", *J Med Syst*, 1991, 15 (3), pp. 197 – 204.

② Pinto Dos Santos, D., Giese, D., Brodehl, S., Chon, S. H., Staab, W., Kleinert, R., Baeßler, B., "Medical Students' Attitude towards Artificial Intelligence: A Multicentre Survey", *European Radiology*, 2019, 29 (4), pp. 1640 – 1646.

6.2 调查方法与样本构成

6.2.1 调查方法

"人工智能创作程序的使用情况"调查问卷通过 limesurvey 平台编制并利用极术云管理平台进行数据分发和存储。样本来源于极术云自建样本库和联盟样本库。在线样本库是基于受访者的特性、共性加以分类、组织、存储形成的数据集合，具有快速、高效、精准的特点，能够接触到传统调查接触不到的受访人群，实现地面拦截和一般网络社群投放、朋友圈投放和互联网开放平台邀请等无法完成的调查数据回收。

调查于 2020 年 1 月 21 日—23 日通过互联网邀请了在线样本库中的 10000 人参与此次调查，其中 3018 人点击了该项目，1494 人进行了答题，最终获得了 519 个有效样本，合格率为 34%。该调查由极术云随机向目标样本发送问卷链接进行在线填写邀请，完成问卷被访者获得 5 元的奖励，每份问卷平均填答时间为 7 分 08 秒，调查数据使用 SPSS20 进行分析。

6.2.2 样本构成

6.2.2.1 性别统计

问卷调查的有效样本中，男性受访者为 291 人，占比为 56.1%，女性受访者为 228 人，占比为 43.9%，男性受访者人数多于女性受访者人数。

表 27　　　使用人工智能创作程序受访者的性别统计（N=519）

性别	频次（次）	百分比（%）
男	291	56.1
女	228	43.9
总计	519	100

6.2.2.2　年龄统计

问卷调查的有效样本中，20—40 岁的受访者高度集中，达到 489 人，占比为 94.2%。一定程度上反映出人工智能创作程序的使用人群年龄特点。

表 28　　　使用人工智能创作程序受访者的年龄统计（N＝519）

年龄	频次（次）	百分比（%）
20 岁及以下	4	0.8
21—30 岁	241	46.4
31—40 岁	248	47.8
41—50 岁	26	5
总计	519	100

6.2.2.3　学历统计

问卷调查的有效样本中，大学本科学历受访者为 358 人，占比为 69%，其次是大学专科学历受访者，共 94 人，占比为 18.1%。一定程度上反映出人工智能创作程序的使用人群学历特点。

表 29　　　使用人工智能创作程序受访者的学历统计（N＝519）

学历	频次（次）	百分比（%）
初中	7	1.3
高中、中专或职中	35	6.7
大专	94	18.1
大学本科	358	69
硕博士	25	4.8
总计	519	100

6.2.2.4　职业统计

问卷调查的有效样本中，受访者职业分布较为分散，其中，国营、私营、三资企业的工人最多，为 115 人，占比为 22.2%，其次为专业技术人员、教师、医生，为 106 人，占比为 20.4%，排在第三的职业是一般职员、文员、秘书，为 88 人，占比为 17%。

表30　　　　　　使用人工智能创作程序受访者的职业统计（N＝519）

职业	频次（次）	百分比（%）
农民或外来民工	3	0.6
国营、私营、三资企业的工人	115	22.2
初高中/中专学生	2	0.4
高校学生	1	0.2
商业服务业人员	38	7.3
个体工商户	50	9.6
自由职业者	46	8.9
一般职员/文员/秘书	88	17
专业技术人员/教师/医生	106	20.4
私营企业主	14	2.7
公检法/军人/武警	1	0.2
企业领导或管理人员	32	6.2
机关/事业单位干部	17	3.3
其他	6	1.2
总计	519	100

6.2.2.5　月收入统计

问卷调查的有效样本中，月收入为 5000—7000 元的受访者最多，为 245 人，占比为 47.2%。其次为月收入 7000—10000 元的受访者，为 114 人，占比为 22%。从统计数据来看，月收入为 5000—10000 元的受访者占比近七成。

表31　　　　使用人工智能创作程序受访者的月收入统计（N＝519）

月收入（元）	频次（次）	百分比（%）
3000 元以下	9	1.7
3000—5000 元	105	20.2
5000—7000 元	245	47.2
7000—10000 元	114	22
10000—15000 元	38	7.3
15000—20000 元	8	1.5
总计	519	100

6.2.2.6　居住地统计

问卷调查的有效样本涵盖了全国 34 个省、自治区和直辖市中的 30 个，具有较强的地域代表性。其中，居住地为河北的受访者最多，为 56 人，占比为 10.8%，其次为广东的受访者，为 50 人，占比为 9.6%，排在第三位的是山西的受访者，为 38 人，占比为 7.3%。

表 32　　　使用人工智能创作程序受访者的居住地统计（N = 519）

地域	频次（次）	百分比（%）	地域	频次（次）	百分比（%）
北京市	16	3.1	天津市	15	2.9
上海市	25	4.8	重庆市	26	5.0
河北省	56	10.8	山西省	38	7.3
辽宁省	29	5.6	吉林省	15	2.9
黑龙江省	11	2.1	江苏省	27	5.2
浙江省	28	5.4	安徽省	15	2.9
福建省	16	3.1	江西省	5	1.0
山东省	34	6.6	河南省	15	2.9
湖北省	10	1.9	湖南省	17	3.3
广东省	50	9.6	海南省	4	0.8
四川省	24	4.6	贵州省	3	0.6
云南省	7	1.3	陕西省	6	1.2
甘肃省	5	1.0	青海省	1	0.2
内蒙古自治区	2	0.4	广西壮族自治区	12	2.3
宁夏回族自治区	4	0.8	新疆维吾尔自治区	3	0.6
总计	519（频次）		100（百分比）		

6.2.2.7　居住地类别统计

问卷调查的有效样本中，居住地为省会城市或直辖市的市区的受访者占比最多，为 247 人，占比为 47.6%，其次为居住地为省会城市或直辖市的郊区的受访者，为 108 人，占比为 20.8%，排在第三位的是居住地为地级市市区的受访者，为 89 人，占比为 17.1%。三类人群的占比达到了 85.5%，一定程度上反映出人工智能创作程序的使用者较为集中地居住在省会城市或直辖市、地级城市市区的特点。

表 33   使用人工智能创作程序受访者的居住地类别统计（N=519）

居住地类别	频次（次）	百分比（%）
省会城市或直辖市的市区	247	47.6
省会城市或直辖市的郊区	108	20.8
地级城市市区	89	17.1
地级城市的郊区	16	3.1
县级城市的市区	40	7.7
乡镇	15	2.9
农村	4	0.8
总计	519	100

6.3   数据分析及假设检验

6.3.1   问卷量表的信度和效度分析

6.3.1.1   问卷量表的信度分析

信度（reliability）是指量表测量结果的可靠性、稳定性和一致性。信度用来反映测量误差引起的变异程度。本书采用内部一致性信度（internal consistent reliability）进行信度分析，以条目之间的联系程度对信度进行评估。信度指标采用克隆巴赫 α 系数（Cronbach's alpha）表示，该系数取值在 0—1，一般认为整体量表的克隆巴赫 α 系数最好在 0.8 以上，0.7—0.8 表示信度较好；分量表的克隆巴赫 α 系数最好在 0.7 以上，0.6—0.7 表示信度尚可。本文运用 SPSS20 测量量表信度。

从表 34 中可以看到，分量表中相对优势、兼容性、可试性的 α 系数超过 0.6，说明信度尚可；分量表中流行程度、实用价值、享乐价值、对人工智能创作的态度、个人创新性的 α 系数超过 0.7，说明信度较好；分量表中可观察性、作品艺术价值评价的 α 系数超过 0.8，说明信度非常好。而易用性和科幻文艺爱好两个变量均仅有两个指标变量，无法进行信度分析，其中，易用性的两个指标变量的相关系数为 0.494 **，科幻文艺爱好的两个指标变量的相关系数为 0.532 **，变量的相关系数介于 0.3—0.8，属于中度相关。

表 34 "人工智能创作程序的使用情况"调查中相关量表的信度分析

量表名称	测量指标数	a 系数
相对优势	3	0.658
兼容性	3	0.664
可试性	3	0.651
可观察性	8	0.815
流行程度	3	0.743
实用价值	4	0.786
享乐价值	3	0.717
对人工智能创作的态度	3	0.727
作品艺术价值评价	8	0.810
个人创新性	4	0.720

6.3.1.2 效度分析

效度（validity）是用来评价量表的准确度、有效性和正确性的，目的在于体现测量工具的实际测定结果和预想结果的符合程度。

本书主要采用内容效度和结构效度来对量表的有效性进行评价。内容效度（content validity）方面，本研究的调查问卷题项大部分都来自成熟的变量测量题项，英文题项也采用了回译法和专家试填的方式，具有较好的内容效度。

结构效度（construct validity）用于测量结果的内在成分与预设测量的领域一致。采用因子分析的方法测量问卷的效度。因子分析前需要使用 SPSS 中的 KMO 和 Barlett 球体检验对相关数据进行分析。其中，KMO 统计量检验的是变量之间的偏相关性，KMO 值介于 0—1，当 KOM 值大于 0.5，说明可以进一步做因子分析；Barlett 球体检验用于检验相关矩阵是否为单位矩阵，当检验指标小于 0.05（P < 0.05），适于做因子分析。只有同时达到上述两个标准，才能说明问卷具有结构效度。本书

运用 SPSS20 测量量表效度。因子分析采用主成分分析法，运用最大方差法进行因子旋转，抽取特征值大于 1 的所有因子。

表 35   "人工智能创作程序的使用情况" 相关量表的

KMO 和 Barlett 球形检验结果

检测变量	KMO	Bartlett 球形检验		
		近似卡方（Approx. Chi-Square）	自由度（df）	显著性（sig.）
相对优势	0.656	214.932	3	0.000
兼容性	0.654	224.753	3	0.000
易用性	0.500	144.355	1	0.000
可试性	0.656	205.737	3	0.000
可观察性	0.835	822.866	15	0.000
流行程度	0.669	361.021	3	0.000
实用价值	0.784	557.060	6	0.000
享乐价值	0.674	300.992	3	0.000
对人工智能创作的态度	0.684	314.216	3	0.000
作品艺术价值评价	0.882	951.375	28	0.000
个人创新性	0.738	398.685	6	0.000
科幻文艺爱好	0.500	171.632	1	0.000

注：显著性水平在 0.05 以下，有显著差异

表 35 数据显示，除了对人工智能创作程序易用性感知和受访者科幻文艺爱好的 KMO 值恰好为 0.5，其余所有检测变量的 KMO 值均大于 0.6，Bartlett 球形检验具有显著差异，因此，各个变量适合进一步做因子分析。

表 36   "人工智能创作程序的使用情况" 调查中相关变量因子载荷

检测变量	问题编号	因子载荷
相对优势	1	0.769
	2	0.790
	3	0.753

续表

检测变量	问题编号	因子载荷
兼容性	1	0.801
	2	0.776
	3	0.742
可试性	1	0.757
	2	0.776
	3	0.768
可观察性	1	0.693
	2	0.738
	3	0.638
	4	—
	5	—
	6	0.713
	7	0.717
	8	0.749
流行程度	1	0.766
	2	0.818
	3	0.853
实用价值	1	0.786
	2	0.762
	3	0.791
	4	0.783
享乐价值	1	0.809
	2	0.769
	3	0.818
对人工智能创作的态度	1	0.801
	2	0.806
	3	0.806
作品艺术价值评价	1	0.688
	2	0.641
	3	0.591
	4	0.672

检测变量	问题编号	因子载荷
作品艺术价值评价	5	0.648
	6	0.644
	7	0.683
	8	0.671
个人创新性	1	0.787
	2	0.762
	3	0.759
	4	0.638

（注：变量中的"易用性"和"科幻文艺爱好"由于只有两个指标变量，无法做因子分析。在进行人工智能创作程序的"可观察性"8个题项的因子分析中，出现了两个因子，删除了因子2的两个题项后，保留了6个题项作为"可观察性"的题项）

表36数据显示，所有检测变量的变量指标的因子载荷都达到了0.5以上，所以在后面的分析中，可以保留这些变量指标进行后续分析。

6.3.2　因变量的描述性统计分析

本研究的因变量有两个，一个是人工智能创作程序的采纳使用情况，一个是人工智能创作程序的分享情况。

人工智能创作程序的使用情况，因为本次问卷调查针对的受访者为使用过人工智能创作程序的人群，所以采纳情况具体采用四个方面衡量：人工智能创作程序第一次使用时间、人工智能创作程序使用个数、人工智能创作程序使用频数和人工智能创作程序继续使用意愿。

人工智能创作程序的转发情况，采用两个方面进行衡量：是否分享过人工智能创作程序、分享人工智能创作程序的频次。

6.3.2.1　人工智能创作程序的采纳情况统计分析

6.3.2.1.1　受访者首次使用人工智能创作程序的时间

本部分的分析回应了RQ1：受访者是在哪一年第一次使用人工智能创作程序的？人口变量在第一次使用中体现出什么差异？

受访者首次使用人工智能创作程序的概况如下。

　　调查中该变量提供的选项根据人工智能创作程序的发展情况分为 6 个时间点：2015 年及以前、2016 年、2017 年、2018 年、2019 年和 2020 年。在后期的数据处理中，将变量的选项根据使用时间的先后，分别编码为 1—6，1 代表 2020 年首次使用，2 代表 2019 年首次使用，3 代表 2018 年首次使用，4 代表 2017 年首次使用，5 代表 2016 年首次使用，6 代表 2015 年及以前首次使用人工智能创作程序。数字越大表明采纳的时间越早。

　　由图 46 可知，受访者（N = 519）中，首次使用人工智能创作程序的时间最为集中的是 2018 年（224 人，43.2%），其次为 2019 年（199 人，38.3%）。

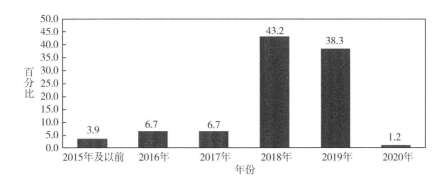

图 46　受访者首次使用人工智能创作程序时间（N = 519）

　　受访者使用人工智能创作程序的时间与性别、年龄、收入、学历、所在地的交叉分析如下。

表 37　　　　受访者人口变量与第一次使用人工智能创作程序时间的
　　　　　　　　　　交叉分析（N = 519）

人口变量			第一次使用人工智能创作程序的时间						合计
			2015 年及以前	2016 年	2017 年	2018 年	2019 年	2020 年	
性别	男	计数	4	18	16	128	120	5	291
		性别的（%）	1.4	6.2	5.5	44.0	41.2	1.7	100.0

续表

人口变量			第一次使用人工智能创作程序的时间						合计
			2015 年及以前	2016 年	2017 年	2018 年	2019 年	2020 年	
性别	女	计数	16	17	19	96	79	1	228
		性别的（%）	7.0	7.5	8.3	42.1	34.6	4	100.0
年龄	20 岁及以下	计数	0	0	1	0	3	0	4
		年龄的（%）	0.0	0.0	25.0	0.0	75.0	0.0	100.0
	21—30 岁	计数	8	7	17	98	107	4	241
		年龄的（%）	3.3	2.9	7.1	40.7	44.4	1.7	100.0
	31—40 岁	计数	12	28	14	119	75	0	248
		年龄的（%）	4.8	11.3	5.6	48.0	30.2	0.0	100.0
	41—50 岁	计数	0	0	3	7	14	2	26
		年龄的（%）	0.0	0.0	11.5	26.9	53.8	7.7	100.0
学历	初中	计数	0	2	2	2	1	0	7
		学历的（%）	0.0	28.6	28.6	28.6	14.3	0.0	100.0
	高中/中专/职中	计数	2	1	1	15	15	1	35
		学历的（%）	5.7	2.9	2.9	42.9	42.9	2.9	100.0
	大专	计数	4	5	8	41	35	1	94
		学历的（%）	4.3	5.3	8.5	43.6	37.2	1.1	100.0
	大本	计数	12	24	22	156	140	4	358
		学历的（%）	3.4	6.7	6.1	43.6	39.1	1.1	100.0
	硕博士	计数	2	3	2	10	8	0	25
		学历的（%）	8.0	12.0	8.0	40.0	32.0	0.0	100.0
收入	3000 元以下	计数	1	1	2	2	3	0	9
		收入的（%）	11.1	11.1	22.2	22.2	33.3	0.0	100.0
	3000—5000 元	计数	9	6	17	46	26	1	105
		收入的（%）	8.6	5.7	16.2	43.8	24.8	1.0	100.0
	5000—7000 元	计数	1	10	10	120	103	1	245
		收入的（%）	4	4.1	4.1	49.0	42.0	0.4	100.0
	7000—10000 元	计数	7	9	5	41	51	1	114
		收入的（%）	6.1	7.9	4.4	36.0	44.7	0.9	100.0

人口变量			第一次使用人工智能创作程序的时间						合计
			2015 年及以前	2016 年	2017 年	2018 年	2019 年	2020 年	
收入	10000—15000 元	计数	2	7	1	12	14	2	38
		收入的（%）	5.3	18.4	2.6	31.6	36.8	5.3	100.0
	15000—20000 元	计数	0	2	0	3	2	1	8
		收入的（%）	0.0	25.0	0.0	37.5	25.0	12.5	100.0
合计		计数	20	35	35	224	199	6	519
		居住地的（%）	3.9	6.7	6.7	43.2	38.3	1.2	100.0

表 38　　　　受访者人口变量与第一次使用人工智能创作程序

时间交叉分析的卡方检验（N = 519，Pearson 卡方）

内容	值	df	渐进 Sig.（双侧）
性别和第一次使用时间	15.756[a]	5	0.008
年龄和第一次使用时间	47.824[a]	15	0.000
学历和第一次使用时间	18.693[a]	20	0.542
月收入和第一次使用时间	82.749[a]	25	0.000

笔者根据表 37 和表 38 进行如下分析。

性别和第一次使用时间的交叉分析显示，男性（44%）和女性（42.1%）受访者均是 2018 年首次使用人工智能创作程序的人数最多。性别和第一次使用时间的卡方检验显示，显著性值为 0.008，小于 0.05，说明受访者的性别和第一次使用时间存在相关性。

年龄和第一次使用时间的交叉分析显示，20 岁及以下受访者大部分是 2019 年首次使用人工智能创作程序（75%），21—30 岁受访者 2019 年首次使用人工智能创作程序的人数占比最多（44.4%），31—40 岁受访者 2018 年首次使用人工智能创作程序的人数占比最多（48%），41—50 岁受访者 2019 年首次使用人工智能创作程序的人数占比最多（53.8%），从分析来看，31—40 岁受访者较其他年龄阶段的受访者早 1 年首次使用人工智能创作程序。年龄和第一次使用时间的卡方检验显示，显著性值为 0.000，说明受访者的年龄和第一次使用时间存在相关性。

学历和第一次使用时间的交叉分析显示，初中学历受访者的第一次使用时间（2016 年、2017 年、2018 年首次使用人数各占 28.6%）早于其他学历的受访者。高中、中专、职中的受访者第一次使用时间为 2018、2019 年（两年使用人数均为 42.9%），大专（43.6%）、大学本科（43.6%）和硕博士（40%）的受访者的第一次使用时间都是 2018 年。学历和第一次使用时间的卡方检验显示，显著性值为 0.542，说明受访者的学历和第一次使用时间不存在相关性。

月收入和第一次使用时间的交叉分析显示，月收入 3000 元以下的受访者 2019 年使用人工智能创作程序的较多（33.3%），月收入 3000—5000 元的受访者 2018 年使用的人数较多（43.8%），月收入 5000—7000 元的受访者 2018 年使用的人数较多（49%），月收入 7000—10000 元的受访者 2019 年使用的人数较多（44.7%），月收入 10000—15000 元的受访者 2019 年使用的人数较多（36.8%），月收入 15000—20000 元的受访者 2018 年使用的人数较多（37.5%）。月收入和第一次使用时间的卡方检验显示，显著值为 0.000，说明受访者的月收入和第一次使用时间存在相关性。

综上，人口变量中，受访者的性别、年龄、月收入与第一次使用人工智能创作程序的时间存在相关性。大部分男性和女性第一次使用人工智能创作程序的时间在 2018 年。大部分 31—40 岁的受访者于 2018 年使用人工智能创作程序，其他年龄段受访者大部分于 2019 年使用。各个收入段的大部分受访者均于 2018 年、2019 年使用人工智能创作程序。

6.3.2.1.2 受访者使用过的人工智能创作程序

调查中提供了 16 个具备较强代表性、目前可以使用的人工智能创作程序：1. 微软"电脑对联"，2. 百度"智能春联"，3. 微软"少女诗人小冰"，4. 清华 AI 九歌作诗，5. 华为乐府作诗，6. 京东李白写诗，7. AI 李白作诗，8. 奇迹 AI 小程序，9. 计算机诗人，10. 猎户星在线写诗软件，11. 稻香居作诗机，12. 微软"少女画家小冰"，13. 美图秀秀绘画机器人 Andy，14. 阿里鹿班海报设计，15. Arkie 设计助手小程序，16. 阿里 AlibabaWood 商品微电影创作机器人以及一个不确定的人工智能创作程序选项"其他人工智能创作类程序"，作为备选项请受访者进行多选。

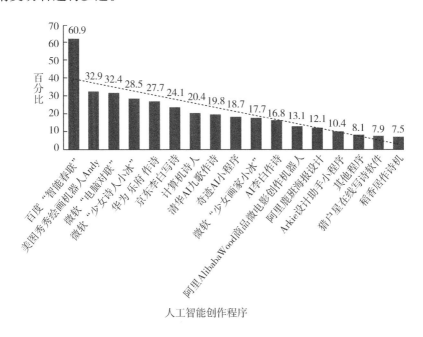

人工智能创作程序

图 47　受访者使用过的人工智能创作程序（N＝519）

由图 47 可知，受访者使用过的人工智能创作程序呈现出多样化的特点。其中，排在前十位的人工智能创作程序有：1. 百度"智能春联"（316 人，60.9%）；2. 美图秀秀绘画机器人 Andy（171 人，32.9%）；3. 微软"电脑对联"（168 人，32.4%）；4. 微软"少女诗人小冰"（148 人，28.5%）；5. 华为乐府作诗（144 人，27.7%）；6. 京东李白写诗（125 人，24.1%）；7. 计算机诗人（106 人，20.4%）；

8. 清华 AI 九歌作诗（103 人，19.8%）；8. 奇迹 AI 小程序（97 人，18.7%）；9. 微软"少女画家小冰"（92 人，17.7%）；10. AI 李白作诗（87 人，16.8%）。使用最少的是较早推出的猎户星在线写诗软件（41 人，7.9%）和稻香居作诗机（39 人，7.5%）。

6.3.2.1.3　受访者使用过的人工智能创作程序个数统计分析

本部分的研究回应了 QR2：受访者使用过多少个人工智能创作程序？人口变量在使用个数中体现出什么差异？

在数据处理过程中，本书将第 1 题的 17 个多选的结果进行加总，得到了受访者使用人工智能创作程序个数的新变量（N = 519）。该变量的均值为 3.59 个，中值为 3 个，标准差为 1.395。

受访者使用过的人工智能创作程序的个数情况分析如下。

由图 48 可知，受访者使用过的人工智能创作程序最少为 1 个，最多为 10 个。其中，使用过 3 个的受访者占比最多（214 人，41.2%），其次为使用过 4 个的受访者（136 人，26.2%），使用过 10 个的受访者最少（1 人，0.2%）。

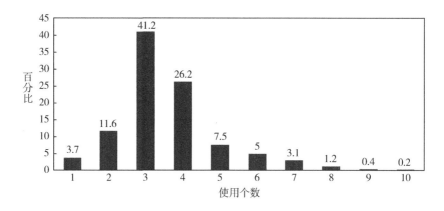

图 48　受访者使用过的人工智能创作程序个数（N = 519）

受访者的性别、年龄、收入、学历与使用人工智能创作程序的个数的差异分析如下。

由表 39 可以看到，在受访者中不同性别（F = 9.471，P < 0.01）、收入（F = 5.594，P < 0.01）、学历（F = 4.902，P < 0.01）的受访者在人工智能创作程序使用个数上存在显著差异。

表 39　　　　　受访者人口变量与人工智能创作程序的使用个数的

均值比较（N = 519）

人口变量	选项	均值	标准差	F 值	相关系数
受访者整体情况		3.59	1.395	—	—
性别	男	3.43	1.322	9.471 ** (P = 0.002)	− 0.134 ** (P = 0.002)
	女	3.80	1.457		
年龄	20 岁及以下	3	1.633	1.810	0.101 * (P = 0.021)
	21—30 岁	3.46	1.268		
	31—40 岁	3.69	1.526		
	41—50 岁	3.92	1.055		
收入	3000 元以下	4.22	1.922	5.594 ** (P = 0.000)	0.136 ** (P = 0.002)
	3000—5000 元	3.55	1.352		
	5000—7000 元	3.34	1.14		
	7000—10000 元	3.87	1.531		
	10000—15000 元	4.05	1.845		
	15000—20000 元	5	2		
学历	初中	2.71	1.496	4.902 ** (P = 0.001)	0.125 ** (P = 0.004)
	高中、中专或职中	3.06	1.136		
	大专	3.72	1.402		
	大学本科	3.56	1.349		
	硕博士	4.48	1.828		

（注：性别处理为 0 和 1 的虚拟变量，其中 0 代表女性，1 代表男性）

由相关分析可以看出，性别与使用人工智能创作程序的个数呈现显著负相关关系（相关系数为 − 0.134 **），由于预设的选项中"0"是女，"1"是男，意味着女性比男性使用更多的人工智能创作程序。年龄与使用人工智能创作程序的个数呈现正相关性（相关系数为 0.101 *），意味着年龄的增长与人工智能创作程序的使用个数的增长成正比例关系。收

入与使用人工智能创作程序的个数呈现显著正相关性（相关系数为
0.136**），意味着收入的增加与使用人工智能创作程序的个数成正比。
学历与人工智能创作程序的个数呈现显著正相关性（相关系数为
0.125**），意味着学历提高与使用人工智能创作程序的个数增长成正比。

6.3.2.1.4　受访者使用各个人工智能创作程序的平均频次

从表40和图49可以看到，受访者使用人工智能创作程序的评分
均值在2—3.24之间，因为本题的选项设置情况为：1分为用过1次，
2分为用过2—3次，3分为用过4—5次，4分为用过6—7次，5分为
用过8次及以上，所以评分均值反映出人工智能创作程序的平均使用
情况为2—3次到6—7次之间（偏向4—5次）。从统计数据来看，受
众使用各个人工智能创作程序的次数相差不大。

表40　　　　　　　**受访者使用人工智能创作程序的平均程度**

人工智能创作程序	N	均值	标准差
1. 微软"电脑对联"	168	2.44	1.019
2. 百度"智能春联"	316	2.56	1.063
3. 微软"少女诗人小冰"	148	2.61	1.123
4. 清华AI九歌作诗	103	2.57	1.044
5. 华为乐府作诗	144	2.57	1.075
6. 京东李白写诗	125	2.46	1.074
7. AI李白作诗	87	2.69	1.092
8. 奇迹AI小程序	97	2.57	0.978
9. 计算机诗人	106	2.58	1.218
10. 猎户星在线写诗软件	41	2.59	1.204
11. 稻香居作诗机	39	2	1.051
12. 微软"少女画家小冰"	92	2.7	1.107
13. 美图秀秀绘画机器人Andy	171	3.24	1.295
14. 阿里鹿班海报设计	63	2.78	1.184
15. Arkie设计助手小程序	54	2.65	1.2
16. 阿里AlibabaWood商品微电影创作机器人	68	2.54	1.139
17. 其他人工智能创作类程序	42	3.02	1.297

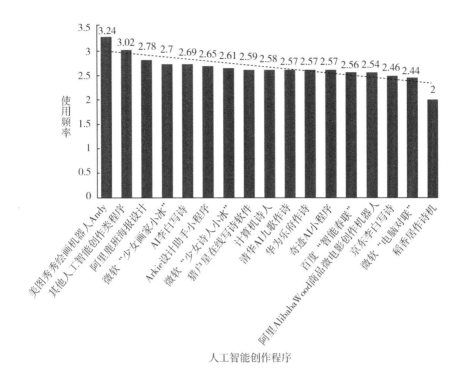

图 49　受访者使用人工智能创作程序的程度

使用次数最多的人工智能创作程序是"美图秀秀绘画机器人 An-dy"（N = 171，均值 3.24，标差为 1.295），其次是"其他人工智能创作类程序"（N = 42，均值 3.02，标差 1.297），均值均超过 3 分，意味着使用过的用户平均的使用次数为 4—5 次以上。使用次数最少的人工智能创作程序为"稻香居作诗机"（N = 39，均值 2，标差 1.051），意味着使用过的用户平均次数为 2—3 次。

6.3.2.1.5　受访者使用人工智能创作程序频次的均值

本部分的研究回应了 QR3：受访者使用人工智能创作程序的平均频次如何？人口变量在程序使用频次中体现出什么差异？

受访者使用人工智能创作程序频次的均值如下。

本书将各个人工智能创作程序的使用情况进行加总并求平均，得到人工智能创作程序使用的复合变量，该变量均值为 2. 6111，标差为 0. 86252，意味着受访者使用一个人工智能创作程序的次数在 2—3 次到 4—5 次（偏 4—5 次）。

受访者的性别、年龄、收入、学历与使用人工智能创作程序的频次差异分析如下。

由表 41 可以看到，受访者中不同收入的群体对人工智能创作程序使用频次呈现显著差异（F = 3. 497，P < 0. 01）。其余人口变量均未显示出人工智能创作程序使用频次上的差异。

表 41　受访者人口变量与人工智能创作程序使用频次的比较（N = 519）

人口变量	选项	均值	标准差	F 值	相关系数
受访者整体情况		2. 6111	0. 86252	—	—
性别	男	2. 6478	0. 87748	1. 201	0. 079
	女	2. 5642	0. 84264		
年龄	20 岁及以下	2. 3667	1. 67465	1. 720	0. 048
	21—30 岁	2. 5280	0. 82127		
	31—40 岁	2. 6986	0. 87939		
	41—50 岁	2. 5833	0. 89972		
收入	3000 元以下	2. 1713	1. 08771	3. 497 ** (P = 0. 004)	0. 169 ** (P = 0. 000)
	3000—5000 元	2. 4578	0. 83989		
	5000—7000 元	2. 5593	0. 8107		
	7000—10000 元	2. 7745	0. 89043		
	10000—15000 元	2. 9642	0. 99412		
	15000—20000 元	2. 6935	0. 68738		
学历	初中	2. 4119	1. 16017	0. 507	0. 049
	高中、中专或职中	2. 4338	0. 83		
	大专	2. 6187	0. 87137		
	大学本科	2. 6303	0. 86332		
	硕博士	2. 611	0. 80763		

（注：性别处理为 0 和 1 的虚拟变量，其中 0 代表女性，1 代表男性）

由相关分析可以看出，受访者收入与使用人工智能创作程序的频次呈现显著相关性（相关系数为 0.169**），意味着受访者的收入越高，使用人工智能创作程序的频次越高。

6.3.2.1.6　受众继续使用人工智能创作程序的意愿

本部分的研究回应了 QR4：受访者继续使用人工智能创作程序的意愿如何？

由图 50 可知，人工智能创作程序的继续使用意愿比较强烈，超过一半的受访者表示一定会继续使用人工智能创作程序（50.5%，262人），近四成的受访者表示可能会继续使用人工智能创作程序（38.9%，202 人），选择一定不会和可能不会使用的受访者占比很小（4.2%，22 人）。

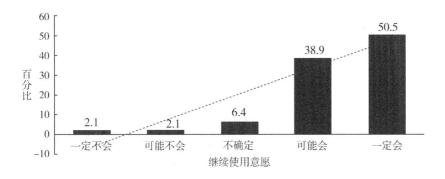

图 50　人工智能创作程序的继续使用意愿（N=519）

6.3.2.2　人工智能创作程序的分享情况统计分析

本调查对人工智能创作程序的转发情况调查体现在三个方面：受访者是否分享、分享过的受访者的分享渠道以及分享次数。

6.3.2.2.1　人工智能创作程序的分享情况

本部分的研究回应了 RQ5：受访者使用人工智能创作程序后的分享情况如何？人口变量在分享中是否体现出差异？

人工智能创作程序的分享情况如下。

由图 51 可以看到，受访者中曾经分享过人工智能创作程序（作品）的受访者占比超过八成（82.1%，426 人），没有转发过的人数不到二成（17.9%，93 人）。

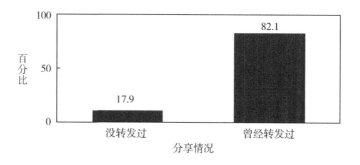

图 51　人工智能创作程序（作品）的分享情况（N＝519）

受访者性别、年龄、收入、学历、所在地与人工智能创作程序的分享情况描述分析如下。

表 42　受访者人口变量与人工智能创作程序的分享情况交叉分析（N＝519）

人口变量			分享情况		合计
			没有转发过	曾经转发过	
性别	女	计数	39	189	228
		性别的（%）	17.10	82.90	100.00
	男	计数	54	237	291
		性别的（%）	18.60	81.40	100.00
年龄	20 岁及以下	计数	3	1	4
		年龄的（%）	75.00	25.00	100.00
	21—30 岁	计数	46	195	241
		年龄的（%）	19.10	80.90	100.00
	31—40 岁	计数	40	208	248
		年龄的（%）	16.10	83.90	100.00
	41—50 岁	计数	4	22	26
		年龄的（%）	15.40	84.60	100.00
学历	初中	计数	4	3	7
		学历的（%）	57.10	42.90	100.00

人口变量			分享情况		合计
			没有转发过	曾经转发过	
学历	高中/中专/职中	计数	8	27	35
		学历的（%）	22.90	77.10	100.00
	大专	计数	19	75	94
		学历的（%）	20.20	79.80	100.00
	大本	计数	61	297	358
		学历的（%）	17.00	83.00	100.00
	硕博士	计数	1	24	25
		学历的（%）	4.00	96.00	100.00
收入	3000 元以下	计数	4	5	9
		收入的（%）	44.40	55.60	100.00
	3000—5000 元	计数	25	80	105
		收入的（%）	23.80	76.20	100.00
	5000—7000 元	计数	36	209	245
		收入的（%）	14.70	85.30	100.00
	7000—10000 元	计数	18	96	114
		收入的（%）	15.80	84.20	100.00
	10000—15000 元	计数	9	29	38
		收入的（%）	23.70	76.30	100.00
	15000—20000 元	计数	1	7	8
		收入的（%）	12.50	87.50	100.00
合计		计数	93	426	519
		%	17.90	82.10	100.00

表43　受访者人口变量与人工智能创作程序的分享情况交叉分析的

卡方检验（N=519，Pearson 卡方）

内容	值	df	渐进 Sig.（双侧）
性别和分享情况	0.183[a]	1	0.669
年龄和分享情况	9.738[a]	3	0.021
学历和分享情况	11.720[a]	4	0.020
月收入和分享情况	9.885[a]	5	0.079

由表42和表43可以得出如下分析结果。

性别和分享情况的交叉分析显示,女性(82.9%)和男性(81.4%)都曾经分享过人工智能创作程序(作品)。性别和分享情况的卡方检验显示,受访者性别和分享情况不存在相关性。

年龄和分享情况的交叉分析显示,除大部分20岁及以下受访者(75%)选择不转发,大部分21—30岁受访者(80.9%)、31—40岁受访者(83.9%)、41—50岁受访者(84.6%)选择了转发程序(作品)。年龄和分享情况的卡方检验显示,显著性值为0.021,小于0.05,说明受访者的年龄和分享情况存在相关性。

学历和分享情况的交叉分析显示,除一半以上的初中学历受访者(57.1%)选择不转发外,大部分高中、中专和职中(77.1%)、大专受访者(79.8%)、大学本科(83%)、硕博士(96%)的受访者选择转发人工智能创作程序(作品)。学历和分享情况的卡方检验显示,显著性值为0.02,小于0.05,说明受访者的学历和分享情况存在相关性。

收入和分享情况的交叉分析显示,所有收入段的受访者均有超过半数的人选择转发程序(作品),其中5000—7000元收入段(85.3%)、7000—10000元收入段(84.2%),15000—20000元收入段(87.5%)。收入和分享情况的卡方检验显示,受访者收入和分享情况不存在相关性。

6.3.2.2.2　人工智能创作程序的分享渠道

由图52可知,分享过的受访者采用的分享渠道较为集中,其中,使用过微信朋友圈、微博进行分享的达到99.06%(422人),使用过微信私信分享的为95.07%(405人),使用其他方式进行分享的83.33%(355人)。

6.3.2.2.3　受访者分享人工智能创作程序频次的均值

本部分的研究回应了RQ6:受访者分享人工智能创作程序的平均频次如何?人口变量在分享的平均频次中是否体现出差异?

受访者分享人工智能创作程序频次的均值。

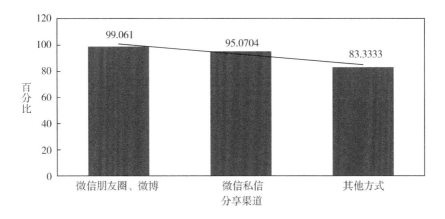

图 52　受访者分享人工智能创作程序（作品）的渠道（N = 426）

采用将受访者在三个不同渠道进行分享的情况进行加总求平均值，得到受访者分享人工智能创作程序（作品）的复合变量（N = 426，均值 3.02，标差 0.73583）。由于相关问题的选项设置为：1 分为从未转发过，2 分为转发过 1 次，3 分为转发过 2—3 次，4 分为转发过 4—5 次，5 分为转发过 5 次及以上，所以该均值表示受访者的平均转发情况为略高于 2—3 次。

受访者性别、年龄、收入、学历、所在地与受访者分享人工智能创作程序频次的比较情况如下。

表 44　　　　　　　　受访者人口变量与人工智能创作程序的
分享频次的比较（N = 426）

人口变量	选项	均值	标准差	F 值	相关系数
受访者整体情况		3.0227	0.73583	—	—
性别	女	2.94	0.6978	4.32 * (P = 0.038)	0.100 * (P = 0.038)
	男	3.0886	0.75982		
年龄	20 岁及以下	1.6667	0.00000	6.727 ** (P = 0.000)	0.174 ** (P = 0.000)
	21—30 岁	2.8735	0.72822		
	31—40 岁	3.1667	0.72008		
	41—50 岁	3.0455	0.66901		

续表

人口变量	选项	均值	标准差	F 值	相关系数
收入	3000 元以下	2.5333	0.50553	4.755 ** (P = 0.000)	0.214 ** (P = 0.000)
	3000—5000 元	2.9208	0.74109		
	5000—7000 元	2.9378	0.69095		
	7000—10000 元	3.1562	0.75231		
	10000—15000 元	3.4023	0.82317		
	15000—20000 元	3.6667	0.47140		
学历	初中	2.3333	0.33333	1.335	0.069
	高中、中专或职中	2.8642	0.52509		
	大专	3.0711	0.68728		
	大学本科	3.0191	0.76524		
	硕博士	3.1806	0.70867		

（注：性别处理为 0 和 1 的虚拟变量，其中 0 代表女性，1 代表男性）

从表 44 可知，受访者中不同性别（F = 4.32，P < 0.05）、不同年龄（F = 6.727，P < 0.01）、不同收入（F = 4.755，P < 0.01）的受访者对使用过的人工智能创作程序的转发频次呈现出显著的数据差异。

由相关分析可以看出，受访者中转发者的性别与转发频次相关（相关系数为 0.100*），意味着男性受访者比女性受访者转发频次更高。受访者年龄与转发人工智能创作程序（作品）的频次呈现显著正相关性（相关系数为 0.174**），意味着受访者的年龄越大，转发人工智能创作程序（作品）的频次越高。受访者收入与转发人工智能创作程序（作品）的频次呈现显著正相关性（相关系数为 0.214**），意味着收入越高，转发人工智能创作程序（作品）的频次越高。

6.3.3　自变量的描述性统计分析

6.3.3.1　自变量的均值、标差的描述性统计分析

自变量以两种方式进行测量，第一种采用李克特五分量表测量法，

其中，对"作品艺术价值评价""科幻文艺爱好""感知价值""对人工智能创作的态度""相对优势""兼容性""易用性""可试性""可观察性""流行程度""个人创新性"变量的测量中，分值代表情况为：1 分为非常不同意、不符合、很差，2 分为比较不同意、比较不符合、比较差，3 分为一般，4 分为比较同意、比较符合、比较好，5 分为非常同意、非常符合、很好。"从媒介获取信息频率"和"从社交媒体获取信息频率"的五分量表的分值代表情况为：1 为从不用，2 为很少用，3 为偶尔用，4 为经常用，5 为天天用。第二种测量方式针对变量"人工智能技术群采纳"，要求受访者回答是否曾经使用或者正在使用人工智能技术产品，受访者回答"是"，编码为 1，回答"否"，编码为 0。10 个题项的累计复合值即为该受访者人工智能技术群采纳分值。

由于自变量的题项测量大部分采用李克特五分量表，这种量表在于测试受访者的潜在观念和行为特质，所以对每一个题项进行分析没有实际意义，所以将同一自变量的不同题项数值进行加总后求平均值，合成一个复合变量进行均值的汇报。为了避免后面回归分析中的多元共线性，将感知价值中的"实用价值"和"享乐价值"加总后求平均值，合成一个复合变量"感知价值"进行进一步研究。

从表 45 中可以看到，自变量"作品艺术价值评价""科幻文艺爱好""感知价值""对人工智能创作的态度""相对优势""兼容性""易用性""可试性""可观察性""流行程度""个人创新性"的均值都在 3 分以上，标准差都小于 1，说明受访者对相关题项的认同度达到一般水平以上。自变量"从媒介获取信息频率"和"从社交媒体获取信息频率"的均值在 3 分以上，标准差都小于 1，说明受访者的媒介使用情况呈现为偶尔使用。自变量"人工智能技术群采纳"的总题项为 10，均值超过 6，标差小于 2，说明受访者的人工智能技术群采纳总体分值达到了合格以上程度。

表 45　　　人工智能创作程序使用的相关自变量描述统计（N＝519）

自变量	N	极小值	极大值	均值	标准差
作品艺术价值评价	519	1.75	5	3.9282	0.55187
科幻文艺爱好	519	1	5	3.8709	0.88624
感知价值	519	1.13	5	4.0193	0.65893
对人工智能创作的态度	519	1	5	4.0597	0.72409
相对优势	519	1	5	3.8863	0.70096
兼容性	519	1	5	3.9987	0.69038
易用性	519	1	5	3.9085	0.80766
可试性	519	1	5	4.0090	0.68030
可观察性	519	1	5	3.6021	0.78061
流行程度	519	1	5	3.878	0.78111
个人创新性	519	1.25	5	4.0135	0.63334
人工智能技术群采纳	519	0	10	6.82	1.641
从媒介获取信息频率	519	1.83	5	3.0267	0.46899
从社交媒体获取信息频率	519	1.8	5	3.6855	0.57065

6.3.3.2　用户对人工智能创作程序的艺术价值评价

本部分的研究回应了 RQ7：用户对人工智能创作程序的艺术价值评价如何？

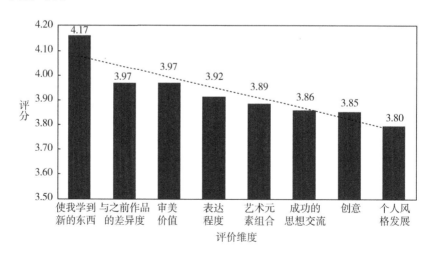

图 53　人工智能创作作品的艺术价值评价（N＝519）

使用者对人工智能创作作品的艺术价值评价中，总体评价均值为
3.93（标准差0.552），超过3分，接近4分，说明使用者对于人工智
能创作的作品的艺术价值总体评价比较认可。具体到评价的8个维度，
艺术价值评价最高的维度是"使我学到新的东西"（均值4.17，标准
差0.746），其次为评分并列的"与之前作品的差异度"（均值3.97，
标准差0.851）和"审美价值"（均值3.97，标准差0.854），评分相
对靠后的维度是"创意"（均值3.85，标准差0.747），评分最低的是
"个人风格发展"（均值3.80，标准差0.937）。

6.3.3.3 用户的科幻文艺爱好分析

本部分的研究回应了RQ8：用户的科幻文艺爱好程度如何？

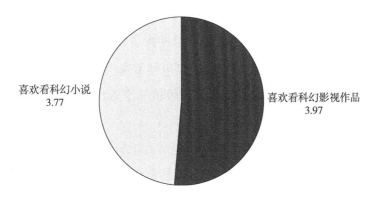

图54 程序使用者的科幻文艺爱好（N = 519）

从图54可以看到，人工智能创作程序使用者的科幻文艺爱好的均
值为3.87，标准差为0.886，处于一般以上水平，其中，程序使用者
对科幻影视作品的爱好程度（均值3.97，标准差0.975）略高于对科
幻小说的爱好程度（均值3.77，标准差1.06）。

6.3.3.4 用户的感知价值分析

本部分的研究回应了RQ9：用户对人工智能创作程序的实用价值
和享乐价值的评价是否存在差异？

从图55可以看到，人工智能创作程序使用者对于程序的感知价值

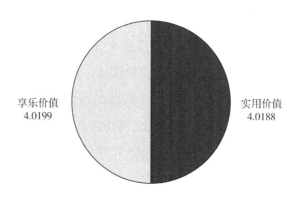

图55　程序使用者的感知价值评分（N=519）

的均值为4.0193，标准差为0.659，评分处于良好级别。其中，对享乐价值的评分（均值4.0199，标准差0.729）略高于对实用价值的评分（均值4.0188，标准差0.701），总的来说，二者差异性非常小，也就是说，使用者对于享乐价值的感知和对于实用价值的感知基本不存在差异，即使用者认为此类程序实用价值和享乐价值兼备。

6.3.3.5　用户对人工智能创作的态度

本部分的研究回应了RQ10：用户对人工智能创作的态度如何？

从图56可以看到，使用者对人工智能创作的态度总均值为4.06，

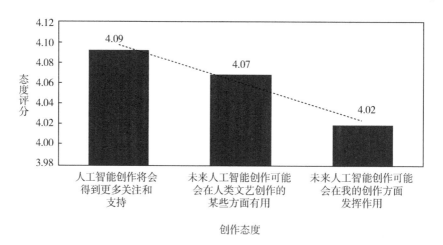

图56　人工智能创作程序使用者对人工智能创作的态度（N=519）

标准差为 0.72409，评分达到良好。在设置的 3 个题项中，评分最高的是 "人工智能创作将会得到更多关注和支持"（均值 4.09，标准差 0.867），评分相对最低的是 "未来人工智能创作可能会在我的创作方面发挥作用"（均值 4.02，标准差 0.93）。

6.3.4　变量的回归分析

变量的回归分析是研究自变量与因变量之间的数量关系变化的一种分析方法，它主要通过建立因变量与影响它的自变量之间的回归模型，衡量自变量对因变量的影响能力，进而预测因变量的发展趋势。回归分析模型包括线性回归和非线性回归，线性回归分为简单线性回归分析（simple linear regression analysis）和多元线性回归分析（multiple linear regression analysis）。简单线性回归分析只探讨一个自变量对一个因变量的影响，多元线性回归分析探讨两个以上的自变量对一个因变量的影响。

在此将采用多元线性回归分析的方式，探讨上文分析的多个自变量（性别、年龄、收入、学历、人工智能创作程序的相对优势、兼容性、易用性、可试性、可观察性、流行程度、技术群采纳、个人创新性、从媒介获取信息频率、从社交媒体获取信息频率、感知价值、对人工智能创作的态度、作品艺术价值评价、科幻文艺爱好）对人工智能创作程序使用（第一次使用时间、使用个数、使用频率、继续使用意愿）以及对人工智能的分享（转发频次）产生的影响。

此外，笔者将采用 Logistic 回归（Logistic regression）分析的方式，探讨因变量是二分的类别变量的人工智能的转发行为，自变量是性别、年龄、收入、学历、人工智能创作程序的相对优势、兼容性、易用性、可试性、可观察性、流行程度、技术群采纳、个人创新性、从媒介获取信息频率、从社交媒体获取信息频率、感知价值、对人工智能创作的态度、作品艺术价值评价、科幻文艺爱好对因变量进行的解释和预测。由于 Logistic 回归分析与多元线性回归分析因变量性质的差异，Logistic 回归是一种概率型非线性回归。

6.3.4.1　人工智能创作程序使用的影响因素回归分析

6.3.4.1.1　人工智能创作程序第一次使用时间的影响因素回归分析

采用多元线性回归的方式，将人工智能创作程序的第一次使用时间作为因变量，将人口变量中的性别、年龄、学历、收入四个变量作为控制变量，将人工智能创作程序的相对优势、兼容性、易用性、可试性、可观察性、流行程度、技术群采纳、个人创新性、从媒介获取信息频率、从社交媒体获取信息频率、感知价值、对人工智能创作的态度、作品艺术价值评价、科幻文艺爱好作为自变量，分两步投入多元线性回归模型进行阶层多元回归（hierarchical multiple regression）分析。

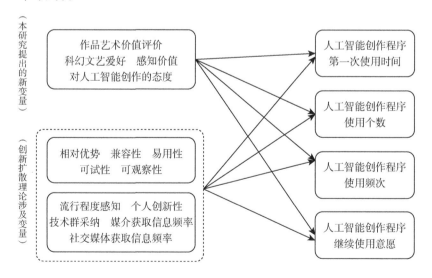

图57　人工智能创作程序使用的影响因素模型

表46　人工智能创作程序第一次使用时间的多元阶层回归分析（N＝519）

预测变量		第一次使用人工智能创作程序的时间	
		标准化 β 值	t
第一阶层 人口变量	性别	−0.146 ** （P＝0.001）	−3.258
	年龄	0.11 * （P＝0.014）	2.477
	学历	0.022	0.474
	收入	−0.048	−1.033
	F 值	4.566 ** （P＝0.001）	
	调整 R^2 （%）	2.7 ** （P＝0.001）	
第二阶层 多元自变量	相对优势	0.18 ** （P＝0.005）	2.803
	兼容性	0.009	0.141
	易用性	0.012	0.208
	可试性	−0.041	−0.648
	可观察性	0.146 * （P＝0.016）	2.428
	技术群采纳	0.217 *** （P＝0.000）	4.98
	个人创新性	−0.051	−0.779
	从媒介获取信息频率	0.121 ** （P＝0.006）	2.734
	从社交媒体获取信息频率	0.054	1.113
	作品艺术价值评价	0.022	0.419
	科幻文艺爱好	0.01	0.189
	感知价值	−0.211 * （P＝0.013）	−2.506
	对人工智能创作的态度	−0.038	−0.582
	F 值	5.612 *** （P＝0.000）	
	调整 R^2 （%）	13.8 *** （P＝0.000）	

（注：*P＜0.05，**P＜0.01，***P＜0.001，性别虚拟变量：0 代表女，1 代表男）

从表46 的回归分析可以看到：

第一个阶层、第二个阶层的调整 R^2 分别为 2.7%（P＝0.001 ＜0.05）和 13.8%，（P＝0.000 ＜0.05），P 值均达到 0.05 显著水平，意味着这两个阶层对第一次使用人工智能创作程序的时间的解释变异为 2.7%、13.8%。两个阶层解释变异量显著性检验的 F 值分别为 4.566（P＝0.001 ＜0.05）和 5.612（P＝0.000 ＜0.05），表示两个阶层模型整体解释变异量均达到显著水平，可以建立线性模型。

在第一阶层的回归模型中，"性别"（β 值 = -0.146）和"年龄"（β 值 = 0.11）两个人口变量对于第一次使用人工智能创作程序的时间的影响达到显著水平。其中，"性别"变量的 β 值为负数，表示对因变量"第一次使用人工智能创作程序的时间"的影响为负向，由于性别虚拟变量的设定为"0"代表"女"，"1"代表男，而时间变量的设定为数值越大使用年份越早，所以，越是男性使用者，越晚使用人工智能创作程序。此外，"年龄"变量的 β 值为正数，表示对"第一次使用人工智能程序的时间"的影响为正向，越是年龄大的使用者，越早使用了人工智能创作程序。

在第二阶层的回归模型中，对人工智能创作程序的"相对优势"（β 值 = 0.18）、"可观察性"（β 值 = 0.146）、"感知价值"（β 值 = -0.211）以及使用者对于人工智能"技术群采纳"（β 值 = 0.217）、"从媒介获取信息频率"（β 值 = 0.121），均对第一次使用人工智能创作程序的时间的影响达到显著水平。

其中，"感知价值"变量的 β 值为负数，表示对"第一次使用人工智能创作程序的时间"的影响为负向，越多感知到人工智能创作程序的实用价值和享乐价值的人，越晚使用人工智能创作程序，这可以解释为使用者在充分认识到人工智能创作程序的使用价值和享乐价值后，才选择了使用程序。

人工智能创作程序的"相对优势""可观察性"变量的 β 值为正数，表示对"第一次使用人工智能创作程序的时间"的影响为正向，越多感知到人工智能创作程序的相对优势和越容易了解到这类程序的存在的人，越早使用人工智能创作程序。

使用者的人工智能"技术群采纳"和"从媒介获取信息频率"变量的 β 值为正数，表示对"第一次使用人工智能创作程序的时间"的影响为正向，越多使用各类人工智能技术产品的人越早使用了人工智能创作程序，越多地从报纸、广播、电视、网站等媒介获取信息，就越早使用了人工智能创作程序，这在一定程度上说明媒介上对于人工智能创作的关注度和报道量比较高。

6.3.4.1.2　人工智能创作程序的使用个数的影响因素回归分析

采用多元线性回归的方式，将人工智能创作程序的使用个数作为因变量，将人口变量中的性别、年龄、学历、收入四个变量作为控制变量，将人工智能创作程序的相对优势、兼容性、易用性、可试性、可观察性、流行程度、技术群采纳、个人创新性、从媒介获取信息频率、从社交媒体获取信息频率、感知价值、对人工智能创作的态度、作品艺术价值评价、科幻文艺爱好作为自变量，分两步投入多元线性回归模型进行阶层多元回归（hierarchical multiple regression）分析。

表47　　人工智能创作程序使用个数的多元阶层回归分析（N=519）

预测变量		使用人工智能创作程序的个数	
		标准化 β 值	t
第一阶层人口变量	性别	-0.170^{***}（P=0.000）	-3.876
	年龄	0.107^{*}（P=0.015）	2.448
	学历	0.100^{*}（P=0.027）	2.221
	收入	0.134^{**}（P=0.004）	2.908
	F 值	8.853^{***}（P=0.000）	
	调整 R^2（%）	5.7^{***}（P=0.000）	
第二阶层多元自变量	相对优势	-0.077	-1.203
	兼容性	-0.014	-0.225
	易用性	0.094	1.660
	可试性	-0.016	-0.251
	可观察性	0.062	1.031
	技术群采纳	0.184^{***}（P=0.000）	4.224
	个人创新性	0.022	0.344
	从媒介获取信息频率	0.033	0.746
	从社交媒体获取信息频率	0.099^{*}（P=0.041）	2.050
	作品艺术价值评价	0.200^{***}（P=0.000）	3.766
	科幻文艺爱好	-0.047	-0.894

续表

预测变量		使用人工智能创作程序的个数	
		标准化 β 值	t
第二阶层 多元自变量	感知价值	− 0.018	− 0.216
	对人工智能创作的态度	− 0.011	− 0.162
	F 值	5.406 *** （P = 0.000）	
	调整 R² （%）	13.3 *** （P = 0.000）	

（注：*P < 0.05，**P < 0.01，***P < 0.001，性别虚拟变量：0 代表女，1 代表男）

从表 47 的回归分析中可以看到：

第一个阶层、第二个阶层的调整 R^2 分别为 5.7%（P = 0.000 < 0.05）和 13.3%（P = 0.000 < 0.05），P 值均达到 0.05 显著水平，意味着这两个阶层对人工智能创作程序的使用个数的解释变异为 5.7% 和 13.3%。两个阶层解释变异量显著性检验的 F 值分别为 8.853（P = 0.000 < 0.05）和 5.406（P = 0.000 < 0.05），表示两个阶层模型整体解释变异量均达到显著水平，可以建立线性模型。

在第一阶层的回归模型中，"性别"（β 值 = − 0.170）、"年龄"（β 值 = 0.107）、"学历"（β 值 = 0.100）、"收入"（β 值 = 0.134）四个人口变量对于使用人工智能创作程序的个数的影响达到显著水平。其中，"性别"变量的 β 值为负数，表示对因变量"使用人工智能创作程序的个数"的影响为负向，由于性别虚拟变量的设定为"0"代表"女"，"1"代表男，所以，越是男性使用者，使用人工智能创作程序的个数越少。此外，"年龄""学历""收入"三个变量的 β 值为正数，表示对"使用人工智能程序的个数"的影响为正向，越是年龄大、学历高、收入高的使用者，使用人工智能创作程序的个数越多。

在第二阶层的回归模型中，使用者对于人工智能"技术群采纳"（β 值 = 0.184）、"从社交媒体获取信息频率"（β 值 = 0.099）、"作品艺术价值评价"（β 值 = 0.200），均对"使用人工智能创作程序的个数"的影响达到显著水平。

使用者人工智能"技术群采纳"变量的 β 值为正数，表示对"使用人工智能创作程序的个数"的影响为正向，越多使用各类人工智能技术产品的人就越多使用了人工智能创作程序。

使用者"从社交媒体获取信息频率"变量的 β 值为正数，表示对"使用人工智能创作程序的个数"的影响为正向，越多地从微信、微博、QQ 等社交媒体获取信息的人，越多地使用了人工智能创作程序，证明了社交媒体是人工智能创作程序的一个非常重要的传播平台。

使用者"作品艺术价值评价"变量的 β 值为正数，表示对"使用人工智能创作程序的个数"的影响为正向，对人工智能创作作品的艺术价值评价越高的人，越热衷于使用各种人工智能创作程序。

6.3.4.1.3　人工智能创作程序使用频次的影响因素回归分析

采用多元线性回归的方式，将人工智能创作程序使用频次作为因变量，将人口变量中的性别、年龄、学历、收入四个变量作为控制变量，将人工智能创作程序的相对优势、兼容性、易用性、可试性、可观察性、流行程度、技术群采纳、个人创新性、从媒介获取信息频率、从社交媒体获取信息频率、感知价值、对人工智能创作的态度、作品艺术价值评价、科幻文艺爱好作为自变量，分两步投入多元线性回归模型进行阶层多元回归（hierarchical multiple regression）分析。

表 48　　　人工智能创作程序使用频次的多元阶层回归分析（N = 519）

预测变量		人工智能创作程序使用频次	
		标准化 β 值	t
第一阶层人口变量	性别	0.009	0.203
	年龄	0.058	1.310
	学历	0.016	0.361
	收入	0.155 ** （P = 0.001）	3.295
	F 值	4.248 ** （P = 0.002）	
	调整 R^2（%）	2.4 ** （P = 0.002）	

续表

预测变量		人工智能创作程序使用频次	
		标准化 β 值	t
第二阶层 多元自变量	相对优势	0.108	1.675
	兼容性	0.049	0.773
	易用性	0.034	0.601
	可试性	0.024	0.380
	可观察性	0.017	0.285
	技术群采纳	0.047	1.076
	个人创新性	-0.195 ** (P = 0.003)	-2.965
	从媒介获取信息频率	0.017	0.371
	从社交媒体获取信息频率	0.117 * (P = 0.016)	2.406
	作品艺术价值评价	0.219 *** (P = 0.000)	4.107
	科幻文艺爱好	0.065	1.248
	感知价值	-0.060	-0.708
	对人工智能创作的态度	0.023	0.348
	F 值	5.107 *** (P = 0.000)	
	调整 R^2（%）	12.5 *** (P = 0.000)	

（注：*P < 0.05，**P < 0.01，***P < 0.001，性别虚拟变量：0 代表女，1 代表男）

从表 48 的回归分析中可以看出：

第一个阶层、第二个阶层的调整 R^2 分别为 2.4%（P = 0.002 < 0.05）和 12.5%（P = 0.000 < 0.05），P 值均达到 0.05 显著水平，意味着这两个阶层对使用人工智能创作程序的频率的解释变异为 2.4%、12.5%。两个阶层解释变异量显著性检验的 F 值分别为 4.248（P = 0.002 < 0.05）和 5.107（P = 0.000 < 0.05），表示两个阶层模型整体解释变异量均达到显著水平，可以建立线性模型。

在第一阶层的回归模型中，人口变量"收入"（β 值 = 0.155）对于使用人工智能创作程序使用频次的影响达到显著水平。"收入"变量的 β 值为正数，表示对"使用人工智能程序的频率"的影响为正向，越是收入高的使用者，使用人工智能创作程序的频率越高。

在第二阶层的回归模型中，使用者对于"个人创新性"（β 值 =
−0.195）的评价、"从社交媒体获取信息频率"（β 值 =0.117），"作
品艺术价值评价"（β 值 =0.219），均对"使用人工智能创作程序的
频次"的影响达到显著水平。

使用者"个人创新性"变量的 β 值为负数，表示对"使用人工智
能创作程序的频次"的影响为负向，越认为自己具备个人创新性的
人，使用人工智能创作程序的频率越低，一定程度上说明人工智能创
作程序不能完全满足个人的创新性需求。

使用者"从社交媒体获取信息频率"变量的 β 值为正数，表示
对"使用人工智能创作程序的频次"的影响为正向，越多地从微信、
微博、QQ 等社交媒体获取信息的人，使用人工智能创作程序的频次
越高。

使用者"作品艺术价值评价"变量的 β 值为正数，表示对"使用
人工智能创作程序的频次"的影响为正向，对人工智能创作作品的
艺术价值评价越高的人，越热衷于多次使用人工智能创作程序进行
创作。

6.3.4.1.4　人工智能创作程序的继续使用意愿的影响因素回归分析

采用多元线性回归的方式，将人工智能创作程序的继续使用意愿
作为因变量，将人口变量中的性别、年龄、学历、收入四个变量作为
控制变量，将人工智能创作程序的相对优势、兼容性、易用性、可试
性、可观察性、流行程度、技术群采纳、个人创新性、从媒介获取信
息频率、从社交媒体获取信息频率、感知价值、对人工智能创作的态
度、作品艺术价值评价、科幻文艺爱好作为自变量，分两步投入多
元线性回归模型进行阶层多元回归（hierarchical multiple regression）
分析。

表 49　　人工智能创作程序继续使用意愿的多元阶层回归分析（N＝519）

预测变量		人工智能创作程序继续使用意愿	
		标准化 β 值	t
第一阶层 人口变量	性别	−0.052	−1.158
	年龄	0.039	0.879
	学历	0.02	0.439
	收入	0.186 *** （P＝0.000）	3.974
	F 值	5.116 *** （P＝0.000）	
	调整 R² （％）	3.1 *** （P＝0.000）	
第二阶层 多元自变量	相对优势	0.045	0.833
	兼容性	0.156 ** （P＝0.003）	2.957
	易用性	0.018	0.378
	可试性	0.012	0.230
	可观察性	−0.068	−1.345
	技术群采纳	0.025	0.676
	个人创新性	0.078	1.429
	从媒介获取信息频率	0.033	0.884
	从社交媒体获取信息频率	−0.033	−0.802
	作品艺术价值评价	0.049	1.091
	科幻文艺爱好	0.130 ** （P＝0.003）	2.983
	感知价值	0.015	0.217
	对人工智能创作的态度	0.009	0.159
	F 值	19.403 *** （P＝0.000）	
	调整 R² （％）	39 *** （P＝0.000）	

（注：*P＜0.05，**P＜0.01，***P＜0.001，性别虚拟变量：0 代表女，1 代表男）

从表 49 的回归分析可以看出：

第一个阶层、第二个阶层的调整 R^2 分别为 3.1%（P＝0.000＜0.05）和 39%（P＝0.000＜0.05），P 值均达到 0.05 显著水平，意味着这两个阶层对使用人工智能创作程序的使用意愿的解释变异为 3.1%、39%。两个阶层解释变异量显著性检验的 F 值分别为 5.116（P＝0.000＜0.05）和 19.403（P＝0.000＜0.05），表示两个阶层模型整体解释变异量均达到显著水平，可以建立线性模型。

在第一阶层的回归模型中，人口变量"收入"（β 值 = 0.186）对于人工智能创作程序的继续使用意愿的影响达到显著水平。"收入"变量的 β 值为正数，表示对"人工智能创作程序的继续使用意愿"的影响为正向，越是收入高的使用者，继续使用人工智能创作程序的意愿越强烈。

在第二阶层的回归模型中，使用者对于人工智能创作程序的"兼容性"（β 值 = 0.156）的认知、使用者的"科幻文艺爱好"（β 值 = 0.130），对"人工智能创作程序继续使用意愿"的影响达到显著水平。

使用者对于人工智能创作程序的"兼容性"认知变量的 β 值为正数，表示对"人工智能创作程序继续使用意愿"的影响为正向，越认为这类程序的发展符合现在的社会价值体系以及自己对其有需求，继续使用这类程序的意愿就越强烈。

使用者的"科幻文艺爱好"变量的 β 值为正数，表示对"人工智能创作程序继续使用意愿"的影响为正向，越爱好科幻文艺的人，继续使用人工智能创作程序的意愿越强烈。

6.3.4.1.5　人工智能创作程序的影响因素汇总

从表 50 的回归分析中可以看到：

在第一阶层的回归模型中可以看到，性别、年龄、学历、收入均能在不同的人工智能程序使用方面体现出显著性，其中，表现最为突出的是"收入"，"收入"越高的人，程序使用个数、使用频率和继续使用愿望都更高。其次是"性别"和"年龄"，女性更早使用并且使用了更多的人工智能创作程序，年龄越大的使用者越早使用这类程序并且使用数量越多。学历越高的受访者使用的人工智能创作程序的数量越多。

表 50　　　　人工智能创作程序使用的影响因素的多元阶层回归分析

预测变量		标准化 β 值			
		第一次 使用时间	程序 使用个数	程序 使用频率	继续 使用意愿
第一阶层 人口变量	性别	−0.146 **	−0.170 ***	0.009	−0.052
	年龄	0.110 *	0.107 *	0.058	0.039
	学历	0.022	0.100 *	0.016	0.020
	收入	−0.048	0.134 **	0.155 **	0.186 ***
	F 值	4.566 **	8.853 ***	4.248 **	5.116 ***
	调整 R^2（%）	2.7 **	5.7 ***	2.4 **	3.1 ***
第二阶层 多元 自变量	相对优势	0.180 **	−0.077	0.108	0.045
	兼容性	0.009	−0.014	0.049	0.156 **
	易用性	0.012	0.094	0.034	0.018
	可试性	−0.041	−0.016	0.024	0.012
	可观察性	0.146 *	0.062	0.017	−0.068
	技术群采纳	0.217 ***	0.184 ***	0.047	0.025
	个人创新性	−0.051	0.022	−0.195 **	0.078
	从媒介获取信息频率	0.121 **	0.033	0.017	0.033
	从社交媒体获取信息频率	0.054	0.099 *	0.117 *	−0.033
	作品艺术价值评价	0.022	0.200 ***	0.219 ***	0.049
	科幻文艺爱好	0.010	−0.047	0.065	0.130 **
	感知价值	−0.211 *	−0.018	−0.060	0.015
	对人工智能创作的态度	−0.038	−0.011	0.023	0.009
	F 值	5.612 ***	5.406 ***	5.107 ***	19.403 ***
	调整 R^2（%）	13.8 ***	13.3 ***	12.5 ***	39 ***

（注：*$P<0.05$，**$P<0.01$，***$P<0.001$，性别虚拟变量：0 代表女，1 代表男）

至此，研究假设：

H16a：不同性别用户对人工智能创作程序使用存在显著差异——部分证实

具体来说，不同性别用户在人工智能创作程序使用的"第一次使用时间"和"程序使用个数"两个方面存在非常显著的差异。

H17a：不同年龄用户对人工智能创作程序使用存在显著差异——部分证实

具体来说，不同年龄用户在人工智能创作程序使用的"第一次使用时间"和"程序使用个数"两个方面存在显著差异。

H18a：不同学历用户对人工智能创作程序使用存在显著差异——部分证实

具体来说，不同学历用户在人工智能创作程序使用的"程序使用个数"方面存在显著差异。

H19a：不同收入用户对人工智能创作程序使用存在显著差异——部分证实

具体来说，不同收入用户在人工智能创作程序使用的"程序使用个数"、"程序使用频率"和"继续使用意愿"三个方面存在非常显著的差异。

4个研究假设均得到部分证实。

在第二阶层的回归模型中可以看到，创新扩散理论涉及变量对人工智能创作程序使用的影响较为分散。其中，"从社交媒体获取信息频率"和"技术群采纳"变量表现最为突出，越是经常使用各类社交媒体获取信息的使用者，越倾向于更多地使用不同的人工智能创作程序并且使用频次相对较高；曾经使用过越多的人工智能技术支持的产品，越早使用人工智能创作程序，也使用过更多种人工智能创作程序。此外，受访者对创新认知中"相对优势""可观察性"的认知评分越高，越早使用人工智能创作程序；对"兼容性"的认知评分越高，继续使用程序的意愿越强烈。受访者对"个人创新性"的评分越高，使用程序的频次越低。从媒介获取信息的频率越高，越早使用这类程序。

此外，人工智能创作程序创新认知中的"易用性"和"可试性"没有对人工智能创作程序的使用产生影响。

至此，研究假设：

H2a：用户对于人工智能创作程序的相对优势认知对人工智能创作程序使用具有正向影响——部分证实

具体来说，用户对人工智能创作程序的相对优势认知对人工智能创作程序使用的"第一次使用时间"方面具有非常显著的正向影响。

H3a：用户对于人工智能创作程序的兼容性认知对人工智能创作程序使用具有正向影响——部分证实

具体来说，用户对于人工智能创作程序的兼容性认知对人工智能创作程序的"继续使用意愿"方面具有非常显著的正向影响。

H4a：用户对于人工智能创作程序的易用性认知对人工智能创作程序使用具有正向影响——拒绝

H5a：用户对于人工智能创作程序的可试性认知对人工智能创作程序使用具有正向影响——拒绝

H6a：用户对于人工智能创作程序的可观察性认知对人工智能创作程序使用具有正向影响——部分证实

具体来说，用户对人工智能创作程序的可观察性认知对人工智能创作程序的"第一次使用时间"具有显著正向影响。

H7a：用户对于人工智能创作程序的流行性认知对人工智能创作程序使用具有正向影响——由于多元共线性问题未能纳入模型

H8a：用户的个人创新性对人工智能创作程序使用具有正向影响——拒绝

具体来说，用户的个人创新性对人工智能创作程序的"程序使用频率"方面具有非常显著的负向影响。

H9a：用户对于人工智能技术群的采纳个数对人工智能创作程序使用具有正向影响——部分证实

具体来说，用户对于人工智能技术群的采纳个数对程序"第一次使用时间"和"程序使用个数"两个部分具有极为显著的正向影响。

H10a：用户的媒介获取信息频率对人工智能创作程序使用具有正向影响——部分证实

具体来说，用户的媒介获取信息频率对程序"第一次使用时间"部分具有非常显著的正向影响。

H11a：用户的社交媒体获取信息频率对人工智能创作程序使用具有正向影响——部分证实

具体来说，用户的社交媒体获取信息频率对人工智能创作程序的"程序使用个数"和"程序使用频率"两个方面具有显著正向影响。

本项目提出的新变量中，"作品艺术价值评价"变量表现突出，评价越高的受访者，使用过的人工智能创作程序越多，对于该类程序的使用频次越多。此外，"科幻文艺爱好"越强烈的受访者，继续使用程序的意愿越强烈，对这类程序"感知价值"评分越高的人，越晚使用这类程序。

此外，"对人工智能创作的态度"没有对人工智能创作程序的使用产生影响。至此，研究假设：

H12a：用户对于人工智能创作作品的艺术价值评价对人工智能创作程序使用具有正向影响——部分证实

具体来说，用户对人工智能创作作品的艺术价值评价对人工智能创作程序的"程序使用个数"和"程序使用频率"两个方面具有极为显著的正向影响。

H13a：用户的科幻文艺爱好对人工智能创作程序使用具有负向影响——拒绝

具体来说，用户的科幻文艺爱好对人工智能创作程序的"继续使用意愿"具有非常显著的负向影响。

H14a：用户的感知价值评价对人工智能创作程序使用具有正向影

响——拒绝

具体来说，用户的感知价值评价对人工智能创作程序的"第一次使用时间"具有显著负向影响。

H15a：用户对于人工智能创作的态度对人工智能创作程序使用具有正向影响——拒绝

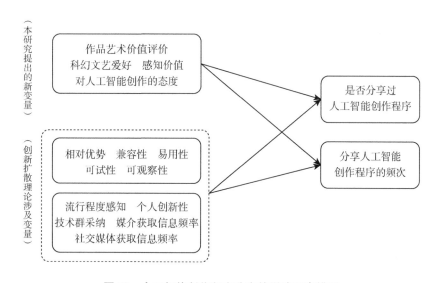

图58　人工智能创作程序分享的影响因素模型

6.3.4.2　人工智能创作程序分享情况的影响因素回归分析

6.3.4.2.1　解释及预测人工智能创作程序分享情况的 Logistic 回归分析

本书采用 Logistic 回归分析的方式，探讨因变量是人工智能的转发行为（未转发 – 0，转发 – 1），自变量是性别、年龄、收入、学历、人工智能创作程序的相对优势、兼容性、易用性、可试性、可观察性、流行程度、技术群采纳、个人创新性、从媒介获取信息频率、从社交媒体获取信息频率、感知价值、对人工智能创作的态度、作品艺术价值评价、科幻文艺爱好对因变量进行的解释和预测。

表 51　　　解释及预测人工智能创作程序分享情况的 Logistic 回归分析

投入变量	B	标准误差	Wals	自由度	关联强度
性别	− 0. 060	0. 281	0. 045	1	
年龄	0. 241	0. 221	1. 189	1	
学历	0. 261	0. 179	2. 119	1	
收入	0. 040	0. 158	0. 064	1	
相对优势	0. 349	0. 287	1. 477	1	
兼容性	0. 101	0. 262	0. 150	1	
易用性	− 0. 002	0. 202	0. 000	1	
可试性	− 0. 212	0. 261	0. 658	1	
可观察性	1. 020	0. 214	22. 780 *** (P = 0. 000)	1	Cox & Snell R^2 = 0. 136 Nagelkerke R^2 = 0. 222
技术群采纳	0. 198	0. 082	5. 861 * (P = 0. 015)	1	
个人创新性	− 0. 228	0. 309	0. 543	1	
从媒介获取信息频率	− 0. 053	0. 308	0. 029	1	
从社交媒体获取信息频率	0. 457	0. 255	3. 198	1	
作品艺术价值评价	0. 175	0. 280	0. 393	1	
科幻文艺爱好	− 0. 180	0. 172	1. 092	1	
感知价值	− 0. 255	0. 354	0. 519	1	
对人工智能创作的态度	0. 000	0. 253	0. 000	1	
整体模型适配度检验	整体模型适配度检验卡方值 = 75. 569 *** （P = 0. 000） Hosmer 和 Lemeshow 检验卡方值 = 9. 826n. s. （P = 0. 277 > 0. 05）				

（注：＊P < 0. 05，＊＊P < 0. 01，＊＊＊P < 0. 001，n. s. p > 0. 05，性别虚拟变量：0 代表女，1 代表男）

从表 51 可以看到，性别、年龄、收入、学历、人工智能创作程序的相对优势、兼容性、易用性、可试性、可观察性、流行程度、技术群采纳、个人创新性、从媒介获取信息频率、从社交媒体获取信息频率、感知价值、对人工智能创作的态度、作品艺术价值评价、科幻文艺爱好这 18 个自变量对有无分享经历组别预测的回归模型的整体模型显著性检验的适配度检验卡方值为 75. 569 （P = 0. 000 < 0. 05），达到

0.05 显著水平。而 Hosmer 和 Lemeshow 检验卡方值 = 9.826（P = 0.277 > 0.05）没有达到显著水平，则表示 18 个自变量所建立的回归模型适配度非常理想。从关联强度系数来说（类似于多元回归分析中的 R^2 值），Cox & Snell 关联强度值为 0.136，Nagelkerke 关联强度值为 0.222，18 个自变量可以解释分享情况总变异的 13.6% 和 22.2%。

从个别参数的显著性指标来看，可观察性（wals 指标值为 22.780），人工智能技术群采纳（wals 指标值为 5.861），均达到 0.05 的显著水平，意味着程序的可观察性和人工智能技术群的采纳，与是否曾经分享程序组别间有显著关联，也就是说，这两个变量可以有效地预测和解释有没有分享。胜算比（Odd Ratio，OR）表示的是自变量与因变量之间的关联，两个变量的胜算比值分别为 2.773 和 1.219，表示样本在人工智能创作程序的可观察性的测量值增加 1 分，受访者"人工智能创作程序的分享比不分享的胜算"的概率就增加 177.3%。样本在人工智能技术群采纳的测量值增加 1 分，受访者"人工智能创作程序的分享比不分享的胜算"的概率就增加 21.9%。

表 52　　　　　　　　　预测是否转发分类正确率交叉情况

		预测值		正确百分比
		没有转发过	曾经转发过	
实际值	没有转发过	22	71	23.7
	曾经转发过	7	419	98.4
总预测正确率				85.0

从表 52 可以看出，原先没有转发过程序的 93 位受访者的观察值根据 Logistic 回归模型进行分类预测，有 22 位被归类于"没有转发过"组，分类正确，71 位被归类于"曾经转发过"组，分类错误；原先 426 位曾经转发过程序的观察值根据 Logistic 回归模型进行分类预测，有 7 位被归类于"没有转发过"组，分类错误，419 位被归类于"曾经转发过"组，分类正确。整体分类正确的百分比为（22 + 419）÷ 519 = 85%。

6.3.4.2.2　人工智能创作程序分享频次的影响因素回归分析

表 53　　人工智能创作程序分享频次的多元阶层回归分析（N = 426）

预测变量		人工智能创作程序分享频次	
		标准化 β 值	t
第一阶层 人口变量	性别	0.053	1.091
	年龄	0.159 ** （P = 0.001）	3.275
	学历	0.059	1.188
	收入	0.168 ** （P = 0.001）	3.333
	F 值	8.29 *** （P = 0.000）	
	调整 R^2（%）	6.4% *** （P = 0.000）	
第二阶层 多元自变量	相对优势	0.308 *** （P = 0.000）	4.524
	兼容性	− 0.012	− 0.182
	易用性	0.030	0.497
	可试性	− 0.138 * （P = 0.047）	− 1.993
	可观察性	0.080	1.237
	技术群采纳	0.100 * （P = 0.03）	2.176
	个人创新性	− 0.178 * （P = 0.011）	− 2.558
	从媒介获取信息频率	− 0.023	− 0.488
	从社交媒体获取信息频率	0.148 ** （P = 0.004）	2.893
	作品艺术价值评价	0.196 *** （p = 0.000）	3.698
	科幻文艺爱好	0.031	0.558
	感知价值	− 0.147	− 1.688
	对人工智能创作的态度	0.057	0.800
	F 值	7.525 *** （P = 0.000）	
	调整 R^2（%）	21.7% *** （P = 0.000）	

（注：*P < 0.05，＊＊P < 0.01，＊＊＊P < 0.001，性别虚拟变量：0 代表女，1 代表男）

从表 53 的回归分析可以看出：

第一个阶层、第二个阶层的调整 R^2 分别为 6.4%（P = 0.000 < 0.05）和 21.7%（P = 0.000 < 0.05），P 值均达到 0.05 显著水平，意味着这两个阶层对使用人工智能创作程序的使用意愿的解释变异为 6.4%、21.7%。两个阶层解释变异量显著性检验的 F 值分别为 8.29

（P = 0.000 < 0.05）和 7.525（P = 0.000 < 0.05），表示两个阶层模型整体解释变异量均达到显著水平，可以建立线性模型。

在第一阶层的回归模型中，人口变量"年龄"（β 值 = 0.159）、"收入"（β 值 = 0.168）对于人工智能创作程序的继续使用意愿的影响达到显著水平。两个变量的 β 值均为正数，表示对"人工智能创作程序的分享频次"的影响为正向，年龄越大的使用者、收入越高的使用者分享人工智能创作程序的次数越多。

在第二阶层的回归模型中，使用者对于人工智能创作程序的"相对优势"（β 值 = 0.308）、"可试性"（β 值 = − 0.138）的认知、使用者人工智能"技术群采纳"（β 值 = 0.100）、"个人创新性"（β 值 = − 0.178）、使用者"从社交媒体获取信息的频率"（β 值 = 0.148）、使用者对"作品艺术价值评价"（β 值 = 0.196）均对人工智能创作程序分享频次的影响达到显著水平。

使用者对于人工智能创作程序的"相对优势"认知变量的 β 值为正数，表示对"人工智能创作程序分享频次"的影响为正向，越认为这类程序具备免费、使用顺畅、时尚等相对优势，分享次数就越多。

使用者认知中的"可试性"变量的 β 值为负数，表示对"人工智能创作程序分享频次"的影响为负向，越认为该程序方便尝试，分享程序的次数越少。

使用者人工智能"技术群采纳"变量的 β 值为正数，表示对"人工智能创作程序分享频次"的影响为正向，越多使用人工智能技术支持的产品的受访者，分享次数越多。

使用者认知中的"个人创新性"变量的 β 值为负数，表示对"人工智能创作程序分享频次"的影响为负向，越认为自己具备创新性，分享程序的次数越少。

使用者"从社交媒体获取信息频率"变量的 β 值为正数，表示对"人工智能创作程序分享频次"的影响为正向，使用者越频繁地从社交媒体获取信息，对程序的分享次数越多。

　　使用者对"作品艺术价值评价"变量的 β 值为正数，表示对"人工智能创作程序分享频次"的影响为正向，对人工智能创作的作品艺术价值评价越高的人，对程序的分享次数越多。

6.3.4.2.3　人工智能创作程序分享的影响因素回归分析汇总

表 54　　　　　人工智能创作程序分享的影响因素回归分析汇总

投入变量	是否分享程序的 Logistic 回归	程序分享频次的 多元线性回归
	Wals（瓦尔德）	标准化 β 值
性别	0.045	0.053
年龄	1.189	0.159 **
学历	2.119	0.059
收入	0.064	0.168 **
相对优势	1.477	0.308 ***
兼容性	0.150	− 0.012
易用性	0.000	0.030
可试性	0.658	− 0.138 *
可观察性	22.780 ***	0.080
技术群采纳	5.861 *	0.100 *
个人创新性	0.543	− 0.178 *
从媒介获取信息频率	0.029	− 0.023
从社交媒体获取信息频率	3.198	0.148 **
作品艺术价值评价	0.393	0.196 ***
科幻文艺爱好	1.092	0.031
感知价值	0.519	− 0.147
对人工智能创作的态度	0.000	0.057
Logistic 关联强度系数	Cox & Snell $R^2 = 0.136$ Nagelkerke $R^2 = 0.222$	—
多元线性回归调整 R^2	—	21.7%

　　（注：Logistic 回归：*P < 0.05，**P < 0.01，***P < 0.001，n. s. p > 0.05，性别虚拟变量：0 代表女，1 代表男；多元线性回归：*P < 0.05，**P < 0.01，***P < 0.001，性别虚拟变量：0 代表女，1 代表男）

从表 54 的回归分析中可以看出：

人口变量"性别"和"年龄"在程序分享频次方面体现出显著性，使用者中，越是男性，分享次数越多，年龄越大，分享次数越多。

人口变量中的"性别"和"学历"在对程序分享的影响方面没有体现出显著性。

至此，研究假设：

H16b：不同性别用户对人工智能创作程序分享存在显著差异——拒绝

H17b：不同年龄用户对人工智能创作程序分享存在显著差异——部分证实

具体来说，不同年龄用户对人工智能创作程序"分享频次"存在非常显著的差异。

H18b：不同学历用户对人工智能创作程序分享存在显著差异——拒绝

H19b：不同收入用户对人工智能创作程序分享存在显著差异——部分证实

具体来说，不同收入用户对人工智能创作程序"分享频次"存在非常显著的差异。

在是否分享的 Logistic 回归和分享频次的多元线性回归中，表现最为突出的是人工智能"技术群采纳"，在两个回归中均达到显著水平，意味着使用者对于人工智能技术群的采纳，与是否曾经分享程序组别间存在显著关联，该变量可以有效预测和解释有没有分享程序。同时，越多地使用人工智能技术产品，分享的频次越多。此外，程序的"可观察性"与是否曾经分享程序组别间关联呈现显著性，可以有效预测和解释有没有分享。对程序"相对优势"的认知、"作品艺术价值评价"、"从社交媒体获取信息频率"对程序分享频次体现出正向显著性，对程序相对优势和作品艺术价值评价越高的受众，分享程序的频次越多；越频繁使用社交媒体，分享程序的频次越多。而"可试性"和"个人创新性"对程序分享频次体现出负向显著性，个人创新性评价越高，对程序可试性评价越高的使用者，分享程序的频次越少，即越不愿意分享程序。

此外，对程序的"兼容性""易用性"认知，"从媒介获取信息频率"、受访者的"科幻文艺爱好"、"感知价值"、"对人工智能创作的态度"，均未对人工智能创作程序的分享产生影响。

至此，研究假设：

H2b：用户对于人工智能创作程序的相对优势认知对人工智能创作程序分享具有正向影响——部分证实

具体来说，用户对于人工智能创作程序的相对优势认知对人工智能创作程序"分享频次"具有极为显著的正向影响。

H3b：用户对于人工智能创作程序的兼容性认知对人工智能创作程序分享具有正向影响——拒绝

H4b：用户对于人工智能创作程序的易用性认知对人工智能创作程序分享具有正向影响——拒绝

H5b：用户对于人工智能创作程序的可试性认知对人工智能创作程序分享具有正向影响——拒绝

具体来说，用户对于人工智能创作程序的可试性认知与人工智能创作程序"分享频次"具有显著负向影响。

H6b：用户对于人工智能创作程序的可观察性认知对人工智能创作程序分享具有正向影响——部分证实

具体来说，用户对于人工智能创作程序的可观察性认知与人工智能创作程序"是否分享"具有极为显著的正向影响。

H7b：用户对于人工智能创作程序的流行性认知对人工智能创作程序分享具有正向影响——由于多元共线性，未被纳入回归模型

H8b：用户的个人创新性对人工智能创作程序分享具有正向影响——拒绝

具体来说，用户的个人创新性对人工智能创作程序的"分享频次"具有显著负向影响。

H9b：用户对于人工智能技术群的采纳个数对人工智能创作程序分享具有正向影响——证实

具体来说，用户对于人工智能技术群采纳个数对人工智能创作程序的"是否分享"和"分享频次"均具有显著正向影响。

H10b：用户的媒介获取信息频率对人工智能创作程序分享具有正向影响——拒绝

H11b：用户的社交媒体获取信息频率对人工智能创作程序分享具有正向影响——部分证实

具体来说，用户的社交媒体获取信息频率对人工智能创作程序"分享频次"具有非常显著的正向影响。

H12b：用户对于人工智能创作作品的艺术价值评价对人工智能创作程序分享具有正向影响——部分证实

具体来说，用户对人工智能创作作品的艺术价值评价对人工智能创作程序"分享频次"具有极为显著的正向影响。

H13b：用户的科幻文艺爱好对人工智能创作程序分享具有负向影响——拒绝

H14b：用户的感知价值评价对人工智能创作程序分享具有正向影响——拒绝

H15b：用户对于人工智能创作的态度对人工智能创作程序分享具有正向影响——拒绝

6.3.4.3　人工智能创作程序的使用对程序分享的影响因素分析

6.3.4.3.1　人工智能创作程序的使用对是否分享程序的 Logistic 回归分析

笔者采用 Logistic 回归分析的方式，探讨的因变量是人工智能的分享行为（未转发 - 0，转发 - 1），自变量是性别、年龄、收入、学历、

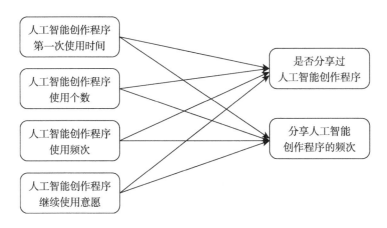

图 59　人工智能创作程序使用对分享的影响模型

人工智能创作程序第一次使用时间、人工智能创作程序使用个数、人工智能创作程序使用频次、人工智能创作程序继续使用意愿，探讨自变量是否对因变量具备解释和预测的能力。

表 55　　解释及预测人工智能创作程序分享情况的 Logistic 回归分析

投入变量名称	B	标准误差	Wals	自由度	关联强度
性别	−0.006	0.254	0.001	1.000	
年龄	0.284	0.205	1.912	1.000	
学历	0.382	0.161	5.629 * (P = 0.018)	1.000	
收入	−0.081	0.142	0.321	1.000	Cox & Snell R^2 = 0.073 Nagelkerke R^2 = 0.119
第一次使用程序时间	0.132	0.137	0.920	1.000	
程序使用个数	0.103	0.102	1.031	1.000	
程序使用频次	0.337	0.160	4.461 * (P = 0.035)	1.000	
程序继续使用意愿	0.485	0.131	13.776 *** (P = 0.000)	1.000	
整体模型适配度检验	整体模型适配度检验卡方值 = 39.102 *** (P = 0.000) Hosmer 和 Lemeshow 检验卡方值 = 7.385 n. s. (P = 0.496 > 0.05)				

（注：*P < 0.05，**P < 0.01，***P < 0.001，n. s. p > 0.05，性别虚拟变量：0 代表女，1 代表男）

从表 55 可以看到，性别、年龄、学历、收入、第一次使用程序时间、程序使用个数、程序使用频次、程序继续使用意愿 8 个自变量对有无分享经历组别预测的回归模型的整体模型显著性检验的适配度检验卡方值为 39. 102（P = 0. 000 < 0. 05），达到 0. 05 显著水平。而 Hosmer 和 Lemeshow 检验卡方值为 7. 385（P = 0. 496 > 0. 05），没有达到显著水平，则表示 8 个自变量所建立的回归模型适配度非常理想。从关联强度系数来说（类似于多元回归分析中的 R^2 值），Cox & Snell 关联强度值为 0. 073，Nagelkerke 关联强度值为 0. 119，8 个自变量可以解释分享情况总变异的 7.3% 和 11.9%。

从个别参数的显著性指标来看，学历（wals 指标值为 5. 629）、程序使用频次（wals 指标值为 4. 461）、程序继续使用意愿（wals 指标值为 13. 776），均达到 0. 05 的显著水平。意味着使用者学历、程序使用频次、程序继续使用意愿与是否曾经分享程序组别间有显著关联，也就是说，这三个变量可以有效地预测和解释有没有分享程序。三个变量的胜算比（Odd Ratio，OR）分别为 1. 465、1. 401 和 1. 624，表示样本在学历的测量值增加 1 分，受访者"人工智能程序分享比不分享的胜算"的概率就增加 0. 465%。样本在人工智能程序使用频次的测量值增加 1 分，受访者"人工智能程序分享比不分享的胜算"的概率就增加 40. 1%；样本在程序继续使用意愿的测量值增加 1 分，受访者"人工智能程序分享比不分享的胜算"的概率就增加 62. 4%。

表 56   预测是否转发分类正确率交叉情况

		预测值		正确百分比
		没有转发过	曾经转发过	
实际值	没有转发过	6	87	6.5
	曾经转发过	1	425	99.8
总预测正确率				83.0

从表 56 可以看出，原先没有转发过程序的 93 位受访者的观察值

根据 Logistic 回归模型进行分类预测,有 6 位被归类于"没有转发过"组,分类正确,87 位被归类于"曾经转发过"组,分类错误;原先 426 位曾经转发过程序的观察值根据 Logistic 回归模型进行分类预测,有 1 位被归类于"没有转发过"组,分类错误,425 位被归类于"曾经转发过"组,分类正确。整体分类正确的百分比为 $(6 + 425) \div 519 = 83\%$。

6.3.4.3.2 人工智能创作程序的使用对程序分享频率的回归分析

表 57 人工智能创作程序的使用对程序分享频率的影响分析

预测变量		分享人工智能创作程序的频率	
		标准化 β 值	t
第一阶层 人口变量	性别	0.053	1.091
	年龄	0.159 ** (P = 0.001)	3.275
	学历	0.059	1.188
	收入	0.168 ** (P = 0.001)	3.333
	F 值	8.29 *** (P = 0.000)	
	调整 R^2(%)	6.4 *** (P = 0.000)	
第二阶层 多元自变量	人工智能创作程序第一次使用时间	0.024	0.549
	人工智能创作程序使用个数	0.124 ** (P = 0.005)	2.813
	人工智能创作程序使用频次	0.520 *** (P = 0.000)	12.714
	人工智能创作程序继续使用意愿	0.040	0.968
	F 值	30.471 *** (P = 0, 000)	
	调整 R^2(%)	35.7 *** (P = 0.000)	

(注:*P < 0.05,**P < 0.01,***P < 0.001,性别虚拟变量:0 代表女,1 代表男)

从表 57 的回归分析可以看到:

第一个阶层、第二个阶层的调整 R^2 分别为 6.4% (P = 0.000 < 0.05)和 35.7% (P = 0.000 < 0.05),P 值均达到 0.05 显著水平,意味着这两个阶层对使用人工智能创作程序的分享频率的解释变异为 6.4%、35.7%。两个阶层解释变异量显著性检验的 F 值分别为 8.29 (P = 0.000 < 0.05)和 30.471 (P = 0.000 < 0.05),表示两个阶层模型整体解释变异量均达到显著水平,可以建立线性模型。

　　在第一阶层的回归模型中，"年龄"（β 值 = 0. 159）、"收入"（β值 = 0. 168）两个人口变量对于人工智能创作程序的分享频率的影响达到显著水平。其中，"年龄""收入"变量的 β 值均为正数，表示对因变量"人工智能创作程序的分享频率"的影响为正向，越是年长的使用者越倾向于多次分享人工智能创作程序；越是收入高的使用者越倾向于多次分享人工智能创作程序。

　　在第二阶层的回归模型中，"人工智能创作程序的使用个数"（β值 = 0. 124）、"人工智能创作程序使用频次"（β 值 = 0. 520）对于人工智能创作程序的分享频率的影响达到显著水平。

　　"人工智能创作程序的使用个数"变量的 β 值为正数，表示对"人工智能创作程序的分享频率"的影响为正向，使用各类人工智能创作程序越多的人，对程序的分享次数也越高。

　　"人工智能创作程序使用频次"变量的 β 值为正数，表示对"人工智能创作程序的分享频率"的影响为正向，越多使用人工智能创作类程序的用户，对人工智能程序的分享次数也越高。

6. 3. 4. 3. 3　人工智能创作程序使用对分享的影响因素回归分析汇总

表 58　　　　人工智能创作程序使用对分享的影响因素回归分析汇总

投入变量	是否分享程序的 Logistic 回归	程序分享频次的 多元线性回归
	Wals（瓦尔德）	标准化 β 值
性别	0. 001	0. 053
年龄	1. 912	0. 159 **
学历	5. 629 *	0. 059
收入	0. 321	0. 168 **
人工智能创作程序第一次使用时间	0. 920	0. 024
人工智能创作程序使用个数	1. 031	0. 124 **
人工智能创作程序使用频次	4. 461 *	0. 520 ***
人工智能创作程序继续使用意愿	13. 776 ***	0. 040

续表

投入变量	是否分享程序的 Logistic 回归	程序分享频次的 多元线性回归
	Wals（瓦尔德）	标准化 β 值
Logistic 关联强度系数	Cox & Snell $R^2 = 0.073$ Nagelkerke $R^2 = 0.119$	—
多元线性回归调整 R^2	—	35.7%

（注：Logistic 回归：$*P < 0.05$，$**P < 0.01$，$***P < 0.001$，n. s. $p > 0.05$，性别虚拟变量：0 代表女，1 代表男；多元线性回归：$*P < 0.05$，$**P < 0.01$，$***P < 0.001$，性别虚拟变量：0 代表女，1 代表男）

从表 58 可以看到：

人口变量"年龄""收入"在程序分享频次方面体现出显著性，使用者中，年龄越大，分享次数越多，收入越高，分享次数越多。"学历"在是否分享程序中体现显著性，高学历更有可能分享程序，"性别"变量在对程序分享的影响方面没有体现出显著性。

在是否分享的 Logistic 回归和分享频次的多元线性回归中，表现最为突出的是"人工智能创作程序使用频次"，在两个回归中均达到显著水平，意味着使用者的程序使用频次，可以有效预测和解释有没有分享程序。同时，越多使用程序，分享的频次越高。此外，"人工智能创作程序继续使用意愿"与是否曾经分享程序组别间关联呈现显著性，可以有效预测和解释有没有分享。"人工智能创作程序使用个数"对程序分享频次体现出正向显著性，越多使用不同的人工智能创作程序，分享程序的频次越高。

此外，"第一次使用人工智能创作的时间"未对人工智能创作程序的分享产生影响。

至此，研究假设：

H1a. 人工智能创作程序使用对分享过人工智能创作程序具有正向影响——部分证实

具体来说，人工智能创作程序使用的"使用频次"和"继续使用意愿"对分享过程具有显著正向影响。

H1b. 人工智能创作程序使用对分享人工智能创作程序的频次具有正向影响——部分证实

具体来说，人工智能创作程序的"使用个数"和"使用频次"对分享人工智能创作程序的频次具有非常显著的正向影响。

6.3.4.4　使用者的科幻文艺爱好、感知价值、对人工智能创作的态度、作品艺术价值评价对创新扩散理论相关变量的影响

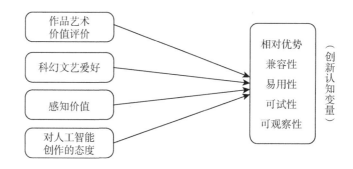

图 60　人工智能创作程序创新认知的影响因素模型

表 59　　人工智能创作程序使用者的科幻文艺爱好、感知价值、对人工
智能创作的态度、作品艺术价值评价对程序创新认知的影响回归分析

预测变量		标准化 β 值				
		相对优势	兼容性	易用性	可试性	可观察性
第一阶层 人口变量	性别	-0.005	-0.054	0.046	-0.074	0.002
	年龄	0.047	0.020	0.077	0.032	0.133 ** (P=0.003)
	学历	0.055	0.064	0.061	0.055	0.082
	收入	0.064	0.083	0.057	0.070	0.096 * (P=0.04)
	F 值	1.459 (P=0.214)	1.981 (P=0.096)	2.437 * (P=0.046)	1.83 (P=0.122)	5.201 *** (P=0.000)
	调整 R^2（%）	0.4 (P=0.214)	0.8 (P=0.096)	1.1 * (P=0.046)	0.6 (P=0.122)	3.1 *** (P=0.000)

续表

预测变量		标准化 β 值				
		相对优势	兼容性	易用性	可试性	可观察性
第二阶层自变量	作品艺术价值评价	0.114 ** (P = 0.003)	0.027	0.076	0.028	0.195 *** (P = 0.000)
	科幻文艺爱好	0.083 * (P = 0.024)	0.110 ** (P = 0.004)	0.105 * (P = 0.013)	0.111 ** (P = 0.003)	0.136 ** (P = 0.001)
	感知价值	0.507 *** (P = 0.000)	0.501 *** (P = 0.000)	0.389 *** (P = 0.000)	0.462 *** (P = 0.000)	0.440 *** (P = 0.000)
	对人工智能创作的态度	0.125 ** (P = 0.007)	0.141 ** (P = 0.004)	0.131 * (P = 0.015)	0.199 *** (P = 0.000)	− 0.027
	F 值	70.55 *** (P = 0.000)	60.273 *** (P = 0.000)	37.979 *** (P = 0.000)	64.026 *** (P = 0.000)	48.467 *** (P = 0.000)
	调整 R^2（%）	51.8 *** (P = 0.000)	47.8 *** (P = 0.000)	36.4 *** (P = 0.000)	49.3 *** (P = 0.000)	42.3 *** (P = 0.000)

从表 59 中可以看到：

在第一阶层的回归模型中可以看到，"年龄"和"收入"对于创新认知中的"可观察性"体现出显著性。年龄越大，对人工智能创作程序的"可观察性"评分越高（β 值 = 0.133），收入越高，对人工智能创作程序的"可观察性"评分越高（β 值 = 0.096）。

此外，"性别"和"学历"变量对于创新认知的影响没有达到显著水平。

至此，研究假设：

H16c：不同性别用户对人工智能创作程序的创新认知存在显著差异——拒绝

H17c：不同年龄用户对人工智能创作程序的创新认知存在显著差异——部分证实

具体来说，不同年龄用户间的"可观察性"认知存在非常显著的差异。

H18c：不同学历用户对人工智能创作程序的创新认知存在显著差异——拒绝

H19c：不同收入用户对人工智能创作程序的创新认知存在显著差异——部分证实

具体来说，不同收入用户对人工智能创作程序的"可观察性"认知存在显著差异。

在第二阶层的回归模型中可以看到，"作品艺术价值评价""科幻文艺爱好""感知价值""对人工智能创作的态度"均在创新认知变量中体现出显著性。

其中，表现最为突出的是"科幻文艺爱好"和"感知价值"。与5个创新认知变量全部体现出不同程度的显著性。受访者爱好科幻文艺的评分对人工智能创作程序的创新认知变量："相对优势"（β值 = 0.083）、"兼容性"（β值 = 0.110）、"易用性"（β值 = 0.105）、"可试性"（β值 = 0.111）、"可观察性"（β值 = 0.136）均体现出正向显著性，即越爱好科幻文艺，对人工智能创新性的认知评分越高。

"感知价值"变量中，受访者对程序"感知价值"的评分对人工智能创作程序的创新认知变量："相对优势"（β值 = 0.507）、"兼容性"（β值 = 0.501）、"易用性"（β值 = 0.389）、"可试性"（β值 = 0.462）、"可观察性"（β值 = 0.440）均体现出正向显著性，即使用者对程序"感知价值"的评分越高，对人工智能创新性的认知评分越高。

"对人工智能创作的态度"与5个创新认知变量中的4个变量体现出不同程度的相关性。受访者对人工智能创作的态度越积极，对程序的"相对优势"（β值 = 0.125）、"兼容性"（β值 = 0.141）、"易用性"（β值 = 0.131）、"可试性"（β值 = 0.199）均产生正向显著影响，即受访者对人工智能创作的态度越积极，对程序的"相对优势""兼容性""易用性""可试性"的评分越高。

"作品艺术价值评价"与 5 个创新扩散理论相关变量中的 2 个变量体现出不同程度的相关性。受访者对作品艺术价值评价越高，对程序的"相对优势"（β 值 = 0.114）、"可观察性"（β 值 = 0.195）均产生正向显著影响。即受访者越认可人工智能创作作品的艺术价值，对程序的相对优势、可观察性的感知评分越高。

至此，研究假设：

H12c：用户对于人工智能创作作品的艺术价值评价对人工智能创作程序创新认知具有正向影响——部分证实

具体来说，用户对人工智能创作作品的艺术价值评价对人工智能创作程序创新认知中的"相对优势"和"可观察性"分别具有非常和极为显著的正向影响。

H13c：用户的科幻文艺爱好对人工智能创作程序的创新认知具有负向影响——拒绝

具体来说，用户的科幻文艺爱好对人工智能创作程序的创新认知中的"相对优势"、"兼容性"、"易用性"、"可试性"和"可观察性"均具有极为显著的正向影响

H14c：用户的感知价值评价对人工智能创作程序的创新认知具有正向影响——证实

具体来说，用户的感知价值评价对人工智能创作程序的创新认知中的"相对优势"、"兼容性"、"易用性"、"可试性"和"可观察性"均具有极为显著的正向影响

H15c：用户对于人工智能创作的态度对人工智能创作程序的创新认知具有正向影响——大部分证实

具体来说，用户对人工智能创作的态度对人工智能创作程序的创新认知中的"相对优势""兼容性""易用性""可试性"均具有显著的正向影响。

6.4 本章小结

6.4.1 研究问题的结果汇总

综合前面的数据分析，本书对研究问题进行简要总结如下。

RQ1：受访者是在哪一年第一次使用人工智能创作程序的？人口变量在第一次使用中体现出什么差异？

43.2%的受访者首次使用人工智能创作程序的时间是2018年，38.3%的受访者为2019年首次使用。即八成以上的受访者近两年才开始首次使用人工智能创作程序。使用者的性别、年龄、月收入与第一次使用人工智能创作程序的时间均存在相关性。

RQ2：受访者使用过多少个人工智能创作程序？人口变量在使用个数中体现出什么差异？

受访者使用过的人工智能创作程序最少为1个，最多为10个。受访者使用的平均个数为3.59个，其中，使用过3个的受访者超过四成。女性比男性使用更多人工智能创作程序；年龄越大的人使用个数越多，学历越高的人使用个数越多，收入越高的人使用个数越多。

RQ3：受访者使用人工智能创作程序的平均频次如何？人口变量在使用频次中体现出什么差异？

受访者使用每个人工智能创作程序的平均频次为2—3次到4—5次（偏4—5次）。受访者的收入越高，使用人工智能创作程序的频次越高。

RQ4：受访者继续使用人工智能创作程序的意愿如何？

超过一半的受访者表示一定会继续使用人工智能创作程序，近四成的受访者表示可能会继续使用人工智能创作程序。所以，受访者继续使用人工智能创作程序的意愿较为强烈。

RQ5：受访者使用人工智能创作程序后的分享情况如何？人口变

量在分享中是否体现出差异？

82.1% 的受访者分享过人工智能创作程序（作品）。受访者的年龄越大越倾向于分享程序（作品），学历越高越倾向于分享程序（作品）。

RQ6：受访者分享人工智能创作程序的平均频次如何？人口变量在分享的平均频次中是否体现出差异？

受访者的平均分享频次略高于 2—3 次，男性受访者比女性受访者转发频次更高；年龄越大，转发人工智能创作程序（作品）的频次越高。收入越高，转发人工智能创作程序（作品）的频次越高。

RQ7：用户对人工智能创作程序的艺术价值评价如何？

使用者对人工智能创作作品的艺术价值评价总体评价均值达到 3.93，接近 4 分，说明使用者对于人工智能创作的作品的艺术价值总体评价比较认可。具体到评价的 8 个维度，艺术价值评价中评分最高的是"使我学到新的东西"，评分并列第二的是"与之前作品的差异度"和"审美价值"，评分相对靠后的是"创意"，评分最低的是"个人风格发展"。

RQ8：用户的科幻文艺爱好程度如何？

人工智能创作程序使用者的科幻文艺爱好的均值 3.87，标差 0.886，处于一般以上水平，其中，使用者对科幻影视作品的爱好程度略高于科幻小说。

RQ9：用户对人工智能创作程序的实用价值和享乐价值的评价是否存在差异？

人工智能创作程序使用者对于程序的感知价值的均值为 4.019，评分处于良好。其中，使用者对于享乐价值的感知和对于实用价值的感知基本不存在差异，即使用者认为此类程序的实用价值和享乐价值兼备。

RQ10：用户对人工智能创作的态度如何？

使用者对人工智能创作的态度总均值为 4.06，评分达到良好。评

分最高的是"人工智能创作将会得到更多关注和支持",评分相对最
低的是"未来人工智能创作可能会在我的创作方面发挥作用"。

6.4.2 研究假设的检验结果汇总

综合前面的数据分析,本书提出的研究假设检验结果如表60。

表60   人工智能创作程序的使用和分享的研究结论

变量名称	假设编号	假设/问题描述	结论
人工智能创作程序使用	H1a	人工智能创作程序使用对分享过人工智能创作程序具有正向影响	部分证实
	H1b	人工智能创作程序使用对分享人工智能创作程序的频次具有正向影响	部分证实
相对优势	H2a	用户对于人工智能创作程序的相对优势认知对人工智能创作程序使用具有正向影响	部分证实
	H2b	用户对于人工智能创作程序的相对优势认知对人工智能创作程序分享具有正向影响	部分证实
兼容性	H3a	用户对于人工智能创作程序的兼容性认知对人工智能创作程序使用具有正向影响	部分证实
	H3b	用户对于人工智能创作程序的兼容性认知对人工智能创作程序分享具有正向影响	拒绝
易用性	H4a	用户对于人工智能创作程序的易用性认知对人工智能创作程序使用具有正向影响	拒绝
	H4b	用户对于人工智能创作程序的易用性认知对人工智能创作程序分享具有正向影响	拒绝
可试性	H5a	用户对于人工智能创作程序的可试性认知对人工智能创作程序使用具有正向影响	拒绝
	H5b	用户对于人工智能创作程序的可试性认知对人工智能创作程序分享具有正向影响	拒绝
可观察性	H6a	用户对于人工智能创作程序的可观察性认知对人工智能创作程序使用具有正向影响	部分证实
	H6b	用户对于人工智能创作程序的可观察性认知对人工智能创作程序分享具有正向影响	部分证实

续表

变量名称	假设编号	假设/问题描述	结论
个人创新性	H8a	用户的个人创新性对人工智能创作程序使用具有正向影响	拒绝
	H8b	用户的个人创新性对人工智能创作程序分享具有正向影响	拒绝
技术群采纳	H9a	用户对于人工智能技术群的采纳个数对人工智能创作程序使用具有正向影响	部分证实
	H9b	用户对于人工智能技术群的采纳个数对人工智能创作程序分享具有正向影响	证实
媒介获取信息频率	H10a	用户的媒介获取信息频率对人工智能创作程序使用具有正向影响	部分证实
	H10b	用户的媒介获取信息频率对人工智能创作程序分享具有正向影响	拒绝
社交媒体获取信息频率	H11a	用户的社交媒体获取信息频率对人工智能创作程序使用具有正向影响	部分证实
	H11b	用户的社交媒体获取信息频率对人工智能创作程序分享具有正向影响	部分证实
作品艺术价值评价	H12a	用户对于人工智能创作作品的艺术价值评价对人工智能创作程序使用具有正向影响	部分证实
	H12b	用户对于人工智能创作作品的艺术价值评价对人工智能创作程序分享具有正向影响	部分证实
	H12c	用户对于人工智能创作作品的艺术价值评价对人工智能创作程序创新认知具有正向影响	部分证实
科幻文艺爱好	H13a	用户的科幻文艺爱好对人工智能创作程序使用具有负向影响	拒绝
	H13b	用户的科幻文艺爱好对人工智能创作程序分享具有负向影响	拒绝
	H13c	用户的科幻文艺爱好对人工智能创作程序的创新认知具有负向影响	拒绝
感知价值	H14a	用户的感知价值评价对人工智能创作程序使用具有正向影响	拒绝
	H14b	用户的感知价值评价对人工智能创作程序分享具有正向影响	拒绝
	H14c	用户的感知价值评价对人工智能创作程序的创新认知具有正向影响	证实
对人工智能创作的态度	H15a	用户对于人工智能创作的态度对人工智能创作程序使用具有正向影响	拒绝

变量名称	假设编号	假设/问题描述	结论
对人工智能创作的态度	H15b	用户对于人工智能创作的态度对人工智能创作程序分享具有正向影响	拒绝
	H15c	用户对于人工智能创作的态度对人工智能创作程序的创新认知具有正向影响	大部分证实
性别	H16a	不同性别用户对人工智能创作程序使用存在显著差异	部分证实
	H16b	不同性别用户对人工智能创作程序分享存在显著差异	拒绝
	H16c	不同性别用户对人工智能创作程序的创新认知存在显著差异	拒绝
年龄	H17a	不同年龄用户对人工智能创作程序使用存在显著差异	部分证实
	H17b	不同年龄用户对人工智能创作程序分享存在显著差异	部分证实
	H17c	不同年龄用户对人工智能创作程序的创新认知存在显著差异	部分证实
学历	H18a	不同学历用户对人工智能创作程序使用存在显著差异	部分证实
	H18b	不同学历用户对人工智能创作程序分享存在显著差异	拒绝
	H18c	不同学历用户对人工智能创作程序的创新认知存在显著差异	拒绝
收入	H19a	不同收入用户对人工智能创作程序使用存在显著差异	部分证实
	H19b	不同收入用户对人工智能创作程序分享存在显著差异	部分证实
	H19c	不同收入用户对人工智能创作程序的创新认知存在显著差异	部分证实

6.4.3 个人使用和分享人工智能创作程序的研究小结

本章聚焦于人工智能创作程序的具体使用群体，通过问卷排查使用者的方式进行网络问卷调查。3018人点击了该项目后，1494人进行了答题，而最终符合调查对象要求的程序使用者仅有519人，合格率仅占34%，这在一定程度上也印证了本书之前对于人工智能创作处于扩散增长期的研判。

本次调研聚焦人工智能创作程序的具体使用者，以人工智能创作程序的使用和分享为突破口，探讨人工智能技术在文艺创作领域应用的社会扩散的内在机制，为准确把握这一新事物提供来自使用者渠道的数据支持和分析。本书以罗杰斯经典创新扩散理论模型的相关变量（创新认知、流行程度感知、个人创新性、技术群采纳、媒介获取信息频率、社交媒体获取信息频率）为研究基础，以感知价值理论提出

"感知价值"变量，以人工智能创作领域高度相关的研究成果为补充，提出"（人工智能创作）作品艺术价值评价""科幻文艺爱好""对人工智能创作的态度"，共四个与人工智能创作高度相关的变量，探讨它们对于人工智能创作程序的使用和分享的影响以及对于人工智能创作程序创新认知变量之间的影响关系。在此基础上，本书提出了"人工智能创作程序的使用和分享的影响因素总模型"，并在研究中细化为 4 个模型："人工智能创作程序使用的影响因素模型""人工智能创作程序分享的影响因素模型""人工智能创作程序使用对分享的影响模型""人工智能创作程序创新认知的影响因素模型"。通过对问卷数据进行结构方程统计数据分析后显示，本书提出的结构方程模型拟合度良好，大部分假设得到了证实或部分证实。

本研究有以下几点发现。

首先，在程序使用与程序分享的关系中，人工智能创作程序的具体使用情况在很大程度上影响了程序和作品的分享。"人工智能创作程序的继续使用意愿"被证实与是否分享程序和程序的分享频次存在正向显著影响。"人工智能创作程序使用频次"可以有效预测和解释是否分享。"人工智能创作程序使用个数"被证实与程序分享频次存在正向显著性。

其次，程序使用方面，创新扩散理论涉及的创新认知变量中的"相对优势"、"兼容性"和"可观察性"部分证实与程序使用存在正向显著影响，而"易用性"和"可试性"未被证实影响了程序使用。此外，行为变量层面的人工智能"技术群采纳"、"媒介获取信息频率"、"社交媒体获取信息频率"部分证实与程序使用存在正向显著影响。此外，"作品艺术价值评价"部分证实与使用存在正向显著影响，而"对人工智能创作的态度"被证实未对程序使用产生显著影响。比较特殊的是，"个人创新性"被证实在程序的使用频次方面产生了负向显著影响，即自我评价的个人创新性评价越高，越少使用人工智能创作程序。另一个比较特殊的变量是"科幻文艺爱好",与假设不同,"科幻文艺爱好"被证实显著正向影响人工智能创作程序的继续使用意愿,即越爱好科幻文艺越倾向于继续使用人工智能创作程序。本书的研究表明,创新扩散理论中的一部分变量并未在本次调研数据中得到证实与创新事物的使用存在因果关系,比如对于"易用性"和"可试性"的认知未被数据证实影响了程序使用,而"个人创新性"越高,程序使用频率越低,与创新扩散理论的观点不相符合,这可能是由于人工智能创作程序本身就是互联网上的便携式应用,易用和可试并不足以让它们成为被选择使用的原因。而人工智能创作程序本身的机械式操作和作品生产,并不能完全满足个人创新性高的用户的使用需求。

再次,在程序分享方面,本研究发现,创新扩散理论涉及的创新认知变量中的"相对优势"和"可观察性"部分证实与程序分享存在正向影响,而"兼容性""易用性"未被证实影响了程序分享,而"可试性"被证实与分享频次存在负向影响,即程序的可试性越强,分享频次越少。此外,行为变量层面的人工智能"技术群采纳"被证实与程序是否分享以及分享频次都存在正向影响,"社交媒体获取信息频率"被证实与程序分享频次存在正向显著影响,但是"媒介获取信息频率"未被证实与程序分享存在显著影响。此外,"作品艺术价值评价"被证实与程序分享频次存在正向影响,但"科幻文艺爱好"、"感知价值"和"对人工智能创作的态度"未被证实影响了程序的分享。比较特殊的是,"个人创新性"被证实在程序的分享频次方面产生了负向显著影响,即对自我的个人创新性评价越高,越少分享人工智能创作程序。

最后,在创新认知方面,本研究发现,"感知价值"被证实与创新认知的 5 个变量产生显著正向影响。而"对人工智能创作的态度"被证实与"相对优势""兼容性""易用性""可试性"产生正向显著影响，而"作品艺术价值评价"对"相对优势"和"可观察性"被证实产生正向显著影响。本书的研究表明创新扩散理论中对于事物创新性的认知，受到与事物相关的多种因素的影响。

此外，本研究通过对人工智能创作程序的用户的人口变量进行分析后发现，使用程序的用户与罗杰斯提出的早期采用者有很多契合点：学历越高、收入越高的用户使用人工智能创作程序越活跃。对人口变量的分析一定程度上支持了本书在系统扩散层面提出的人工智能创作处于扩散增长期的研判。

第 7 章　结论与讨论

7.1　研究结论

　　如果把人工智能和人的大脑进行类比，这些应用属于追求更高、更快、更强、更准的人工智能"左脑"的范畴。但要实现人机协同，仅有左脑是不够的，人们还需要具有空间感、形象感、想象力、创造力等的人工智能"右脑"的辅助，让机器更善意，更有温度。① 本书研究的人工智能创作，就是人工智能"右脑"能力在文化艺术领域的一种释放。不可否认，人工智能到底能不能创作？人工智能创作物能不能称为作品？这些问题依然充满争议，但是人工智能介入人类的文艺创作领域已经是一个不争的事实。清华大学美术学院院长、中国美术家协会副主席鲁晓波在第五届艺术与科学国际学术研讨会上表示："人工智能介入艺术已见趋势，或许，在不久的将来，艺术也不再是人类专属。艺术的发展面临理念、认知方式、媒介以及审美体验的转化。"

　　在这样的背景之下，本书探讨人工智能创作的创新扩散问题，重点关注人工智能创作如何实现创新发展，人工智能创作作为一种新的技术如何在社会上扩散。在具体的研究中，重点分析了以下四个方面的问题。

---

① 范凌：《艺术设计与人工智能的跨界融合》，《人民日报》2019 年 9 月 15 日第 8 版。

7.1.1　人工智能创作

本书对人工智能创作进行了界定：人工智能创作是指在计算创造力领域，人工智能作为准主体，将数据集作为原材料，通过与用户交互创造文学艺术作品的活动。从定义的内涵来看，本书探讨的人工智能创作，是在满足条件的情况下进行独立创作的一种弱人工智能创作，是人类文艺创作系统的一个子集。从定义的外延来看，人工智能创作包括了文字领域的写对联、写诗、写小说、作书序、写作文等具体文字创作；包括了音乐领域的作曲、作词；包括了绘画领域的机器绘画；包括了影视领域机器创作剧本、制作电影预告片、生成视频等；包括了设计领域的海报设计、纺织面料设计和商标设计等。

本书将人工智能创作的路径分为三类：人类指导下的知识驱动方法、自我学习的数据驱动方法和人机交互的方法。人工智能创作的早期发展阶段，多采用人工编程的方法告诉计算机怎样创作，这样的创作方式不可能达到甚至超越人类水平。自我学习的数据驱动方法通过大量的数据，让计算机自动学习创作，这样的创作由于没有人类介入，所以质量不佳。本书认为人机交互的方法将成为今后人工智能创作的主流方式，将人类知识与数据相结合，运用人类智慧和计算机的算法、算力完成创作。

人工智能创作与人类创作存在三个方面的差异，一是创作主体不同。人类创作中，人类艺术家发挥关键作用，而在人工智能创作中，直接的创作者是计算机程序，是计算机借助软件与别的机器、人或者环境进行交互创作出作品的过程。二是创作过程不同。在创作的体验阶段，人类的艺术创作都受到自然界事物的启发，而人工智能创作只需要获得海量的创作作品累积形成的数字数据。在创作的构思阶段，人类创作是一种从有形到无形、从具体到抽象的过程，随意性、自主性强。而人工智能创作无法采用自适应的方式改变既定的运算规则和运作流程。在创作的传达阶段，人类创作借助多种介质最终呈现艺术作品，而人工智能创作首先是以电子的方式呈现出来，才有可能借助别的媒介进行呈现。三是作品层次不同。从语言维度上比较，人类创作和人工智能创作没有区别，都分为文学语言、音乐语言、美术语言、戏剧语言、电影语言等。从形象维度比较，人类创作的艺术形象是艺术作品的核心，是具体可感的物态形象和高度概括的审美理想的和谐统一。人工智能创作作品难以做到这一点。从艺术意蕴维度比较，并不是所有的人类作品都能具有艺术意蕴，但是绝大部分人工智能并不具备艺术意蕴。

人工智能创作具备四个方面的特点。一是创作速度快，大部分的人工智能创作特别是作为产品推向市场的人工智能创作程序依托数据、算法和算力，都呈现出创作速度快的优势。二是具有实验性的特点，人类目前只探索了艺术空间很小的部分，而人工智能依靠计算机的存储和速度优势，将极大地拓展艺术创作的空间。三是人工智能创作不具备情感驱动力，都是通过固定的程式、随机、模仿或者选择来生成创作作品。四是人工智能创作是一种默会的创作，现阶段的人工智能通过深度学习掌握创作知识并生成结果，在输入的数据和输出的答案中，存在算法"黑箱"，导致创作过程不能观察而且无法解释。

7.1.2 人工智能创作的创新发展

人工智能创作创新发展的分析遵循创新的四个步骤：意识到问题或需要、基础和应用研究、发展、商业化。创新的第一个阶段是意识到研发需要。人工智能创作的研发需要部分通过专家访谈，得出了三种需要的观点：第一种观点认为是社会需求驱动了人工智能创作的研发。人工智能创作能够满足人们的一些现实需求，提升人们创作的速度和效率，开拓创作空间。第二种观点认为技术探索需求驱动人工智能创作研发。人工智能创作对研发人员来说是一种挑战，是对人工智能研究水平的一种证明，是一种人工智能技术领域的科研探索。第三种观点认为企业的多样化需求驱动人工智能创作的研发：企业自身产品发展的需要，企业自身能力的证明，企业为了增加自身平台的内容丰富度等促使企业投身人工智能创作的研发行列。

创新的第二个阶段是创新基础研究。创新扩散理论认为，意识到需要之后，是"领先用户"首先开发了创新，提供了模型。所以，本书梳理了 12 个 1948—2006 年世界范围内的人工智能创作领域的"领先用户"案例，呈现出人工智能创作在世界范围内的发展脉络。

创新的第三个阶段是发展阶段，是把新的理念包装成可以满足潜在需求的过程。在这个过程中，"臭鼬工厂"——大型公司的实验室发挥了重要作用。本书梳理了中外大型科技公司介入人工智能创作领域进行研发的具体情况。

创新的第四个阶段是实现从研发到产品的转化，这是产品推向市场、走向商业化的过程。本书重点关注了文字、绘画、设计、视频制作领域的 14 个主流应用，对身份设定、界面设计、结构设计和交互设计以及程序的接触渠道情况进行了具体的分析并总结了它们共同的特点。

7.1.3　系统层面的人工智能扩散分析

本书通过两方面的研究来呈现人工智能创作在系统层面的扩散。一方面是时间维度下的人工智能创作的报道量，从媒体角度反映出人工智能创作的社会传播过程。一方面是清华"九歌"人工智能作诗系统的具体采纳情况，以个案分析的方式探讨人工智能创作技术的社会采纳情况。

本书选取方正"中华数字书苑"数据库作为纸质新闻媒体报道资源库进行分析。该数据库收录了中央报刊、地方党报、都市报、产业报等全国各级各类数字报纸共 461 份，提供了 1949 年至今实时更新的全部报纸内容。通过探索式搜索的方式，确定了搜索从 1982 年 1 月至 2019 年 12 月的所有与"人工智能创作"相关的报道。本书对"人工智能创作"进行了多层次的操作化定义，共检索到各级各类报纸媒体报道共 5076 篇。1982—2015 年的报道总量为 1105 篇，平均每年折合 33.48 篇，平均每天在新闻媒体上仅有 0.09 篇人工智能创作的相关报道。而 2016—2019 年关于人工智能创作的报道总量为 3971 篇，平均每年折合 992.8 篇报道，平均每天在新闻媒体上有 2.72 篇人工智能创作的相关报道。从年度叠加的报道趋势图可以看到，2016—2019 年，媒体报道量呈现直线上升趋势，媒体对于人工智能创作从 2016 年开始高度关注。但是媒体报道中，报道对象提法不统一，一定程度上反映出社会对人工智能创作技术和产品的认识还未达成共识。媒体报道中，人工智能绘画被给予了最多的关注。媒体报道也体现出不同的人工智能创作领域，如果有一些新闻事件的助推，比如比赛、展览、获奖、出版作品等，将极大地吸引媒体的关注。

本书选取从创作质量、程序传播力和媒体关注度都具备代表性的人工智能创作应用——"清华九歌人工智能诗词创作系统"——为案例进行程序使用量的统计分析。清华九歌自 2017 年 9 月正式上线以来，截至 2019 年 12 月，累计作诗量已经达到 7059418 首，平均每月作诗量达到 252122 首。从相关研究以及清华九歌的扩散曲线判断，该程序目前处于扩散增长期阶段。从媒体的报道情况和清华九歌的扩散情况两个方面进行综合分析，本书认为人工智能创作目前仍处于扩散的增长期阶段。

7.1.4　个体层面的人工智能使用和分享分析

本书采用网络问卷调查的方式对人工智能创作程序的使用者进行调查，共计 1494 人进行了答题，但仅有 519 人使用过人工智能创作程序，34% 的受访用户合格率也在一定程度上印证了本书对于人工智能创作程序处于扩散增长期阶段的研判。本书提出了"人工智能创作程序的使用和分享的影响因素总模型",并在研究中细化为4个模型:"人工智能创作程序使用的影响因素模型"、"人工智能创作程序分享的影响因素模型"、"人工智能创作程序使用对分享的影响模型"以及"人工智能创作程序创新认知的影响因素模型"。通过后期的数据验证,本书提出的结构方程模型拟合度较好,大部分假设得到了证实或部分证实。

程序使用方面,使用者越认可程序在"相对优势"、"兼容性"和"可观察性"方面的优势,就越倾向于使用程序,使用越多的人工智能产品、越频繁通过媒介获取信息和越频繁通过社交媒体获取信息都与人工智能创作程序使用的某些方面证实存在显著的正向影响。但是,个人创新性能力越强的使用者,使用人工智能创作程序的频次就越少,一定程度上说明这部分使用者认为人工智能创作程序的创新性不足。同时,爱好科幻文艺的使用者继续使用程序的意愿越强烈,说明这部分使用者更看好人工智能创作程序的进一步发展。

程序分享方面,使用者认为程序在"相对优势"和"可观察性"方面有优势,就越倾向于分享。但是认为程序方便使用的人,分享频次反而越少。这至少可以解读为程序方便使用并不是导致分享行为的必然考量。越多使用人工智能技术产品,越爱分享程序并进行多次分享,越频繁使用社交媒体的用户,分享程序的次数就越多,一定程度上凸显出社交媒体分享方面的优势。与程序使用的情况一样,越认为自己有创新性,分享程序的次数会越少,认为自己创新性强的用户也许认为人工智能创作的作品创新性不足,并未激发出自己的分享欲望。同时,对作品艺术价值评价越高,分享的次数越多。说明使用者倾向于向朋友分享自己觉得有艺术价值的程序,也说明程序的作品的艺术价值的提升应该成为今后发展的一个重要方向。

使用者对智能创作程序的持续使用意愿越强烈,就会越多地分享程序，使用过的人工智能创作程序越多，分享的频次越多，使用越频繁，分享就越频繁。程序使用对于分享的显著影响一定程度上拓展了创新扩散研究中止步于创新采纳的研究倾向，本书对于人工智能创作程序的研究表明，社交媒体环境下，采纳对于分享存在显著的正向影响，分享对于创新的扩散也是极为重要的一环。

在创新认知方面，使用者的科幻文艺爱好越强烈，越觉得程序有使用价值和享乐价值，对人工智能创作程序的创新认知的所有评价都越高，使用者对人工智能创作的态度越正面，对程序的"相对优势""兼容性""易用性""可试性"的评价越高，使用者对"作品艺术价值的评价"越高，对程序的"相对优势"和"可观察性"的评价越高。所以，本书的研究表明，创新扩散理论中的创新认知会受到很多因素的影响。具体到人工智能创作程序而言，使用者的相关爱好、使用者对于程序的感知价值评价、使用者对人工智能创作的态度以及对作品艺术价值的评价，均会在不同程度上影响使用者对于程序创新性的认知。本书的研究对于创新认知的要素的影响因素分析也是对创新扩散理论的进一步拓展。

7.2　讨论

7.2.1　专家学者对人工智能创作发展前景看法迥异

正如匈牙利哲学家、文学批评家卢卡奇指出的那样，主体并不会努力创造某些新东西，而是根据对象是什么、会成为什么而持有一个立场，该立场会打开其有用的潜能。[①] 人工智能领域的专家和学者对于人工智能创作的发展前景所持有的立场和观点，可以带领我们从专

---

① ［加］安德鲁·芬伯格：《技术体系——理性的社会生活》，上海社会科学院科学技术哲学创新团队译，上海社会科学院出版社 2018 年版，第 229 页。

业的视角出发，预测人工智能创作的发展前景。本部分专家访谈的主
题是"人工智能创作的发展前景"，本书对访谈资料的整理和分析沿
用"类属分析"的方式进行。本书通过对 16 位专家的访谈资料进行
同类比较、异类比较、横向比较和纵向比较之后，笔者访谈的专家对
人工智能创作的发展前景呈现出 3 种不同的观点：有 3 位专家不看好
人工智能创作的发展前景，有 3 位专家对于人工智能创作的发展持中
立的态度，有 10 位专家看好人工智能创作的发展前景。在此分析基础
之上，本书设定了专家学者对于人工智能创作发展前景的三个类属的
判断：发展前景黯淡、发展前景不明朗和发展前景光明。

表 61　　　　　　人工智能创作发展前景访谈专家介绍及访谈时间

序号	姓名	专家介绍	访谈时间
1	李长亮	金山集团副总裁、人工智能研究院院长，博士	2019. 12. 17
2	刘哲	北京大学哲学系副主任、副教授、博古睿研究中心联合主任	2019. 10. 31
3	张江	北京师范大学系统科学学院教授，集智 AI 学园创始人、腾讯智库专家、阿里智库专家	2019. 12. 13
4	宋睿华	微软小冰首席科学家	2019. 12. 25
5	李宇明	教授，国务院特殊津贴专家，北京语言大学语言资源高精尖创新中心主任兼首席科学家，曾任国家语委副主任、教育部语言文字信息管理司司长、教育部语言文字应用研究所所长、北京语言大学党委书记、华中师范大学副校长等	2019. 12. 17
6	刘挺	哈尔滨工业大学计算学部主任兼党委副书记、计算机科学与技术学院院长，教授，博士生导师，国家"万人计划"科技创新领军人才	2019. 10. 31
7	孙茂松	清华大学计算机科学与技术系教授，清华大学人工智能研究院常务副院长，博士生导师，自然语言处理科学家，"九歌"作诗系统研发者	2019. 12. 17
8	张钹	中国科学院院士，清华大学人工智能研究院院长、教授，人工智能领域最高荣誉——"吴文俊人工智能最高成就奖"（2019年度）获得者	2019. 11. 1
9	黄铁军	北京大学计算机系主任，教授，智源研究院院长	2019. 10. 31
10	杨强	香港科技大学新明工程学讲习教授，计算机科学和工程学系主任，大数据研究所所长，国际人工智能协会（AAAI）院士	2019. 11. 1

序号	姓名	专家介绍	访谈时间
11	颜水成	依图科技首席技术官、智源首席科学家，新加坡国立大学终身副教授，曾任360集团副总裁、360人工智能研究院院长。五次获评全球"高被引科学家"，第十三批国家"千人计划"专家	2019.11.1
12	黄卫东	西北工业大学教授，博士生导师，国家杰出青年科学基金获得者，科技部3D打印专家组首席专家	2019.11.3
13	钟振山	IDC中国新兴技术研究部副总裁	2019.12.6
14	黄鸣奋	厦门大学特聘教授，博士生导师，主要从事古典文论、文艺心理学和数码艺术理论研究	2019.11.25
15	徐文虎	封面新闻人工智能技术总监	2019.12.6
16	周昌乐	厦门大学智能科学与技术系教授，博士生导师，宋词生成器发明专家	2019.11.24

7.2.1.1 人工智能创作的发展前景黯淡

在笔者访谈的专家中，有3位专家认为人工智能创作的发展前景黯淡。金山集团副总裁李长亮认为人工智能并不能实现真正的创新，无法完成创作工作。北京大学刘哲副教授认为人工智能创作的发展对于社会文化发展方向的引导会产生负面的影响。北京师范大学张江教授认为如果不对人工智能的产品加以限制，它们将会产生意想不到的、恐怖的社会伦理等方面的问题。

金山集团副总裁、人工智能研究院院长李长亮："我认为人工智能做不了创作，不能创新。没有办法做到人脑根本没有想到的事情，机器帮我写出来。更多的是人有一个框架，知道自己要做什么，然后在写的过程中，人提供一些帮助。"

北京大学哲学系副主任、副教授刘哲："对于人工智能创作的评估，并不是说因为市场需求它所以我们去发展它，我们要考虑到它对于我们公众社会的认知，包括我们社会文化方向的引导有可能是一种削弱的、固化的作用。"

北京师范大学系统科学学院教授张江："计算机能做的事情，终极目标就是模拟一个人，现在基本能达到人类能描述清楚的东西，计算机都会具备，但是描述不清楚的就不行，因为它不知道什么叫意识。如果不加限制，人工智能产品肯定会越来越多，越来越恐怖。"

7.2.1.2　人工智能创作的发展前景不明朗

在笔者访谈的专家中，有3位专家对于人工智能创作持中立态度，认为人工智能创作的发展前景并不明朗。微软"小冰"首席科学家宋睿华认为机器的创作最乐观的情况是达到人类的平均水平，不可能取代人的创作，人工智能创作下一步的发展方向并不明朗。北京语言大学的李宇明教授认为目前我们对人工智能创作的认识还非常有限，用人类现有的理论和规章制度来对人工智能创作进行评价，有对的方面，也会有存在偏颇的方面，人工智能创作的发展情况将最终取决于人类社会对于真善美的评价理念。哈尔滨工业大学刘挺教授认为人工智能创作有些具备实用性的潜质，有些并不能真正进入市场，他对人工智能写诗、制作音乐和画画等持保留意见，但是看好定制化虚拟人的发展。

微软"小冰"首席科学家宋睿华："人类最好的诗人一定是非常好的，包括人类剧作家。文艺这件事情，应该说它的方差很大，写得好的人和写得差的人创作水平天差地别。然而机器可能最多达到average的水平，达不到高级的水平，缺少不了人，因为人比机器特别，人有感受力。作家要写出大家心中的感受才能打动很多人，或者是他表达自己，然后刚好有很多人也有他那样子的感受，会很触动别人的心理，他需要的是生活在这个世界上，感受这个世界。然而机器可能是学习了人类的表达，学习人类的情感之后，模拟出来了一些，但它没有原生的感受，而且人可以适应不同的创作规则，并且随着世界的变化，还用他的文字或者创造出来的新词在不断地表达他的内心，表达他对这个世界的感受，这些都是机器替代不了的。不用担心，其实机器写得没有多好。我觉得我也想不太好说未来它有什么，或者说未来会在哪个点上爆发，大家更多的是在这个时代，我们很幸运地开始看到一些前人没有想过的问题，然后我们也刚好有机会做这样的事情，我们就去做。"

北京语言大学语言资源高精尖创新中心主任兼首席科学家李宇明教授："人工智能创作的发展最终取决于人类社会对于真善美的评价理念，如果社会觉得这个东西很好玩，它也可能留存下去，但是游戏一般来说生命周期特别短，我觉得这些东西一部分是属于游戏的。我们今天对人工智能创作的认识还是非常有限的，第一个原因是我们现在还是生活在一个平面媒体时代，我们还是用平面媒体的眼光在看待这个物质。实际上我们生活在三个世界，我们没有把虚拟世界认识清楚，对于规律，我们本身的参照点和认识点是有限的。第二个原因是给我们的时间有限。我们按照以往的规律在评判未来的事情，用已有的经验评判新生的事情，但是我们又不能不评判。人总是用已有的知识评价未有的知识，这个按照皮亚杰的说法叫作'同化理论'，总是把新知装到已经有的旧知里面。一旦你的旧知的体系装不下它的时候，那就需要重新建立理论体系。现在我们还是用我们传统的旧知，已有的知识去看新生事物，但是我们现在的旧知识还能装下它，一旦装不下它的时候，那我们就要改变我们的知识体系。那就是一个阶段性的、时代性的飞跃。现在我觉得我们是在用人类已有的规章制度、生活习惯、理论判断来看它，这个东西肯定有对的，也会有偏颇。"

哈尔滨工业大学刘挺教授："我对写诗不太看好。写诗合辙押韵这些没有问题，但是诗最关键的不在于平仄，不在于韵脚，在于立意。所以我觉得这个很难超越。音乐和画画我觉得不好说，虚拟人挺有用的，比如我就喜欢范冰冰，但是范冰冰没法陪我聊天，比如说范冰冰愿意出让自己的肖像权，我做一个虚拟范冰冰，它每天陪我聊天，人的精神世界是需要得到满足的，定制化的虚拟人是有用的。我觉得人工智能不太可能创作出杰出的艺术作品。包括诗歌、音乐、绘画，我觉得很难。但是为什么有时候（人工智能）艺术能够穿透，大家觉得挺好呢？因为艺术具有歧义性，尽管机器是瞎写的，但是人有一个二次创作，觉得挺好，人通过脑补，把这几个意向给连接在一起了，觉得挺好，其实创作者——机器人并没有想那么多，所以它正好有点取巧了。但是我觉得很难出大的艺术作品。现在就卡在创意上，一个诗人在酝酿一首诗的时候，他的内心有一种冲动，有一种情感，然后他有创意，但是机器人不是，至少现在我觉得是没有创意。人工智能创作对于大众浅层的消费应该还是可以的，短期内产生大量印象派的画作，艺术界的人也特别认可，我也不好说。"

7.2.1.3　人工智能创作的发展前景光明

在笔者访谈的专家中，有 10 位专家看好人工智能创作的发展前景。他们从不同的角度分析了人工智能创作的未来发展。清华大学孙茂松教授认为人工智能可以成为人类创作的一个得力的辅助工具。中国科学院院士、清华大学张钹教授认为人工智能能够拓展人类文艺创作的空间。北京大学黄铁军教授认为人工智能创作能够部分满足老百姓的需求而且很多是免费的，所以是有生命力的。香港科技大学杨强教授表示看好包括人工智能创作在内的人工智能的很多技术的发展前景。依图科技首席技术官颜水成表示看好人工智能创作的发展，认为人工智能创作目前由于技术、工程和数据等原因表现还不够好，但是随着迭代和升级，会越来越好。西北工业大学黄卫东教授表示 3D 打印、人工智能等新的技术正在改变这个时代。IDC 中国新兴技术研究部副总裁钟振山认为人工智能创作是具备商业利益增长点的。厦门大学黄鸣奋教授认为人工智能创作终将会像自来水一样融入人们的生活，以至于人们不会刻意地区分是谁是创作者。封面新闻人工智能技术总监徐文虎认为机器将会更多地参与大文化产业，为更多用户提供文娱服务。厦门大学周昌乐教授认为艺术本质上是超逻辑的，而目前的计算机都基于形式系统，所以创作能力有限，但是量子计算机具备超逻辑的特性，有可能在创作领域带来大的飞跃和提升。

清华大学人工智能研究院常务副院长孙茂松教授："我将来想让计算机帮助人改诗，你写首诗给我，我告诉你哪个字不太对，给你提出修改建议，机器给人某种提示，怎么做得更贴切，给他建议，但是不是帮他改，给他某种提示，用这样的方式，说不定能把诗作得更好。"

中国科学院院士、清华大学人工智能研究院院长张钹教授："从人工智能的角度来谈，计算机依靠速度和存储能力，在围棋领域战胜了人类，拓展了下围棋的方法。文艺创作更是这样，创作空间非常大。以绘画来说，计算机将来会发现，原来画画还可以这么画，这是人类从来没有想过的。"

北京大学计算机系主任黄铁军教授："我觉得有的人工智能创作是有生命力的。这些产品老百姓是有需求的，又是免费的，我们又没有那么多创造、创意的东西，在这种情况下，给大家提供一些这种产品没有什么不好。"

香港科技大学杨强教授："我看好人工智能创作的发展前景，人工智能的很多发展我都看好。"

依图科技首席技术官、新加坡国立大学终身副教授颜水成："我比较看好人工智能创作的发展，我觉得人工智能在很多领域都有比较好的应用。人工智能能够提升创作力、提升创作效率。有时候用户自己都想象不到能做成这样的，帮助他做创作。这些都是非常有价值的。当前状况下不太好用，除了技术的原因，还有工程维度。工程维度是说你要把它从技术做成一个产品，还有很多别的事情要做的。现在包括可能数据的维度都不够。但是随着用的过程中用得越来越多，它走进真实的场景后一定会逐步地迭代、升级，越来越好。不要看它现在这个现状，将来后面的话会越来越好。这对整个社会而言，会有 Positive 的影响，也会有 Negative 的影响。Positive 的影响肯定是主要的，Negative 的影响肯定是说生产的内容到底是机器生产的还是人生产的，谁来负责的问题。"

科技部 3D 打印专家组首席专家、西北工业大学教授黄卫东:"人工智能创造很多新东西,让我们发现原来不知道的新的领域,它开辟了一个广阔的领域,当然会对人产生很大的影响。像 3D 打印,也是要对人类社会产生很大影响的。现在是一个新技术爆发的时代,3D 打印、AI 都是现在的新技术之一,都在改变这个时代。"

IDC 中国新兴技术研究部副总裁钟振山:"人工智能创作类应用作为一种交互类技术,人们通过和机器交互,改变人的生活习惯或者消费习惯的一种技术,在生产上也是一样的,图像识别用在很多生产制造的工艺当中,也会起到很大的作用,而且它也是有利润可图的。"

厦门大学特聘教授黄鸣奋:"我感觉人工智能创作会像自来水一样融进人们的生活。我们今天喝水的时候,并不区分它到底是水库来的还是什么池子来的,将来人工智能也像自来水一样,你一拧开它就自动融入你的生活当中,你也不会去区分是谁带来的。当你真正刻意去识别它的时候,那往往要到人工智能向你要著作权的科幻年代了,这是远景吧。"

封面新闻人工智能技术总监徐文虎:"随着智媒体技术不断进步和发展,机器将更多地参与到大文化产业中,为更多用户提供文娱服务。"

厦门大学智能科学与技术系教授周昌乐:"艺术本质上说是超逻辑的,必须要超逻辑才能够真正实现人的艺术创作过程。现在的计算机都是基于形式系统,都不能超逻辑,但是我们的艺术都是自相矛盾的,比如《红楼梦》,假作真时真亦假,假的和真的混在一起。计算机能不能做一个变量,又等于真,又等于假?肯定不行,所以它现在的创作能力有限。人工智能创作会不会发展到有情感、有意识的阶段,要看用什么样的计算手段,用现在的计算机是不可能的,但是用量子计算机有可能,因为量子计算机就是超逻辑的。"

7.2.2 本书关于人工智能创作发展的讨论

历史学家尤瓦尔·N. 赫拉利（Yuval Noah Harari）在《未来简史》中写道："常有人说，艺术是我们最终的圣殿（而且是人类独有的）。等到计算机取代了医生、司机、教师甚至地主和房东时，会不会所有人都成为艺术家？然而，并没有理由让人相信艺术创作是片能完全不受算法影响的净土。人类是哪来的信心，认为计算机谱曲永远无法超越人类？"[①] 目前人工智能创作，离赫拉利所预言的超越人类的创作还相距甚远，但是，从创作领域的人机协作和人机共生的视角来看，发挥出人工智能创作的更大效能，需要多主体形成更好的联动合作关系。

7.2.2.1 研发者

1997 年，计算机程序"深蓝"击败当时世界第一棋手，2016 年和 2017 年，AlphaGo 在围棋比赛中分别战胜世界冠军李世石和柯洁，5 个月之后，AlphaGo Zero 采用新的算法以 100 比 0 的比分战胜 Alpha-Go。2018 年，谷歌 Deepmind 研发的人工智能 AlphaStar 在电竞游戏《星际争霸2》中以 10：1 战胜人类玩家。2019 年，微软"雀神 AI"suphx 在专业麻将竞技平台上实力胜过了顶级人类选手平均水平，而 Facebook 和 CMU 合作开发的 AI 赌神 Pluribus 在六人局德州扑克比赛中击败人类顶级玩家……人工智能在棋牌和竞技游戏等领域的持续发力，是因为人工智能的深度学习，需要评价体系，无论是棋牌还是游戏，都有一套成熟的规则，都有明确的评价体系，所以人工智能深度学习通过对这些领域的挑战，并非叫板人类，而是通过这些领域的成熟评价体系来帮助技术实现迭代。但是人工智能创作是一个特殊的领域，创作并没有客观标准，微软小冰团队的袁晶博士认为，如果有一

---

① ［以色列］尤瓦尔·赫拉利：《未来简史》，林俊宏译，中信出版社 2017 年版，第 277—319 页。

套非常好的打分体系，他们一定可以往那个分数去优化，但是由于没有成熟的打分体系，所以目前人工智能创作出来的是不是真的好作品是未知的。[①] 创作标准的缺失不仅使得作品质量难于评价，也带来输入数据选择方面的问题。如果真如微软首席语音科学家栾剑所言，未来小冰有可能从"抖音神曲"中挖掘流行音乐风格来生成音乐的话，可以想象，如果抖音神曲真的在人工智能创作模型的帮助下实现量产，将会对流行音乐的发展和人们的音乐旨趣产生巨大影响。

笔者认为，在技术发展的道路上，如何打造可靠、可解释、负责任的人工智能是需要研发者考量的问题。正如第二届语言智能与社会发展论坛形成的《推进智能写作健康发展宣言》所倡导的那样，智能写作在发展中应当"以人为本，以公众福祉为目标，尊重社会伦理和科技伦理，担当起社会责任。保障人类个体和组织的尊严、隐私和权利；永不寻求代替或削弱人类的语言使用能力，始终保持其工具性定位；不断提高其自身透明性、可解释性、可预测性，使系统可追溯、可核查、可问责"[②]，而这样的发展目标同样适用于人工智能创作领域的其他创作类型的发展要求。

7.2.2.2　创作者

苏联艺术理论家苏霍金认为，熵作为一种混乱程度的量度，反熵特性是指与任何混乱趋势相反的倾向。科学创造与艺术创造都具有明显的反熵特性。科学家使自然界的混乱状态变得有序，艺术家使个人的感受条理化，他们具有相似的工作任务。[③] 从这个角度来说，科技

---

① 刘悠翔、陆宇婷：《也许以后，艺术家都用 AI 协助自己创作》，《南方周末》2018 年 6 月 21 日第 22 版。

② 高而杰：《推进智能写作健康发展，第二届语言智能与社会发展论坛在北京语言大学召开》，语言资源高精尖创新中心，2019 年 12 月 17 日，https：//mp. weixin. qq. com/s/h9y7qAcvxNt2Om7nZeoANg，2020 年 2 月 26 日。

③ ［苏］苏霍金：《艺术与科学》，王仲宣、何纯良译，生活·读书·新知三联书店 1986 年版，第 20—27 页。

与文学艺术的天然联系使得二者在人工智能领域自然地交汇在一起。从专业的人类文艺创作者的角度来说，与其排斥、轻视，不如正视人工智能正在打破和重组艺术创作元素的现实，发挥人工智能创作的创意杠杆的作用。无论是作诗还是写歌，人工智能的最大优势在于能在短时间内找到多种组合，能为人类创作者提供多种素材，助力艺术家创作过程中的创意生发。格莱美获奖制作人 Alex Da Kid 曾与 IBM 公司的人工智能沃森（Watson）搭档合作创作歌曲。沃森首先分析了数百万行的文本，包括维基百科文章、《纽约时报》头版头条、社交媒体、博客等，了解了过去五年的潮流文化内容，探索出能够引起人们共鸣的主题——"心碎"，然后对入选美国 Billboards 热歌 100 排行榜的 26000 首歌曲的歌词和作曲进行分析，探索出"心碎"的恰当的音乐表达方式，最后使用了 Watson BEAT 的产品原型，让音乐人根据想要表达的情绪，随心变换音乐元素，最终完成了听众导向的音乐创作 *Not Easy*，单曲一经推出就冲上 Spotify 全球榜第二名。①

图 61　Alex Da Kid 与 IBM Watson 联手打造的

单曲 *Not Easy* 视频二维码

----

① IBM Watson Music 中国，https：//www – 31. ibm. com/ibm/cn/cognitive/outthink/watson/music/，2019 年 10 月 10 日。

7.2.2.3 新闻媒体

从本书的分析可以看到，媒介对于人工智能创作的报道给予了非常多的关注。包括在央视《机智过人》等节目中，国内顶尖的人工智能团队带着最新的研究成果和解决人类各个方面问题的方案，接受人类检验团检验，直接将图灵测试的结果呈现在受众面前。媒体对于人工智能创作的高度关注，能够增加公众和商业对于人工智能创作的兴趣，催化技术的加速发展，但是一些夺人眼球的标题背后的研究方法和偏倚风险尚未得到详细的检验。在媒体的报道过程中我们也看到了报道中暴露出的一些问题，比如提法上的不统一、不规范，报道中的解读不到位，以消息正面呈现人工智能创作的发展成果、以评论猛烈抨击其质量的割裂状态等。厦门大学的黄鸣奋教授认为媒介对于人工智能过于关注，但是社会大众对于人工智能的需求量并未与媒介的报道量相匹配。《英国医学杂志》（BMJ）的研究人员认为：″许多研究和媒体声称人工智能在解释医学图像方面达到与人类专家一样的水平，甚至比专家还好，但实际上 AI 的质量很差，而且被夸大了，这对患者的安全构成了风险。″[①]

牛津大学路透新闻学研究所的一项研究表明，新闻行业在新闻创新中存在"闪亮事物综合征"（Shiny Things Syndrome）——在缺乏明确的、以研究为基础的策略的情况下对技术的过分追求。研究发现，媒体对技术驱动的创新的不懈、高速追求几乎与停滞一样危险。有证据表明，在新闻机构内部培养可持续的创新框架和明确的长期战略的要求越来越迫切，这种"转向"还可以解决与"创新疲劳"相关的日益严重的精力枯竭问题。[②] 所以，"创新疲劳"中的媒体在一窝蜂地报

① 何静：《AI 比医生厉害？BMJ 发文担忧 AI 的表现被"夸大"》，学术头条，2020 年 3 月 29 日，https：//mp. weixin. qq. com/s/De9YFqHu9VJndsCG1Dt9Rg，2020 年 3 月 30 日。

② "Time to Step Away from the 'Bright，Shiny Things'? Towards a Sustainable Model of Journalism Innovation in an Era of Perpetual Change"，https：//reutersinstitute. politics. ox. ac. uk/sites/default/files/2018 - 11/Posetti_ Towards_ a_ Sustainable_ model_ of_ Journalism_ FINAL. pdf.

道人工智能创作领域的各种突破后，对于新技术的关注，应该纳入一个长期的报道框架中来有目的、有步骤地进行。只有这样，才能呈现一个科技与文艺相融合的技术的清晰的发展方向。在这个过程中，新闻界应该实事求是地对人工智能创作的发展现状进行报道，不夸大现有性能，不做缺乏科学依据的展望，不误导社会，不人为制造社会焦虑。

7.2.2.4 受众

从受众的角度来说，电影《机械公敌》（*I，Robot*）中的一段对话发人深省：威尔·史密斯（Will Smith）扮演的男主角向机器人发问："机器人能创作交响乐吗？机器人能在画布上绘出美丽的杰作吗？"与之对话的机器人反问道："你能吗？"破坏式创新是一种与主流市场发展趋势背道而驰的创新活动，它具有极强的破坏性威力。① 破坏性创新分为低端市场破坏性创新和零消费市场破坏性创新。由于没有足够预算、能力或者必须到固定地点、固定时间才能使用某个产品的消费就处于零消费市场。一定程度上说，文艺创作对于普通人来说就类似于一个零消费市场。零消费市场破坏性创新，就是通过提供更加低价、更加便捷、更加容易操作的产品，帮助消费者完成那些之前难以完成的任务。② 而人工智能创作，就可以看作一种零消费市场的破坏性创新，在人工智能的帮助下，文艺创作的门槛不断降低。正如卢西亚诺·弗洛里迪所说，我们对世界的认知的改变，是从日常经验、心理和行为这些角度，对发生在眼前的迅速和不间断的变化进行日常调节的结果。③ 人工智能技术逐渐融入日常生活，成为人们认知人工智能

---

① 范昀昀、王成城：《基于可视化技术的破坏式创新知识图谱研究》，《现代商贸工业》2019年第23期。

② LEO：《一篇文章带你理清"破坏性创新"》，人人都是产品经理，2017年10月11日，http://www.woshipm.com/operate/812305.html，2020 - 02 - 20。

③ ［意］卢西亚诺·弗洛里迪：《第四次革命——人工智能如何重塑人类现实》，王文革译，浙江人民出版社2016年版，第XIII页。

技术、认知现实世界的一部分。从本书对人工智能创作程序的使用和分享的调研情况也可以看到，程序的使用者对于程序完成的作品的艺术价值给予了较高评价，使用和分享意愿都比较强烈。在人工智能创作技术的扩散过程中，我们一方面应该对其在社会中的传播予以积极关注；另一方面也呼吁应该警惕这种技术在社会上广泛传播有可能给受众带来的不良效应。2004 年，荷兰认知心理学家克里斯托夫·范宁韦的实验研究表明，当解决问题的任务实现自动化后，人的思维将信息转化为知识，将知识转化为专业技能的能力都会受到负面影响。[①]受众自己进行创作时，涉及多种心理过程的参与，注意力和精力集中，理解力增强，记忆力增强，他们能够通过自己的创作实践学到更多知识和专业技能。而借助人工智能技术进行创作时，受众的角色从创作者转变为观察者和监控者，程序降低了受众的参与度和专注度，无法对眼前的信息进行深层次的认知和记忆，长此以往，有可能出现技能退化和学习新技能能力减弱的趋势。所以，受众应该更为理性地使用人工智能创作技术。

7.2.3　本书对于创新扩散理论的学理贡献

本书的研究立足于罗杰斯的创新扩散理论的框架之上，以人工智能创作为研究对象，描述和解释了人工智能创作技术在系统层面的扩散情况和个体层面的使用和分享状况。本书对于创新扩散理论的学理贡献体现在以下三个方面。

第一，发现人工智能创作的扩散与人工智能在全世界范围内迎来第三次发展热潮的宏观背景紧密相关。就我国而言，从 2016 年开始，人工智能就成为我国重要的国家发展战略，人工智能技术已经渗透到

---

① ［美］尼古拉斯·卡尔：《玻璃笼子：自动化时代和我们的未来》，杨柳译，中信出版社 2015 年版，第 77—91 页。

无人驾驶、安防、智慧城市、图像识别、自然语言处理等多个领域。在 2017 年国务院颁布的《新一代人工智能发展规划》中，明确强调了媒体对于人工智能的舆论引导要求："充分利用各种传统媒体和新兴媒体，及时宣传人工智能新进展、新成效，让人工智能健康发展成为全社会共识，调动全社会参与支持人工智能发展的积极性。"艾媒报告《2019 年中国人工智能年度专题研究报告》数据显示，66.8% 的受访者对人工智能发展前景持乐观态度，其中 21.4% 的受访者非常看好人工智能的发展前景。报告认为，这得益于底层技术的进步和相关产业政策的利好。[①] 而百度指数的搜索情况（见图 62）也显示，从 2016 年以后网民对"人工智能"的搜索量大幅上涨，一定程度上反映出公众对于人工智能技术的关注在持续上涨。

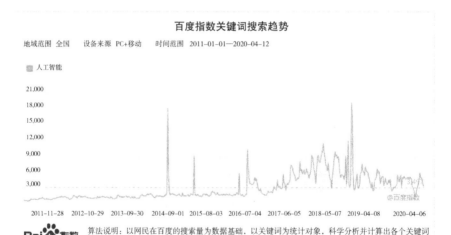

图 62   百度指数"人工智能"关键词搜索趋势[②]

① 艾媒报告：《2019 年中国人工智能年度专题研究报告》，艾媒网，2020 年 1 月 15 日，https：//www.iimedia.cn/c400/68098.html，2020 年 4 月 18 日。

② 百度指数，http：//index.baidu.com/v2/main/index.html#/trend/%E4%BA%BA%E5%B7%A5%E6%99%BA%E8%83%BD？words=%E4%BA%BA%E5%B7%A5%E6%99%BA%E8%83%BD，2020 年 4 月 13 日。

　　人工智能创作虽然是我国人工智能发展进程中的一类非主流的实验性应用，但是研究中发现其扩散的情况与我国人工智能的发展在时间节点上是暗合的。从新闻媒体对人工智能创作的报道统计量来看，新闻媒体对人工智能创作的报道量从 2016 年开始猛然增多，从媒体的角度反映出这种技术在社会上的传播情况。从对人工智能创作程序的用户调查可以看出，使用过人工智能创作程序的用户对科幻文艺有偏好，对人工智能创作所持的态度较为积极，认为人工智能创作程序实用价值和娱乐价值兼备，对人工智能创作作品的艺术价值评价良好，分享率高，继续使用意愿强烈，展现出对人工智能创作程序的友好和包容的姿态。本书认为，这与我国近年来大力推进人工智能技术的发展是密不可分的，即人工智能创作的创新和扩散均受到了人工智能作为我国的一项重要的国家发展战略的深刻影响，是政治、经济、科研、教育、个人意识等多种因素合力推动下的创新与扩散。这就与罗杰斯研究创新扩散理论时有较大的不同，虽然罗杰斯注意到了互联网能够使创新采用率大幅度提高，使扩散过程加快，"今天我们生活的世界和 60 年前扩散研究刚刚开始的萌芽时代已经完全不同了"[1]，但是罗杰斯的创新扩散理论并没有过多关注创新所处的政治经济文化环境对创新的扩散将产生巨大影响。"社会始终是创新扩散的前提，也是创新采纳与使用的舞台"[2]，本书的研究证明了一项创新在扩散过程中是否被采纳，与这项创新所处的社会环境密切相关。这也可以看作本书对于罗杰斯创新扩散理论的一个特别的贡献所在。

　　第二，罗杰斯认为扩散研究一直存在"只关注创新采纳的偏向性"[3]，具有经由创新—决策过程（认知、说服、决策、执行、确认）

---

① ［美］E. M. 罗杰斯：《创新的扩散》（第五版），唐兴通、郑常青、张延臣译，电子工业出版社 2016 年版，第 223—224 页。

② 金兼斌、廖望：《创新的采纳和使用：西方理论与中国经验》，《中国地质大学学报》（社会科学版）2011 年第 2 期。

③ Rogers，E. M.，*Diffusion of Innovations*（4th ed.），New York：Free Press，1995，p. 100.

做出采纳创新和拒绝创新的结论视为扩散结束的研究传统。[①] 人工智能创作是一种在互联网环境下，依托大数据及人工智能算法而进行的技术，其产生和扩散都依赖于互联网作为底层技术支撑，所以本书在研究过程中对其扩散环节进行了更为符合互联网传播行为的延展，将使用后的分享行为纳入扩散研究框架，并构建了分享的影响因素体系，对创新扩散理论在互联网环境下的应用进行了"进一步"的分析和思考，丰富了学界对扩散过程中采纳过程的理解，这也是本书对于深化理论研究做出的一点突破。

第三，在对人工智能创作的创新扩散的研究中也发现，不同的创新会带来迥异的传播局面。相对于常规的自上而下、由外到内的创新的扩散而言，人工智能创作并未体现出强烈的以盈利为目的的推广，而是更多地作为一种"试金石"性质的实验项目，在互联网上依托用户的分享进行传播。本书在个体层面的创新采纳研究过程中，在保留原有理论框架的基础上，考虑到研究对象的特殊性，引入了有助于增加解释力的 4 个新增变量，研究表明，罗杰斯创新扩散理论中的 5 个创新认知要素，均受到与人工智能创作程序相关的其他因素不同程度的影响。引入相关变量扩展创新采纳模型，为本书更全面地对人工智能创作创新采纳情况进行分析提供了理论之外的启发。

7.3 研究局限与后续展望

第一，采用创新扩散理论分析人工智能创作在社会中的产生和传播问题，力求在分析过程中对创新扩散理论的研究有进一步的推进，所以，在程序的使用分析后，将"分享"作为一个重要的采纳后的传

---

① 张明新、叶银娇：《传播新技术采纳的"间歇性中辍"现象研究：来自东西方社会的经验证据》，《新闻与传播研究》2014 年第 6 期。

播行为进行了研究。但是本书的研究中也发现，分享并不是整个扩散过程的终结，比如人工智能创作程序大规模扩散可能带来的一些社会问题也是非常值得关注的，比如人工智能创作带来的伦理问题的讨论，比如近年来备受关注的人工智能 GAN 模型（生成性对抗网络 Generative Adversarial Nets）能够轻松实现以假乱真的图片合成、视频生成等引发了一系列社会问题；人们对待人工智能创作的情绪心理方面的变化，人机协同的人工智能创作如何更好地实现，人工智能创作对人类文化提出的挑战等方面的问题都是本课题可以继续深入的研究方向。

第二，本书的调研采用极术云平台在线样本库向受访人群发送问卷链接，通过在线填答邀请的方式进行数据收集，采用这样的问卷发放方式，能够接触到高难度的受访人群，实现地面拦截和一般网络在线问卷投放找不到的目标受访人群。由于该研究问题没有前期的相关研究数据进行参照，研究无法准确描述人工智能创作程序使用人群的总体情况，所以本书采用的调查对象属于非概率样本，无法计算抽样误差，所以样本推论总体的情况存在一定不足。但是，对于人工智能创作程序使用的影响因素、分享的影响因素等关系型的分析内容，具有很强的解释力。此外，调研数据中，用户对于"流行程度感知"的数据在纳入回归模型后，由于多元共线性的原因而未能呈现出预期的回归结果。在后续的研究中，调查数据可以从多种角度进行解读，比如本书的研究中发现居住地为省会城市、地级城市、县级城市以及乡镇和农村的使用者，在人工智能创作程序使用中呈现出较大的差异，不同的人工智能创作程序的具体使用情况也存在较大的差异性，这些问题都有待于使用相关的理论，对调研数据进行进一步分析。

第三，对于人工智能创作的分析和研究是一种类型上的把握，在这个过程中并未对人工智能创作的艺术品类进行细分领域的研究。这样的研究方式，能够在中观的层面上就人工智能创作的总体情况进行把握，但是也可能因此而忽略了各种艺术品类本身创作上的差异性。

就人工智能创作而言，正如著名科技大师雷·库兹韦尔所言："在技术运用方面，文学艺术远不及音乐艺术……要编写一种可以完全独立创作文字的程序着实有点困难，因为人类读者对于有意义的书面语言中大量的句法和语义要求有着很强的感知力。音乐家、电脑音乐家或其他形式的音乐家，都不像作家那样对连贯性有那么高的要求……计算机对视觉艺术的影响介于音乐艺术和文学艺术之间。"① 本书的研究将不同的人工智能的创作类型进行了高度的整合，但是这样的分析方式无形中也弱化了对各种创作类型的差异性的关注。所以，对人工智能创作按照不同的艺术呈现方式进行分类的扩散研究，在区分类别的研究中对比扩散中的相同点和差异性，并进行进一步分析研究，也是本课题今后的一个重要的研究方向。

第四，本书在研究方法上还是留有遗憾。如果本书的研究过程中能够自行研发出一个人工智能创作程序，就可以采用监控器来监控程序的用户情况和具体扩散过程，通过这样的方式，能够更清楚地反映出单个人工智能创作程序的扩散情况。但囿于研究者的专业限制，未能实现这样的一种"解剖麻雀"式的研究。在今后的研究中，寻求与人工智能创作研发人员的进一步合作也将对课题的深入探讨提供极大的帮助。

正如阿兰·图灵所说的那样，即使我们可以使机器屈服于人类，比如，可以在关键时刻关掉电源，然而作为一个物种，我们也应当感到极大的敬畏。刘方喜认为，在独一无二的作品时代，膜拜价值（cult value）构成了作品的价值；在机械复制时代，展示价值（exhibition value）构成了作品的价值；而在数字可复制时代，则是操控价值（manipulation value）构成了再现的价值。② 而当社会进入"机械原创"

---

① ［美］雷·库兹韦尔：《机器之心》，胡晓姣、张温卓玛、吴纯洁译，中信出版社2016年版，第208—216页。

② ［荷兰］约斯·德·穆尔：《赛博空间的奥德赛——走向虚拟本体论与人类学》，麦永雄译，广西师范大学出版社2007年版，第99页。

（mechanical production）时代，人工智能将引发大众文化的"生产革命"①，本书认为，人机交互价值（Human-computer interaction value）将挖掘出作品的最大价值及存在意义。

不可否认，作为一种新的人工智能技术，人工智能创作正在开启一个创作领域的新时代。伴随着超逻辑的量子计算机的发展带来人工智能创作中人的可控性的降低以及社会文化领域对于人工智能技术的认知度和接纳度的提升，也许终有一天，人工智能创作技术会在人们的心理层面消失，从而使人们自由使用它们而不假思索。

①　刘方喜：《从"机械复制"到"机械原创"：人工智能引发文化生产革命》，《中国社会科学报》2019 年 4 月 25 日，http：//www. chinawriter. com. cn/n1/2019/0425/c419351 – 31050177，html，2020 年 2 月 15 日。

参考文献

一 中文著作

鲍军鹏、张选平编著:《人工智能导论》,机械工业出版社 2010 年版。

陈向明:《质的研究方法与社会科学研究》,教育科学出版社 2000 年版。

陈阳:《大众传播学研究方法导论》,中国人民大学出版社 2015 年版。

段鹏:《传播效果研究——起源、发展与应用》,中国传媒大学出版社
2008 年版。

辜居一:《数字化艺术论坛》,浙江人民美术出版社 2002 年版。

顾骏主编,郭毅可副主编:《人与机器:思想人工智能》,上海大学出
版社 2018 年版。

韩松:《想象力宣言》,四川人民出版社 2000 年版。

胡春、吴洪:《网络经济学》(第 2 版),清华大学出版社、北京交通
大学出版社 2015 年版。

金兼斌:《技术传播——创新扩散的观点》,黑龙江人民出版社 2000
年版。

金兼斌:《我国城市家庭的上网意向研究》,浙江大学出版社 2002 年版。

李春艳:《遭遇地方——行动者视角的发展干预回应研究》,社会科学
文献出版社 2015 年版。

李德庚、蒋华、罗怡:《平面设计死了吗?》,文化艺术出版社 2011 年版。

李开复、王咏刚：《人工智能》，文化发展出版社 2017 年版。

李晓峰：《艺术导论》，上海人民美术出版社 2007 年版。

刘海涛主编：《文学写作教程》，高等教育出版社 2015 年版。

柳倩月：《文学创作论》，世界图书出版社 2013 年版。

牟怡：《传播的进化——人工智能将如何重塑人类的交流》，清华大学
　　出版社 2017 年版。

沈向洋、[美] 施博德编著：《计算未来——人工智能及其社会角色》，
　　北京大学出版社 2018 年版。

腾讯研究院：《人工智能——国家人工智能战略行动抓手》，中国人民
　　大学出版社 2017 年版。

王宏建主编：《艺术概论》，文化艺术出版社 2010 年版。

王寅明：《创作概论》，陕西人民教育出版社 1991 年版。

王玉苓：《艺术概论》（第 2 版），人民邮电出版社 2019 年版。

吴冠中：《我负丹青：吴冠中自传》，人民文学出版社 2014 年版。

杨立元、杨扬：《创作动机新论》，现代出版社 2014 年版。

臧海群、张晨阳：《受众学说：多维学术视野的观照与启迪》，复旦大
　　学出版社 2007 年版。

周昌乐：《智能科学技术导论》，机械工业出版社 2015 年版。

周昌乐编著：《心脑计算举要》，清华大学出版社 2003 年版。

二　中文期刊论文与学位论文

蔡芸：《态度量表量态度》，《中国科技月报》1999 年第 2 期。

陈锟：《消费者文化差异对创新扩散的影响机制研究》，《科研管理》
　　2011 年第 32 卷第 7 期。

董大海、杨毅：《网络环境下消费者感知价值的理论剖析》，《管理学
　　报》2008 年第 6 期。

董庆兴、周欣、毛凤华、张斌：《在线健康社区用户持续使用意愿研

究——基于感知价值理论》,《现代情报》2019 年第 3 期。

杜彬彬:《想象、现实、工具:基于人工智能文艺创作的多重思考》,
　　《科教导刊》2019 年第 2 期。

段伟文:《人工智能时代的价值审度与伦理调适》,《中国人民大学学
　　报》2017 年第 6 期。

高学敏:《人工智能创造物的法律保护建构探索》,《法制与社会》2019
　　年第 17 期。

郭全中:《小程序及其未来》,《新闻与写作》2017 年第 3 期。

何方:《实验性平面设计研究》,《南京艺术学院学报》(美术与设计)
　　2018 年第 6 期。

何静:《具身性与默会表征:人工智能能走多远?》,《华东师范大学学
　　报》(哲学社会科学版)2018 年第 5 期。

何苑、张洪忠:《原理、现状与局限:机器写作在传媒业中的应用》,
　　《新闻界》2018 年第 3 期。

黄鸣奋:《超身份:中国科幻电影的信息科技想象》,《中国文学批评》
　　2019 年第 4 期。

黄鸣奋:《超他者:中国电影里的人工智能想象》,《江西师范大学学
　　报》(哲学社会科学版)2019 年第 4 期。

黄鸣奋:《人工智能与文学创作的对接、渗透与比较》,《社会科学战
　　线》2018 年第 11 期。

黄永慧、陈程凯:《HTML5 在移动应用开发上的应用前景》,《计算机
　　技术与发展》2013 年第 7 期。

金兼斌、廖望:《创新的采纳和使用:西方理论与中国经验》,《中国
　　地质大学学报》(社会科学版)2011 年第 2 期。

金兼斌、祝建华:《影响创新扩散速度的社会和技术因素之研究》,《南
　　京邮电大学学报》(社会科学版)2007 年第 3 期。

李金珍、王文忠、施建农:《积极心理学:一种新的研究方向》,《心

理科学进展》2003 年第 3 期。

刘慈欣：《科幻小说创作随笔》，《中国文学批评》2019 年第 3 期。

刘方喜：《从"机械复制"到"机械原创"：人工智能引发文化生产革命》，《中国社会科学报》2019 年 4 月 25 日。

刘荃：《互联网条件下传统文化类节目的创新扩散研究——以〈经典咏流传〉为例》，《中国电视》2019 年第 1 期。

刘宜波：《网易"槽值"微信公众号的创新扩散研究》，硕士学位论文，江西财经大学，2019 年。

牟怡、夏凯、Ekaterina Novozhilova：《人工智能创作内容的信息加工与态度认知——基于信息双重加工理论的实验研究》，《新闻大学》2019 年第 8 期。

欧阳友权：《人工智能之于文艺创作的适恰性问题》，《社会科学战线》2018 年第 11 期。

彭朝丞：《新闻标题的内涵及应掌握的要点》，《新闻前哨》1995 年第 1 期。

沈向洋：《微软人工智能——增强人类智慧》，《软件和集成电路》2017 年第 6 期。

宋晓辉、施建农：《创造力测量手段——同感评估技术（CAT）简介》，《心理科学进展》2005 年第 6 期。

孙茂松、金兼斌：《人工智能及其社会化应用的现状和未来——〈全球传媒学刊〉就社会化智能信息服务专访孙茂松教授》，《全球传媒学刊》2018 年第 4 期。

唐青秋：《抖音短视频的创新扩散影响因子与用户使用意愿关系研究》，硕士学位论文，四川师范大学，2019 年。

王峰：《人工智能：技术、文化与叙事》，《上海师范大学学报》（哲学社会科学版）2019 年第 4 期。

王海蕴：《我们身边的人工智能》，《财经界》2016 年第 7 期。

王青：《人工智能文学创作现象反思》，硕士学位论文，河北师范大学，2019 年。

王拓：《基于感知价值理论的虚拟社区成员持续知识共享意愿研究》，硕士学位论文，吉林大学，2019 年。

王永贵、韩顺平、邢金刚、于斌：《基于顾客权益的价值导向型顾客关系管理——理论框架与实证分析》，《管理科学学报》2005 年第 6 期。

武欣、张厚粲：《创造力研究的新进展》，《北京师范大学学报》（社会科学版）1997 年第 1 期。

武夷山：《科幻让想象力插上翅膀》，《世界科学》2019 年第 5 期。

辛向阳：《混沌中浮现的交互设计》，《设计》2011 年第 2 期。

徐春霞、吴青清：《言语交际中不礼貌、面子与身份建构的关系诠释》，《当代教育实践与教学研究》2019 年第 6 期。

徐家力、赵威：《论人工智能发明创造的专利权归属》，《北京政法职业学院学报》2018 年第 4 期。

徐静：《基于 HTML5 和 WebApp 技术开发的轻应用游戏软件在高职院校教学中的应用研究》，《数字技术与应用》2019 年第 6 期。

杨守森：《人工智能与文艺创作》，《河南社会科学》2011 年第 1 期。

姚志伟、沈燚：《人工智能创造物不真实署名的风险与规制》，《西南交通大学学报》（社会科学版）2020 年第 1 期。

叶明睿：《用户主观感知视点下的农村地区互联网创新扩散研究》，《现代传播》2013 年第 4 期。

游仪：《虚拟社区中的默会知识传播》，硕士学位论文，厦门大学，2018 年。

喻国民、郭超凯：《互联网发展下半场消费场景的重构》，《青年记者》2017 年第 9 期。

喻国明、姚飞：《媒体融合：媒体转型的一场革命》，《青年记者》2014

年第 24 期。

袁红、杨婧：《信息觅食视角的学术信息探索式搜索行为特征研究》，《情报科学》2019 年第 5 期。

张洪忠、石韦颖、刘力铭：《如何从技术逻辑认识人工智能对传媒业的影响》，《新闻界》2018 年第 2 期。

张竞文：《从接纳到再传播：网络社交媒体下创新扩散理论的继承与发展》，《新闻春秋》2013 年第 2 期。

张磊、李一军、闫相斌：《创新产品扩散的理论模式及其应用研究述评》，《研究与发展管理》2008 年第 6 期。

张明新、韦路：《移动电话在我国农村地区的扩散与使用》，《新闻与传播研究》2006 年第 1 期。

张明新、叶银娇：《传播新技术采纳的"间歇性中辍"现象研究：来自东西方社会的经验证据》，《新闻与传播研究》2014 年第 6 期。

张荣翼：《"狗"来了吗？——关于人工智能与文艺创作》，《长江文艺评论》2017 年第 5 期。

张新、马良、王高山：《基于感知价值理论的微信用户浏览行为研究》，《情报科学》2017 年第 12 期。

赵文军、易明、王学东：《社交问答平台用户持续参与意愿的实证研究——感知价值的视角》，《情报科学》2017 年第 2 期。

赵新刚、闫耀民、郭树东：《企业产品创新的扩散与采纳者的行为决策模式研究》，《中国管理科学》2006 年第 5 期。

周葆华：《Web2.0 知情与表达：以上海网民为例的研究》，《新闻与传播研究》2008 年第 4 期。

周祥：《人工智能算法在建筑设计中的应用探索》，《中外建筑》2019 年第 9 期。

周裕琼：《数字弱势群体的崛起：老年人微信采纳与使用影响因素研

究》，《新闻与传播研究》2018 年第 7 期。

朱雅智：《创新扩散视阈下移动电台的用户采纳行为研究——以喜马拉雅 FM 为例》，硕士学位论文，江西财经大学，2019 年。

祝建华、何舟：《互联网在中国的扩散现状与前景：2000 年京、穗、港比较研究》，《新闻大学》2002 年第 2 期。

三　中文译著

［澳］理查德·沃特森：《智能化社会：未来人们如何生活、相爱和思考》，赵静译，中信出版社 2017 年版。

［俄］列夫·托尔斯泰：《艺术论》，丰陈宝译，人民文学出版社 1958 年版。

［荷兰］约斯·德·穆尔：《赛博空间的奥德赛——走向虚拟本体论与人类学》，麦永雄译，广西师范大学出版社 2007 年版。

［加］安德鲁·芬伯格：《技术体系——理性的社会生活》，上海社会科学院科学技术哲学创新团队译，上海社会科学院出版社 2018 年版。

［加］德克霍夫：《文化肌肤：真实社会的电子克隆》，汪冰译，河北大学出版社 1998 年版。

［美］埃弗雷特·M. 罗杰斯：《创新的扩散》，辛欣译，中央编译出版社 2002 年版。

［美］邓宁、麦特卡非：《超越计算：未来五十年的电脑》，冯艺东译，河北大学出版社 1998 年版。

［美］E. M. 罗杰斯：《创新的扩散》（第五版），唐兴通、郑常青、张延臣译，电子工业出版社 2016 年版。

［美］J. P. 查普林、T. S. 克拉威克：《心理学的体系和理论》（下册），林方译，商务印书馆 1984 年版。

［美］杰瑞·卡普兰：《人人都应该知道的人工智能》，汪婕舒译，浙

江人民出版社 2018 年版。

[美] 雷·库兹韦尔：《机器之心》，胡晓姣、张温卓玛、吴纯洁译，中信出版社 2016 年版。

[美] 雷·库兹韦尔：《如何创造思维》，盛杨燕译，浙江人民出版社 2014 年版。

[美] 卢克·多梅尔：《人工智能——改变世界，重建未来》，赛迪研究院专家组译，中信出版社 2016 年版。

[美] M. H. 艾布拉姆斯：《镜与灯：浪漫主义文论及批评传统》，郦稚牛、张照进、童庆生译，北京大学出版社 2004 年版。

[美] 尼古拉斯·卡尔：《玻璃笼子：自动化时代和我们的未来》，杨柳译，中信出版社 2015 年版。

[美] 诺曼·K. 邓津、伊冯娜·S. 林肯主编：《定性研究：策略与艺术》（第 2 卷），风笑天等译，重庆大学出版社 2007 年版。

[美] 斯蒂夫·琼斯主编：《新媒体百科全书》，熊澄宇、范红译，清华大学出版社 2017 年版。

[美] 希伦·A. 洛厄里、梅尔文·L. 德弗勒：《大众传播效果研究的里程碑》，刘海龙等译，中国人民大学出版社 2009 年版。

[美] 约翰·布罗克曼：《AI 的 25 种可能》，王佳音译，浙江人民出版社 2019 年版。

[美] 约翰·乔丹：《机器人与人》，刘宇驰译，中国人民大学出版社 2018 年版。

[日] 松尾丰：《人工智能狂潮：机器人会超越人类吗?》，赵函宏、高华彬译，机械工业出版社 2015 年版。

[苏] 苏霍金：《艺术与科学》，王仲宣、何纯良译，生活·读书·新知三联书店 1986 年版。

[以色列] 尤瓦尔·赫拉利：《未来简史》，林俊宏译，中信出版社 2017 年版。

［意］卢西亚诺·弗洛里迪：《第四次革命——人工智能如何重塑人类现实》，王文革译，浙江人民出版社 2016 年版。

［英］理查德·温：《极简人工智能》，有道人工翻译组译，电子工业出版社 2018 年版。

［英］玛格丽特·博登：《AI：人工智能的本质与未来》，孙诗惠译，中国人民大学出版社 2017 年版。

［英］斯威夫特：《格列佛游记》，张健译，人民文学出版社 1962 年版。

四　网络文献

段倩倩：《机器人索菲亚：已获沙特公民身份 平时待在香港》，第一财经，2019 年 6 月 26 日，https：//finance. sina. cn/2019 – 06 – 26/detail-ihytcerk9307552. d. html？oid = 3&pos = 17，2019 年 12 月 22 日。

韩少功：《当机器人成立作家协会》，虎嗅，2018 年 2 月 18 日，https：//www. sohu. com/a/223116393_ 115207，2019 年 12 月 20 日。

何静：《AI 比医生厉害？BMJ 发文担忧 AI 的表现被"夸大"》，学术头条，2020 年 3 月 29 日，https：//mp. weixin. qq. com/s/De9YFqHu9VJndsCG1Dt9Rg，2020 年 3 月 30 日。

赖可：《人有多大胆，GAN 有多高产》，量子位，2020 年 1 月 30 日，https：//www. sohu. com/a/369562592_ 610300，2020 年 4 月 4 日。

李笛：《人工智能：新创作主体带来新艺术可能》，《人民日报》2019 年 9 月 17 日，http：//media. people. com. cn/n1/2019/0917/c40606 – 31356237. html，2020 年 1 月 20 日。

里木：《人工智能"魔爪"终于伸向中国画》，《收藏·拍卖》2019 年 4 月 26 日，http：//dy. 163. com/v2/article/detail/EDN4UQVM051496G4. html，2020 年 3 月 27 日。

Oliver Roeder：《恐怖谷与深度爵士：计算机艺术能达到人类的高峰

吗?》，以实马利译，2019 年 5 月 19 日，http：//www. sohu. com/
a/314970774_ 100191015，2019 年 9 月 30 日。

神经小兮：《AI 复活已故漫画家手冢治虫，出版新作续写传奇》，Hy-
perAI 超神经公众号，2020 年 2 月 28 日，https：//mp. weixin. qq.
com/s/YF2R86n0xZAQ_ 2q-ji6U_ A，2020 年 3 月 1 日。

沈向洋、何晓东、李笛：《从 Eliza 到小冰，社交对话机器人的机遇和
挑战》，机器之心，2018 年 1 月 11 日，http：//m. sohu. com/a/
215987092_ 465975，2019 年 11 月 18 日。

沈向洋：《给 AI 新潮流—人工智能创作的五点建议》，天极网，2019
年 4 月 1 日，https：//www. toutiao. com/a6674767951016493575，
2019 年 12 月 9 日。

苏秦君：《AI 李白人工智能作诗词传播活动》，苏秦会，2019 年 4 月
30 日，https：//mp. weixin. qq. com/s/LP1jHaj6qZvKqdGC3WTakQ，
2020 年 2 月 20 日。

随心：《2019 京东人工智能大会举行：多个重磅消息公布》，砍柴网，
2019 年 8 月 5 日，https：//finance. sina. com. cn/stock/relnews/us/
2019 – 08 – 05/doc-ihytcitm7098135. shtml，2020 年 3 月 19 日。

吾王：《阿里 "AI 设计师" 更名为 "鹿班"，2 年制作 10 亿张海报》，
天极网，2018 年 4 月 24 日，http：//net. yesky. com/38/623092538.
shtml，2019 年 12 月 8 日。

夏永红：《微软小冰写诗：人工智能对这个世界 "漠不关心"》，澎湃
新闻，2017 年 5 月 24 日，https：//m. thepaper. cn/newsDetail_
forward_ 1692579? from = qrcode，2020 年 2 月 15 日。

小白：《阿里巴巴推出新 AI 工具　每秒可撰写 2 万行广告文案》，新浪
网，2018 年 7 月 5 日，http：//tech. sina. com. cn/i/2018 – 07 – 05/
doc-ihexfcvi9140314. shtml，2020 年 3 月 29 日。

新华社：《清华有个能写诗的机器人》，2018 年 3 月 19 日，http：//sn.

people. com. cn/GB/n2/2018/0319/c378305 – 31356321. html，2019
年 9 月 29 日。

杨守森：《人工智能：人类文艺创作终结者?》，《学习时报》2017 年 4
月 28 日，http：//www. jsllzg. cn/zuiqianyan/201704/t20170428 _
4012450. shtml，2019 年 11 月 10 日。

曾梦龙：《索尼用人工智能写了两首流行歌，你觉得怎么样?》，2016
年 9 月 27 日，https：//tech. qq. com/a/20160927/011089. htm，2019
年 10 月 10 日。

《AI 画拍出 300 万高价? 一篇文章带你读懂 AI 艺术史》，PART 帕特
国际艺术留学，2018 年 11 月 4 日，https：//cloud. tencent. com/
developer/news/339745，2019 年 11 月 18 日。

《AI 的 freestyle 如何到来?》，搜狐网，2018 年 7 月 26 日，https：//
www. sohu. com/a/243436871_ 610473，2019 年 10 月 9 日。

《AI 的艺术是什么样子?》，全球 AI 文创大赛，2019 年 4 月 12 日，ht-
tps：//mp. weixin. qq. com/s/8h-KGao_ UJlQvc0RTuDi8g，2020 年
2 月 20 日。

《阿尔法狗之后，谷歌要推 Magenta 去写歌、做视频》，2016 年 5 月 24
日，http：//www. ctiforum. com/news/internet/483958. html，2019 年
9 月 30 日。

《不太一样的科学家宋睿华：与小冰一起做有趣的研究》，2019 年 12
月 13 日，https：//www. 360kuai. com/pc/99faf5c9b0554f88c? cota =
3&kuai_ so = 1&sign = 360_ 57c3bbd1&refer_ scene = so_ 1，2019
年 12 月 25 日。

《机器人的艺术：人工智能会创作出什么样的作品》，新浪网，2017 年
2 月 7 日，http：//collection. sina. com. cn/dfz/henan/yj/2017 – 02 –
07/doc-ifyafcyx7275074. shtml，2020 年 3 月 29 日。

《人工智能的算法黑箱与数据正义》，搜狐网，2018 年 3 月 7 日，https：//www. sohu. com/a/225022577＿100090953，2019 年 9 月 29 日。

《人工智能给艺术带来了什么》，2018 年 11 月 16 日，https：//www. mei-shu. com/art/20181116/181289. html，2020 年 3 月 27 日。

《人工智能黑箱藏隐忧：如何让 AI 解释自身行为?》，智能制造网，2017 年 4 月 14 日，https：//www. gkzhan. com/news/detail/dy 99128＿p2. html，2019 年 9 月 29 日。

《人工智能是怎么创作音乐的? 被听众认为是巴赫作曲》，腾讯网，2018 年 5 月 1 日，https：//new. qq. com/omn/20180510/20180510 A0E9EW. html，2019 年 9 月 30 日。

《诗人"乐府"上线华为云 AI 小程序：要是能重来　李白选 AI》，ht-tp：//it. gmw. cn/2019 – 09/11/content＿33152462. htm，2019 年 9 月 11 日。

五　英文文献

Adil, H. , Khan：Artificial Intelligence Approaches to Music Composition, Kentucky：Northern Kentucky University，2013.

Amabile, T. M. , "Social Psychology of Creativity：A Consensual Assessment Technique", Journal of Personality and Social Psychology, 1982, 43.

Babin, B. , Darden, W. & Griffin, M. , "Work and/or Fun：Measuring Hedonic and Utilitarian Shopping Value", Journal of Consumer Research, 1994, 20 (4) .

Chamberlain, R. , Mullin, C. , Scheerlinck, B. & Wagemans, J. , "Putting the Art in Artificial：Aesthetic Responses to Computer-generated art", Psychology of Aesthetics, Creativity, and the Arts, 2018, 12 (2) .

Dahlstedt, P. , "Big Data and Creativity", EUR REV, 2019, 27.

Desmarchelier, B. and E. S. Fang, "National Culture and Innovation Diffusion. Exploratory Insights from Agent-based Modeling", *Technological Forecasting and Social Change*, 2016, 105.

Hawley-Dolan, A. & Winner, E. , "Seeing the Mind behind the Art. People can Distinguish Abstract Expressionist Paintings from Highly Similar Paintings by Children, Chimps, Monkeys, and Elephants", *Psychological Science*, 2011, 22.

Holbrook, Morris B. and Elizabeth C. Hirschman, "The Experiential Aspects of Consumption: Consumption Fantasies, Feelings and Fun", *Journal of Consumer Research*, 1982, 9.

Hong, J. & Curran, N. M. , "Artificial Intelligence, Artists, and Art. ACM Transactions on Multimedia Computing", *Communications and Applications*, 2019, 15 (2s) .

J. H. Zhu, Zhou He, "Perceived Characteristics, Perceived Needs, and Perceived Popularity", *Jonathan Communication Research*, 2002, 29 (4) .

Jeffres, L. & Atkin, D. , "Predicting Use of Technologies for Consumer and Communication Needs", *Journal of Broadcasting & Electronic Media*, 1996, 40.

Jordanous, A. , "Four Perspectives on Computational Creativity in Theory and in Practice", *Connection Science*, 2016, 28 (2) .

Jucker, J. L. , Barrett, J. L. & Wlodarski, R. , "I Just Don't Get It : Perceived Artists' Intentions Affect Art Evaluations", *Empirical Studies of the Arts*, 2013, 32.

Kim, H. , Chan, H. C. & Gupta, S. , "Value-based Adoption of Mobile Internet: An Empirical Investigation", *Decision Support Systems*, 2007, 43 (1) .

Kim, Soul: 인공지능(AI)의창작물과미술가의창작물에서나타나는심미적요소에관 한식별연구, "A Discrimination Study on Aesthetic Element of AI Creation and Artist Creation", *Journal of Basic Design & Art* 기초조형학연구, 2018, 19 (4).

Kirk, U., Skov, M., Hulme, O., Christensen, M. S. & Zeki, S., "Modulation of Aesthetic Value by Semantic Context: An FMRI Study", *NeuroImage*, 2009, 44.

Kuan-Yu, L. & Hsi-Peng, L., "Predicting Mobile Social Network Acceptance Based on Mobile Value and Social Influence", *Internet Research*, 2015, 25 (1).

Lamb, C., D. G. Brown and C. L. A., "Clarke Evaluating Computational Creativity", *ACM Computing Surveys*, 2018, 51 (2).

Lin, K. Y., Lu, H. P., "Predicting Mobile Social Network Acceptance Based on Mobile Value and Social Influence", *Internet Research*, 2015, 25 (1).

Lin, C. A., "Exploring Potential Factors for Home Videotext Adoption", *Advances in Telematics*, Vol. 2, 1994.

Lin, C. A., "Exploring Personal Computer Adoption Dynamics", *Journal of Broadcasting & Electronic Media*, 1998, 42 (1).

Long, Norman, *Development Sociology: Actor Perspective*, London and New York: Routledge, 2001.

M. B. Holbrook, *Introduction to Consumer Value*, New York: M. B. Holbrook (Ed.), 1999.

Margaret A. Boden & Ernest A. Edmonds, "What is Generative Art?", *Digital Creativity*, 2009, 20 (1 – 2).

Marx, G. T., "What's in a Name? Some Reflections on the Sociology of Anonymity", *The Information Society*, 1999, 15 (2).

Mazzone, M. and A. Elgammal, "Art, Creativity, and the Potential of Artificial Intelligence", *Arts*, 2019, 8（1）.

McGraw, G. & Hofstadter, D. , "Perception and Creation of Diverse Alphabetic Styles", *AISBQ*, 1993, 85.

Mendell, J. S. , Palkon, D. S. & Popejoy, M. W. , "Health Managers' Attitudes Toward Robotics and Artificial Computer Intelligence: An Empirical Investigation", *J Med Syst*, 1991, 15（3）.

Pease, A. , Guhe, M. & Smaill, A. , "Some Aspects of Analogical Reasoning in Mathematical Creativity", *The International Conference on Computational Creativity*, Lisbon, Portugal, 2010.

Pinto Dos Santos, D. , Giese, D. , Brodehl, S. , Chon, S. H. , Staab, W. , Kleinert, R. , Baeβler, B. , "Medical Students' Attitude Towards Artificial Intelligence: A Multicenter Survey", *European Radiology*, 2019, 29（4）.

Rogers, E. M, "Communication and Development: The Passing of the Dominant Paradigm", *Communication Research*, 1976, 3（2）.

Rogers, E. M. , *Diffusion of Innovations*（4th ed. ）, New York: Free Press, 1995.

Sheth, Jagdish N. , Bruce I. Newman and Barbara L. Gross, "Why We Buy What We Buy: A Theory of Consumption Values", *Journal of Business Research*, 1991, 22（3）.

Sweeney, J. C. & Soutar, G. N. , "Consumer Perceived Value: The Development of a Multiple Item Scale", *Journal of Retailing*, 2001, 77（2）.

V. A. Zeithaml, "Consumer Perceptions of Price, Quality and Value: A Means-end Model and Synthesis of Evidence", *Journal of Marketing*, 1988, 52（3）.

Waytz, A. , et al. , "Making Sense by Making Sentient: Effectance Motivation Increases Anthropomorphism", *Journal of Personality and Social*

Psychology, 2010, 99 (3).

Wu, Y., Mou, Y., Li, Z. & Xu, K., "Investigating American and Chinese Subjects' Explicit and Implicit Perceptions of AI-Generated Artistic Work", *Computers in Human Behavior*, 2020, 104.